工业和信息化职业教育"十二五"规划教材

数字电子技术

主　编　田锋涛　孙爱芬

副主编　赤　娜　程佳佳　霍海波　李　超

参　编　杜东亮　晋纪书

主　审　郭志善　王全亮

電子工業出版社

Publishing House of Electronics Industry

北京 • BEIJING

内容简介

本书内容充分考虑高职高专学生目前的知识层次、学习能力和应用能力的实际情况，突出应用性和延展性，淡化芯片内部结构和工作原理的阐述，浅显易懂，注重培养学生的实际应用能力和创新能力。

本书共9章，内容包括绪论、逻辑代数基础、逻辑门电路、组合逻辑电路、集成触发器、时序逻辑电路、555定时器及其应用、半导体存储器、数模和模数转换器等。每个章节都有若干小知识点和小经验总结，配有相应的技能训练，将知识点融入实际的应用当中，学生可以根据数字电子技术在日常生活中的应用，增设相应的创新设计和实验，由浅入深，环环相扣，完成理论和实践能力的同时提升。

本书既可作为高等职业院校电类专业教材，同时也可以作为电类技术人员及电子爱好者的学习参考书。

未经许可，不得以任何方式复制或抄袭本书之部分或全部内容。
版权所有，侵权必究。

图书在版编目（CIP）数据

数字电子技术 / 田锋涛，孙爱芬主编. —北京：电子工业出版社，2012.8
工业和信息化职业教育“十二五”规划教材
ISBN 978-7-121-17978-5

Ⅰ. ①数…　Ⅱ. ①田…　②孙…　Ⅲ. ①数字电路—电子技术—高等职业教育—教材　Ⅳ. ①TN79

中国版本图书馆CIP数据核字（2012）第192555号

策划编辑：白　楠
责任编辑：郝黎明　　文字编辑：裴　杰
印　　刷：
装　　订：涿州市京南印刷厂
出版发行：电子工业出版社
　　　　　北京市海淀区万寿路173信箱　邮编　100036
开　　本：787×1 092　1/16　印张：11.5　字数：294千字
印　　次：2012年8月第1次印刷
定　　价：29.50元

凡所购买电子工业出版社图书有缺损问题，请向购买书店调换。若书店售缺，请与本社发行部联系，联系及邮购电话：（010）88254888。

质量投诉请发邮件至 zlts@phei.com.cn，盗版侵权举报请发邮件至 dbqq@phei.com.cn。

服务热线：（010）88258888。

前　言

随着职业教育的改革与发展，尤其是高等职业教育的深入发展，根据“以服务为宗旨、以就业为导向、以能力为本位”的指导思想，我们在深入开展专业课程改革过程中，不断总结和探索，编写了本教材。

本教材是一门高职电类专业的基础核心课程，通过本课程的学习，使学生具备相关职业高等应用型人才所必需的数字电子方面的知识，为后续的专业课程打下良好的基础，本教材是电类专业面向职业岗位所设专门化方向的前修课程。

在内容叙述上力争做到深入浅出，将知识点和应用能力有机结合，注重培养学生的工程应用和解决现场实际问题的能力，并将平时的小经验和小知识点融入其中，书中没有过多涉及所用芯片的内部结构，而是通过一些实例让大家了解所有芯片在电子系统中的应用。达到理论和实际应用的结合，使学生能够学以致用，满足高职人才培养的要求。

本书分为 9 章，内容包括绪论、逻辑代数基础、逻辑门电路、组合逻辑电路、集成触发器、时序逻辑电路、555 定时器及其应用、半导体存储器、数模和模数转换器。每章涵盖数字电子技术的精髓，加强先导课程的复习和后续课程的延展，将知识点融入其中，每章都配有实践技能训练。

本书参考学时为 60～70 个，使用者可以根据教学情况增减学时。

本书由田锋涛、孙爱芬任主编，赤娜、程佳佳、霍海波、李超任副主编。全书由田锋涛统稿，郭志善、王全亮担任主审。

本书在编写的过程中，得到了郑州电力职业技术学院电力工程系任课教师的大力支持，并对编写大纲进行审定；在修订过程中，郭志善提出了许多宝贵意见，参编人员进行了认真的校对，在此表示感谢。由于对任务驱动法教学理念的掌握尚不够充分，加上时间紧和编者水平有限，书中难免存在不足和错误，恳请广大读者批评指正。

编　者

2012 年 8 月

目　录

第 1 章　绪论……1

1.1　概述……1

1.1.1　数字信号和数字电路……1

1.1.2　数字电路的分类……2

1.1.3　数字电路的特点……2

1.2　数制与码制……3

1.2.1　数制……3

1.2.2　不同数制间的转换……4

1.2.3　二进制代码……5

本章小结……6

习题 1……7

第 2 章　逻辑代数基础……8

2.1　逻辑函数及其表示方法……8

2.1.1　基本逻辑函数及运算……8

2.1.2　复合逻辑函数……11

2.1.3　逻辑函数表示法及变换……13

2.2　逻辑代数的基本定律和规则……13

2.2.1　逻辑代数的基本定律……13

2.2.2　逻辑代数的基本规则……14

2.3　逻辑函数化简的意义和代数化简法……15

2.3.1　化简的意义和标准……15

2.3.2　逻辑函数的代数化简法……15

2.4　逻辑函数的卡诺图化简法……16

2.4.1　最小项……16

2.4.2　卡诺图……17

2.4.3　用卡诺图化简逻辑函数……18

本章小结……21

习题 2……21

第 3 章　逻辑门电路……23

3.1　概述……23

3.2　分立元件门电路……23

3.2.1　基本逻辑门……24

3.2.2　复合逻辑门……26

3.2.3　集成门电路……29

3.2.4 TTL 集成门与 CMOS 集成门接口问题……38
本章小结……39
习题 3……39
技能训练……41
第 4 章 组合逻辑电路……45
4.1 组合逻辑电路的分析和设计方法……45
4.1.1 概述……45
4.1.2 组合逻辑电路的分析……45
4.1.3 组合逻辑电路的设计方法……46
4.1.4 组合逻辑电路的竞争和冒险……48
4.2 编码器……49
4.2.1 二进制编码器……49
4.2.2 二-十进制编码器……50
4.2.3 优先编码器……50
4.3 译码器……53
4.3.1 二进制译码器……54
4.3.2 二-十进制译码器……56
4.3.3 显示译码器……57
4.4 数据选择器及数据分配器……62
4.4.1 数据选择器……62
4.4.2 数据分配器……64
4.4.3 数据选择器的应用……64
4.5 加法器和数值比较器……66
4.5.1 加法器……66
4.5.2 数值比较器……68
本章小结……68
习题 4……69
技能训练……70
第 5 章 集成触发器……73
5.1 概述……73
5.2 RS 触发器……74
5.2.1 基本 RS 触发器……74
5.2.2 同步 RS 触发器……76
5.2.3 主从 RS 触发器……78
5.3 JK 触发器……79
5.4 D 触发器……81
5.5 T 触发器和 T' 触发器……82
5.6 触发器的应用……83
本章小结……84
习题 5……84

技能训练……86
第6章 时序逻辑电路……89
6.1 时序逻辑电路概述及分析……89
6.1.1 概述……89
6.1.2 时序逻辑电路的分析……91
6.2 计数器……94
6.2.1 二进制计数器……95
6.2.2 十进制计数器……98
6.2.3 *N* 进制计数器……103
6.2.4 计数器的应用……108
6.3 寄存器……109
6.3.1 基本寄存器……109
6.3.2 移位寄存器……110
6.3.3 寄存器的应用……113
本章小结……115
习题6……115
技能训练……118
第7章 555定时器及其应用……123
7.1 555定时器……123
7.1.1 概述……123
7.1.2 555定时器的基本结构和逻辑功能……123
7.2 555定时器的应用……124
7.2.1 用555定时器组成单稳态触发器……124
7.2.2 用555定时器组成多谐振荡器……126
7.2.3 用555定时器组成施密特触发器……127
本章小结……129
习题7……129
技能训练……129
第8章 半导体存储器……134
8.1 只读存储器（ROM）……134
8.1.1 ROM的电路结构及工作原理……134
8.1.2 可编程只读存储器（PROM）……136
8.2 随机存储器（RAM）……137
8.2.1 RAM的结构和工作原理……137
8.2.2 RAM的存储单元……139
8.2.3 RAM的扩展……140
8.3 可编程逻辑器件（PLD）……142
8.3.1 PLD的基本结构和分类……142
8.3.2 可编程阵列逻辑器件（PLA）简介……143
8.3.3 可编程通用阵列逻辑器件（GAL）简介……144

本章小结……145
习题 8……145
技能训练……146
第 9 章　数模和模数转换器……148
9.1　概述……148
9.2　D/A 转换器……148
9.2.1　倒 T 形电阻网络 D/A 转换器……148
9.2.2　D/A 转换器的主要技术指标……149
9.2.3　集成 D/A 转换器及应用实例……150
9.3　A/D 转换器……152
9.3.1　A/D 转换的一般步骤……152
9.3.2　并行比较型 A/D 转换器……153
9.3.3　逐次逼近型 A/D 转换器……154
9.3.4　双积分型 A/D 转换器……155
9.3.5　A/D 转换器的主要指标……157
9.3.6　集成 A/D 转换器及应用实例……157
本章小结……159
习题 9……159
技能训练……161
附录 A　部分习题参考答案……164
参考文献……173

第1章 绪论

1.1 概述

随着电子技术的发展，在日常生活中新型电子产品的出现和不断的更新，我们已经进入了数字时代。数字电路在数字通信、电子计算机、自动控制、智能化电子测量仪器等方面已得到广泛的应用。

1.1.1 数字信号和数字电路

在日常生活中，按照电信号的连续性，可以把电信号分为模拟信号和数字信号。用于传递、加工和处理模拟信号的电子电路，称为模拟电路。例如，我们在模拟电子技术中学习的放大电路。用于传递、加工和处理数字信号的电子电路，称为数字电路。数字电路被广泛应用，如计算机、MP5、单片机等。

模拟信号的特点是在时间上和幅值上都是连续变化的，如正弦信号、三角波和语音信号，如图 1.1.1（a）所示。数字信号的特点是在时间和幅值上都是断续或离散变化的，如脉搏的跳动，如图 1.1.1（b）所示。

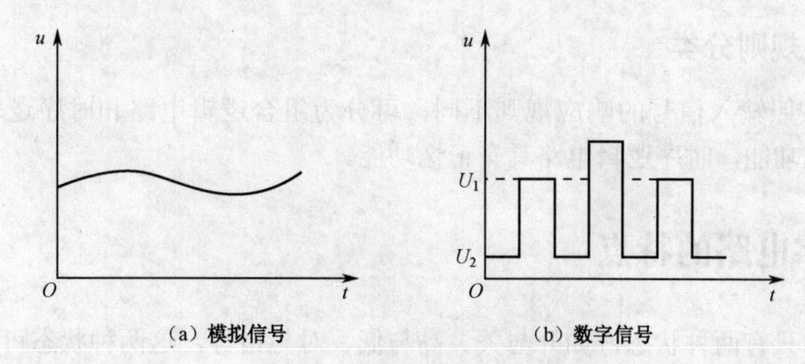

（a）模拟信号　　（b）数字信号

图 1.1.1　模拟信号和数字信号

模拟电路和数字电路研究的都是对电信号的输入和输出处理，不同点在于模拟电路主要是研究输出信号和输入信号的大小关系；电路中的三极管主要工作在放大状态；分析的方法主要采用图解法和微变等效电路法。而在数字电路中重点研究输出信号和输入信号之间对应的逻辑关系；电路中的三极管主要工作在开与关状态，即截止与饱和状态；分析的方法主要采用逻辑代数、卡诺图、真值表、波形图等。

1.1.2 数字电路的分类

1. 按电路结构分类

数字电路按照电路结构的不同，可分为分立元件电路和集成电路（IC）两大类。

分立元件电路一般有半导体器件、电阻、电容等元器件直接构成的电路；集成电路是将元器件通过集成技术做到一块硅片上构成一个整体电路。

2. 按半导体类型分类

数字电路按照半导体类型的不同，可分为双极型（TTL）和单极型（MOS）电路。

3. 按集成密度分类

数字电路按照集成密度的不同，可分为小规模集成电路（SSI）、中规模集成电路（MSI）、大规模集成电路（LSI）、超大规模集成电路（VLSI），如表 1.1.1 所示。例如，计算机的 CPU 就是一个超大规模集成电路。

表 1.1.1 数字电路按集成密度的不同分类

分 类	门的个数	典型集成电路
小规模集成电路	最多 12 个	逻辑门、触发器
中规模集成电路	12～99	计数器、加法器
大规模集成电路	100～9999	小型存储器、门阵列
超大规模集成电路	10 000～99 999	大型存储器、微处理器

4. 按响应规则分类

数字电路按照输入信号的响应规则不同，可分为组合逻辑电路和时序逻辑电路。组合逻辑电路无记忆功能，时序逻辑电路具有记忆功能。

1.1.3 数字电路的特点

数字电路中只有两种状态，如开与关、高与低、对与错等，这两种状态可分别用 0 和 1 来表示。数字电路具有以下特点。

（1）易集成化。现在数字电路一般为集成电路，具有体积小、质量轻、功耗低。由于数字电路采用二进制，基本单元电路的结构简单，易于集成。

（2）可靠性高，抗干扰能力强。相对模拟信号，数字信号不易受到噪声干扰。

（3）成本比较低，通用性强。

（4）保密性好，可以长期保存。

小知识：

我们身边存在着很多可以用数字信号来描述的生活现象，比如说常见的开关和电灯，开关具有闭合和断开，电灯具有亮与不亮两种状态，我们可以把闭合和亮用 1 来表示，断开和不亮用 0 来表示。这里的 0 和 1 只是用来区分两个不同的状态。

1.2 数制与码制

1.2.1 数制

数制是人们对数量计数的一种统计规则。我们生活中常用的是十进制，在数字电路中还会用到二进制、八进制和十六进制。

一种进位计数包含着两个基本因素：基数和位权。

（1）基数：是计数制中所用到的数码（字符）个数，常用 R 表示。

（2）位权：处在不同数位的数码，代表着不同的数值，每个数位的数值是由该位数码的值乘以处在这位的一个固定常数。不同数位上的固定常数称为位权值，简称位权。

如十进制数 1111，同样都是 1，它们所处的数位不一样，那么它们所代表的数值就不一样。十进制数个位的位权值是 1，十位的位权值是 10，百位是 100，也就是 10 的幂，依次类推。比如：同样都是人，他们所处的地位不一样，那么他们的权力大小不一样。

1. 十进制

十进制有 0、1、2、3、4、5、6、7、8、9，共 10 个字符，所以十进制的基数为 10，每位的权为 10 的幂，其进位规则是“逢十进一”，即 9+1=10、99+1=100、…。同一个字符所处的位置不同时，其代表的数值大小也不同。

$$(4583.29)_{10}=4\times10^3+5\times10^2+8\times10^1+3\times10^0+2\times10^{-1}+9\times10^{-2}$$

从上式可以看出，10^3、10^2、10^1、10^0 为整数部分千位、百位、十位、个位的权，该十进制数按位权展开求和就是十进制的数值。

2. 二进制

二进制有 0、1，共 2 个字符，所以二进制的基数为 2，每位的权为 2 的幂，其进位规则是“逢二进一”，即 0+1=1、1+1=10、…。

$$(1011.11)_2=1\times2^3+0\times2^2+1\times2^1+1\times2^0+1\times1^{-1}+1\times2^{-2}$$

从上式可以看出，2^3、2^2、2^1、2^0 为整数部分的权，即 8、4、2、1， 二进制数按位权展开求和就是其对应的十进制数。

3. 八进制和十六进制

八进制有 0、1、2、3、4、5、6、7，共 8 个字符， 基数为 8，每位的权为 8 的幂，其进位规则是“逢八进一”。

十六进制有 0～9、A、B、C、D、E、F，共 16 个字符， 基数为 16，每位的权为 16 的幂，其进位规则是“逢十六进一”。

八、十六进制按位权展开求和就是其对应的十进制数。表 1.2.1 中列出了各进制的特点。

表 1.2.1 各进制的特点对比

数 制	基 数	数 码	计 数 规 则	计算机中英文表示
十进制	10	0～9	逢十进一	D
二进制	2	0、1	逢二进一	B
八进制	8	0～7	逢八进一	O
十六进制	16	0～9、ABCDEF	逢十六进一	H
N 进制	*N*	0～（*N*−1）	逢 *N* 进一	

小提示：

不同数制的数除了可以用下标法表示 *N* 进制之外，还可以在数码后面加对应的英文表示，如 $(11100101)_2$ 也可写成（11100101）B。

1.2.2 不同数制间的转换

1. 二、八、十六进制转换为十进制

方法：按位权展开即可。

【例 1.1】把二进制数 11101.01 转换为十进制数。

解：$(11101.01)_2 = 1\times2^4+1\times2^3+1\times2^2+0\times2^1+1\times2^0+0\times1^{-1}+1\times2^{-2}$

$= (29.25)_{10}$

2. 十进制转换为二进制

方法：整数部分除以 2 取余，自下而上读。小数部分乘以 2 取整，自上而下读。

【例 1.2】把十进制数 10 转换为二进制数。

解：$(10)_{10} = (1010)_2$

2 |10 …余0—— k_0

2 |5 …余1—— k

2 |2 …余0—— k_1

2 |1 …余1—— k_3

0

3. 二进制与八（十六）进制转换

（1）二进制转换为八（十六）进制

方法：3（4）位二进制数码构成 1 位八（十六）进制数，缺位补 0。

$$(1101010011)_2=(1523)_8=(153)_{16}$$

（2）八（十六）进制转换为二进制

方法：1 位八（十六）进制数转换为 3（4）位二进制

$$(371)_8=(11111001)_2$$

$$(3A8)_8=(1110101000)_2$$

各进制关系对照表如表 1.2.2 所示。

表 1.2.2 各进制对照表

十 进 制	二 进 制	十六进制	十 进 制	二 进 制	十六进制
0	0000	0	8	1000	8
1	0001	1	9	1001	9
2	0010	2	10	1010	A
3	0011	3	11	1011	B
4	0100	4	12	1100	C
5	0101	5	13	1101	D
6	0110	6	14	1110	E
7	0111	7	15	1111	F

小知识：

十六进制是二进制数的简短表示形式，16 位二进制可以用 4 位十六进制来表示，彼此间转换容易，如 1111111111111111B=FFFFH，大大缩短了数据书写长度，在单片机等相关课程中经常采用。

1.2.3 二进制代码

在数字系统中，二进制不仅可以表示数值的大小，而且还可以用来表示某些特定信息。将若干个二进制数码 0 和 1 按照一定的规则排列起来表示某种特定的含义的代码，称为二进制代码，或称为二进制码。注意：这些代码不表示数值的大小而只代表某些特定的信息，如刘翔身上背的号码 1356，表示的是 13 亿中国人 56 个民族，而不是第 1356 位运动员。下面介绍几种数字电路中常用的二进制代码。

1. BCD 码

将十进制数的 0～9 十个字符用 4 位二进制数表示的代码，称为二－十进制代码，又称为 BCD 码。BCD 码分为有权码和无权码两大类，有权码的每一位都有固定的权值，常见的有权码有 8421BCD 码，由高到低的权值分别为 8、4、2、1；无权码的每一位没有固定的权值，常见的有余 3 码和格雷码。余 3 码是由 8421BCD 码加上 3（0011）形成的。格雷码的特点是相邻两组代码之间只有一位代码不同。以上三种 BCD 码如表 1.2.3 所示。

表 1.2.3 常用的 BCD 码

BCD 码 / 十进制数码	8421BCD 码	余 3 码	格雷码
0	0000	0011	0000
1	0001	0100	0001
2	0010	0101	0011
3	0011	0110	0010
4	0100	0111	0110
5	0101	1000	0111
6	0110	1001	0101
7	0111	1010	0100
8	1000	1011	1100
9	1001	1100	1000

2. ASCII 码

ASCII 码（American Standard Code for Information Interchange）是美国标准信息交换代码，采用 7 位二进制编码，可以用来表示 2^7（即 128）个字符。现在计算机键盘就是采用ASCⅡ码对各个按键进行编码的。

3. 8421BCD 码与十进制数之间的转换

（1）8421BCD 码转换为十进制数

方法：将 4 位 8421BCD 码构成 1 位十进制数。

$$(1001\ 0101\ 0011.0110)_{8421BCD}=(953.6)_{10}$$

（2）十进制数转换为 8421BCD 码

方法：1 位十进制数转换为 4 位 8421BCD 码

$$(371.6)_{10}=(0011\ 0111\ 0001.\ 0110)_{8421BCD}$$

本章小结

（1）数字信号和模拟信号的区别：数字信号是在时间和幅度上不连续、间断变化的，而模拟信号是连续变化的。两种电路中，元器件的工作状态、分析方法、信号研究都有所不同。

（2）在数字电路中，变量的取值只有两种状态，通常是用 0 和 1 表示。而数字信号的高、低电平分别用 1 和 0 表示，与二进制中的 1 和 0 正好对应，所以在数字电路中主要采用二进制。

（3）进制就是人们计数的方法，除常用的十进制外，还有二进制、八进制、十六进制等。不同进制之间的基数、字符个数、权值不同。

（4）二进制、八进制、十六进制转换成十进制的方法是按位权展开求和即可，十进制转换成二进制的方法是整数部分除 2 取余法，小数部分乘 2 取整法。二进制、八进制、十六进制之间的转换满足数位对照的关系进行转换，二进制和八进制是 3 位对 1 位的关系，二进制和十六进制是 4 位对 1 位的关系。

（5）常用的 BCD 码有 8421BCD 码、余 3 码、格雷码等，其中 8421BCD 码使用最为广泛。除 BCD 码之外，还有 ASCⅡ码。

习 题 1

一、填空题

1. 二进制、八进制、十进制、十六进制的基数分别是____、____、_____、_____ 。
2. 二进制数有____个字符，分别是____和____ 。
3. 十进制数转换为二进制数的方法是：整数部分用_____法，小数部分用______法。

二、数制转换

1. 将下列十进制数转换为二进制数。

（1）$(178)_{10}$　（2）$(29.625)_{10}$　（3）$(81.39)_{10}$

2. 将下列二进制数转换为十进制数。

（1）$(110001.011)_2$　（2）$(1111100101)_2$　（3）$(100.0101)_2$

3. 将下列不同进制数转换为十进制数。

（1）$(765.2)_8$　（2）$(A8C.F)_{16}$　（3）$(984D.A)_{16}$

4. 将下列二进制数转换为八进制、十六进制数。

（1）$(11001101.011)_2$　（2）$(1011100101)_2$　（3）$(110100.0101)_2$

5. 将下列八进制、十六进制数转换为二进制数。

（1）$(553.6)_8$　（2）$(78C.F)_{16}$　（3）$(A39F.C)_{16}$

6. 将下列 8421BCD 码转换为对应十进制数。

（1）$(1001\ 0101\ 0011.0110)_{8421BCD}$　（2）$(1001\ 0101\ 0011.0110)_{8421BCD}$

7. 将下列十进制数转换为对应的 8421BCD 码

（1）$(169.53)_{10}$　（2）$(429.6)_{10}$　（3）$(8139)_{10}$

第 2 章 逻辑代数基础

2.1 逻辑函数及其表示方法

在客观世界中，事物的发展变化通常都是有一定的因果关系的。例如，电灯的亮、灭取决于电源是否接通，如果接通了，电灯就会亮，否则就会灭。电源接通与否是因，电灯亮不亮是果。这种因果关系，一般称为逻辑关系，反映和处理这种逻辑关系的数学工具，就是逻辑代数。

2.1.1 基本逻辑函数及运算

在逻辑代数中，基本逻辑运算有与、或、非 3 种，常用的逻辑运算包括与非、或非、与或非和异或等。

1. 三种基本的逻辑运算

（1）基本逻辑关系举例

反映与、或、非基本逻辑关系的电路图，如图 2.1.1 所示。

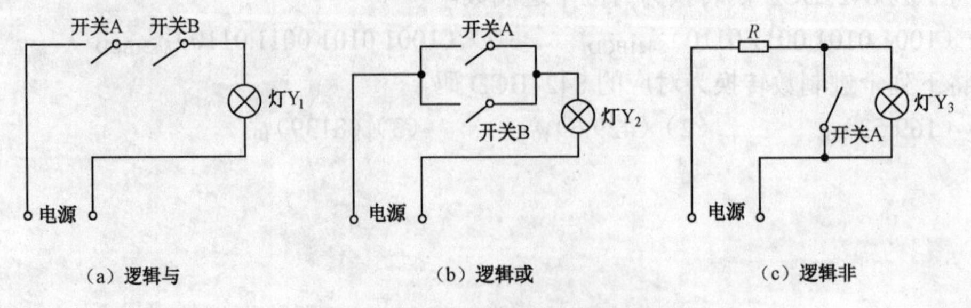

图 2.1.1 基本逻辑关系电路举例

根据电路的有关原理，可以列出表 2.1.1 所示的功能表。

表 2.1.1 基本逻辑关系电路的功能表

开关A	开关B	灯 Y_1	灯 Y_2	灯 Y_3
断开	断开	灭	灭	亮
断开	闭合	灭	亮	亮
闭合	断开	灭	亮	灭
闭合	闭合	亮	亮	灭

（2）真值表

用数学表达形式对开关的状态和灯的灭和亮之间的关系设定变量，并进行状态赋值的方法就是真值表。这样便由文字描述的功能表转化为了数学表达形式的真值表。真值表对问题的描述更具有一般意义。

① 设定变量，即用英文字母表示开关和电灯的过程，如用 A、B 表示开关，用 Y_1、Y_2、Y_3 表示灯。

② 状态赋值，也即分别用 0、1 表示开关和灯的状态的过程，也叫状态取值。例如，用 0 表示开关的断开，1 表示开关的闭合；用 0 表示灯的灭，1 表示灯的亮。

③ 列真值表，根据设定的变量和状态情况由表 2.1.1 所示的功能可以很容易的列出表 2.1.2 所示的真值表。

表 2.1.2 基本逻辑关系的真值表

A	B	Y_1	Y_2	Y_3
0	0	0	0	1
0	1	0	1	1
1	0	0	1	0
1	1	1	1	0

（3）三种基本逻辑关系定义

① 与逻辑关系：当决定一件事情的各个条件全部具备时，该事件才会发生。

② 或逻辑关系：当决定一件事情的各个条件中只要有一个条件具备，这件事情就会发生。

③ 非逻辑关系：非就是反，就是否定。

2. 基本逻辑运算

（1）与运算

与运算：所有条件都具备事件才发生，如图 2.1.2 所示。

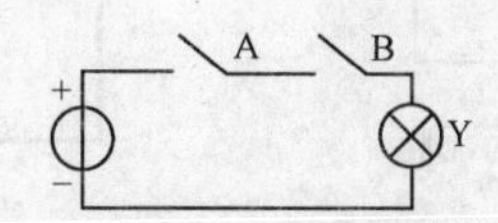

图 2.1.2 与逻辑示例

开关："1"闭合，"0"断开；灯："1"亮，"0"灭。

真值表：把输入所有可能的组合与输出取值对应列成表，如表 2.1.3 所示。

表 2.1.3　与运算真值表

A	B	Y
0	0	0
0	1	0
1	0	0
1	1	1

逻辑表达式：$Y=A\cdot B$ (逻辑乘)

逻辑符号：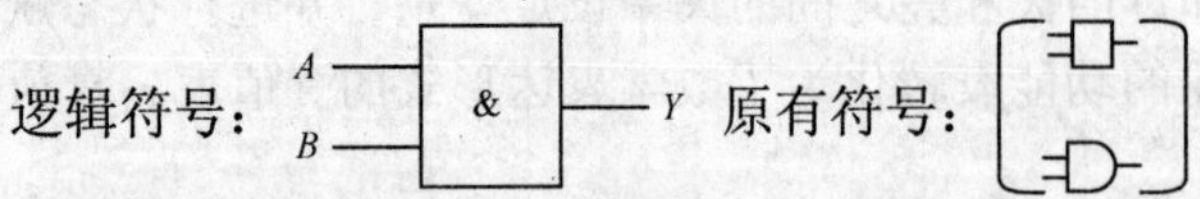

与逻辑运算的逻辑功能口诀：有“0”出“0”，全“1”出“1”。

（2）或运算

或运算真值表如表 2.1.4 所示。或运算：至少有一个条件具备，事件就会发生，如图 2.1.3 所示。

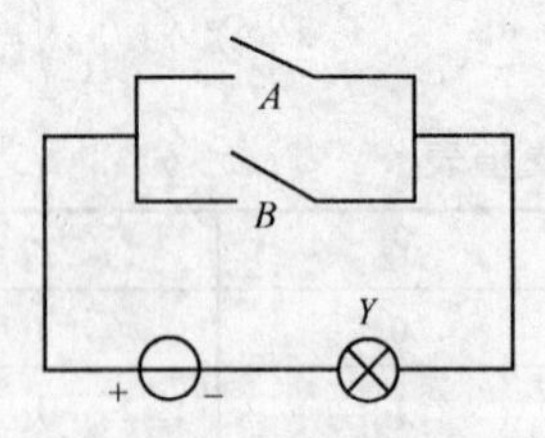

图 2.1.3　或逻辑示例

表 2.1.4　或运算真值表

A	B	Y
0	0	0
0	1	0
1	0	0
1	1	1

逻辑表达式 $Y=A+B$（逻辑加）

逻辑符号：A, B — ≥1 — Y

或逻辑运算的逻辑功能口诀：有“1”出“1”，全“0”出“0”。

（3）非运算

非运算：结果与条件相反事件才发生，如图 2.1.4 所示；其相应的真值表如表 2.1.5 所示。

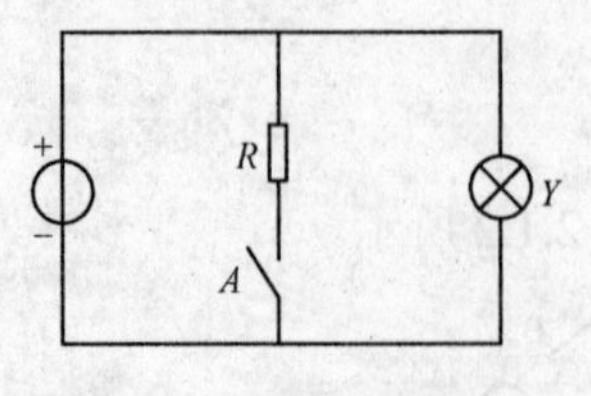

图 2.1.4　非逻辑示例

表 2.1.5　非运算真值表

A	Y
0	1
1	0

逻辑表达式：$Y=\overline{A}$

逻辑符号：A — 1 —○ Y

逻辑功能口诀：有“1”出“0”，有“0”出“1”。

2.1.2 复合逻辑函数

在逻辑代数中，除了与、或、非 3 种基本的逻辑运算外，经常用到的还有由 3 种基本运算构成的一些复合运算。常见的基本逻辑运算的复合运算有与非运算、或非运算、与或非运算、异或运算、同或运算等。

1. 与非运算

逻辑符号：

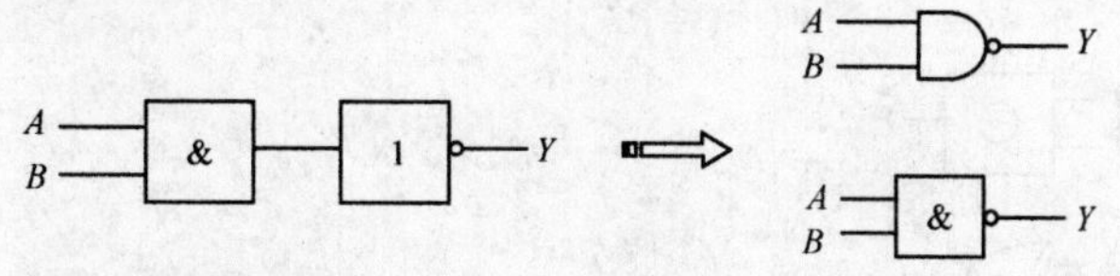

与非运算真值表如表 2.1.6 所示。

表 2.1.6 与非运算真值表

A	B	Y
0	0	1
0	1	1
1	0	1
1	1	0

逻辑表达式：$Y=\overline{AB}$

逻辑功能口诀：有“0”出“1”，全“1”出“0”。

2. 或非运算

逻辑符号：

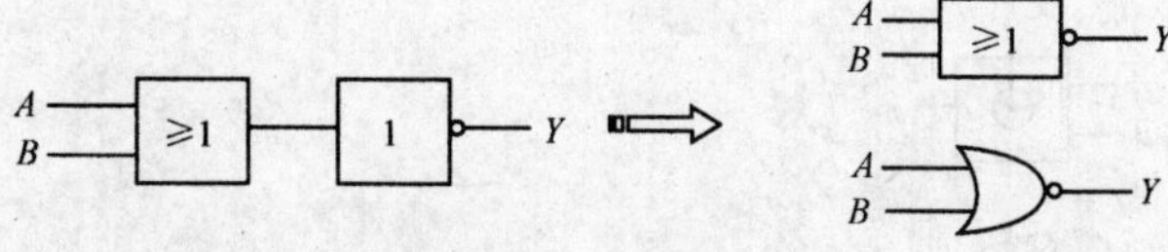

或非运算真值表如表 2.1.7 所示。

表 2.1.7 或非运算真值表

A	B	Y
0	0	1
0	1	0
1	0	0
1	1	0

逻辑表达式：$Y=\overline{A+B}$

逻辑功能口诀：有“1”出“0”，全“0”出“1”。

3. 与或非运算

逻辑符号：

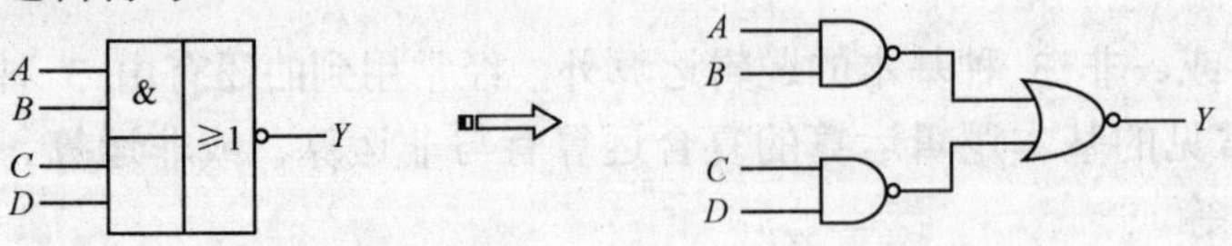

逻辑表达式 $Y=\overline{AB+CD}$

4. 异或运算（如在计算机中用于判断）

逻辑符号：

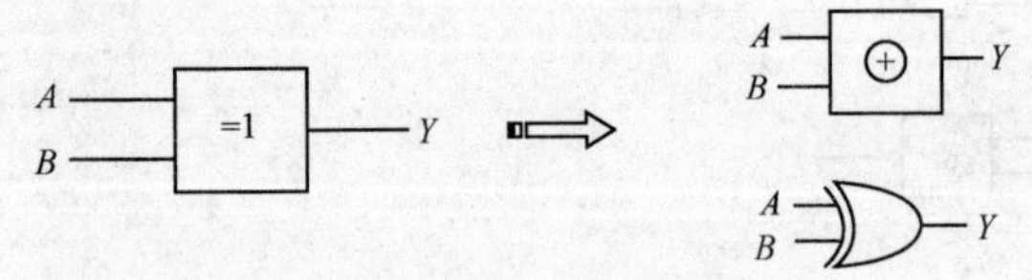

异或运算真值表如表 2.1.8 所示。

表 2.1.8　异或运算真值表

A	B	Y
0	0	0
0	1	1
1	0	1
1	1	0

逻辑表达式：$Y=A\overline{B}+\overline{A}B=A\oplus B$

逻辑功能口诀：相同为“0”，不同为“1”。

5. 同或运算

逻辑符号：

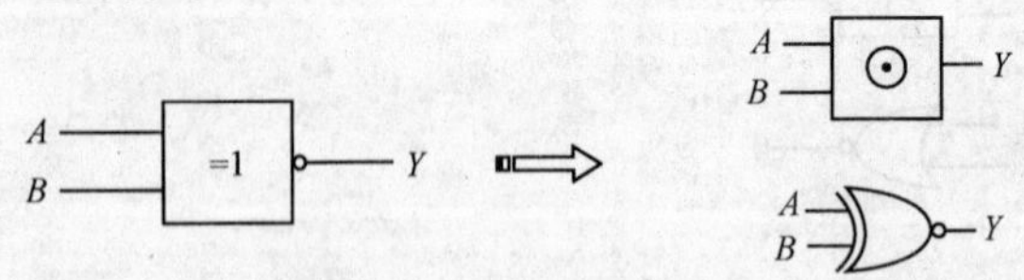

同或运算真值表如表 2.1.9 所示。

表 2.1.9　同或运算真值表

A	B	Y
0	0	1
0	1	0
1	0	0
1	1	0

逻辑表达式：$Y=\overline{AB}+AB=A\odot B$

逻辑功能口诀：相同为“1”，不同为“0”。

2.1.3 逻辑函数表示法及变换

1．真值表

逻辑函数的真值表具有唯一性。逻辑函数有 n 个变量时，共有 2^n 个不同的变量取值组合。在列真值表时，变量取值的组合一般按 n 位二进制数递增的方式列出。用真值表表示逻辑函数的优点是直观、明了，可直接看出逻辑函数值和变量取值之间的关系。

分析逻辑式与逻辑图之间的相互转换以及如何由逻辑式或逻辑图列真值表。

2．逻辑函数式

写标准与或逻辑式的方法如下。

（1）把任意一组变量取值中的 1 代入原变量，0 代入反变量，由此得到一组变量的与组合，如 A、B、C 3 个变量的取值为 110 时，则代换后得到的变量与组合为 $A\,B$。

（2）把逻辑函数值为 1 所对应的各变量的与组合相加，便得到标准的与或逻辑式。

3．逻辑图

逻辑图是用基本逻辑门和复合逻辑门的逻辑符号组成的对应于某一逻辑功能的电路图。

2.2 逻辑代数的基本定律和规则

2.2.1 逻辑代数的基本定律

研究逻辑关系的数学称为逻辑代数，又称为布尔代数。逻辑代数与普通代数相似，也是用大写字母（$A,B,C,\cdots$）表示逻辑变量，但是逻辑变量的取值只有 0 和 1，没有中间值。0 和 1 仅表示两种对立的逻辑状态，而不表示数量的大小。

逻辑代数中有与、或、非 3 种基本的逻辑关系，因此就有 3 种基本的逻辑运算：逻辑乘、逻辑加和逻辑非。这 3 种基本运算可分别由与其对应的与门、或门和非门 3 种电路来实现。逻辑代数中的其他运算是由这 3 种基本逻辑运算推导出来的。

1．基本定律

（1）0-1 律：$A\cdot 0=0$　　$A\cdot 1=A$　　$A+0=A$　　$A+1=1$

（2）互补律：$A+\overline{A}=1$　　$A\cdot\overline{A}=0$

（3）重叠律：$A\cdot A=A$　　$A+A=A$

（4）还原律：$\overline{\overline{A}}=A$

2. 交换律

$A+B=B+A \qquad AB=BA$

3. 结合律

$(A+B)+C=A+(B+C) \qquad (AB)C=A(BC)$

4. 分配律

$A(B+C)=AB+AC \qquad A+BC=(A+B)(A+C)$

5. 吸收律

$A+AB=A \qquad A(A+B)=A \qquad A+\overline{A}B=A+B$

$A(\overline{A}+B)=AB \qquad AB+A\overline{B}=A(A+B)(A+\overline{B})=A$

6. 包含律

$AB+\overline{A}C+BC=AB+\overline{A}C$

证：$AB+\overline{A}C+BC=AB+\overline{A}C+(A+\overline{A})BC=AB+\overline{A}C+ABC+\overline{A}BC$

$=AB(1+C)+\overline{A}C(1+B)=AB+\overline{A}C$

7. 反演律（摩根定律）

$\overline{A+B}=\overline{A}\cdot\overline{B} \qquad \overline{A\cdot B}=\overline{A}+\overline{B}$

表 2.2.1 反演律的证明

A B	$\overline{A+B}$	$\overline{A}\cdot\overline{B}$	$\overline{A\cdot B}$	$\overline{A}+\overline{B}$
0 0	$\overline{0+0}=1$	$\overline{0}\cdot\overline{0}=1$	$\overline{0\cdot 0}=1$	$\overline{0}+\overline{0}=1$
0 1	$\overline{0+1}=0$	$\overline{0}\cdot\overline{1}=0$	$\overline{0\cdot 1}=1$	$\overline{0}+\overline{1}=1$
1 0	$\overline{1+0}=0$	$\overline{1}\cdot\overline{0}=0$	$\overline{1\cdot 0}=1$	$\overline{1}+\overline{0}=1$
1 1	$\overline{1+1}=0$	$\overline{1}\cdot\overline{1}=0$	$\overline{1\cdot 1}=0$	$\overline{1}+\overline{1}=0$

注意：本节所列出的公式反映的是逻辑关系而非数量关系，在运算中不能简单套用初等代数的运算法则，如初等代数中的移项规则就不能用。

【例 2.1】证明 $\overline{A\oplus B}=AB+\overline{A}\overline{B}$。

证：$\overline{A\oplus B}=\overline{A\overline{B}+\overline{A}B}=\overline{A\overline{B}}\cdot\overline{\overline{A}B}=(\overline{A}+B)(A+\overline{B})=AB+\overline{A}\overline{B}$

【例 2.2】证明 $ABC+A\overline{B}C+AB\overline{C}=AB+AC$。

证：$ABC+A\overline{B}C+AB\overline{C}=AB(C+\overline{C})+A\overline{B}C=AB+A\overline{B}C=A(B+\overline{B}C)$

$=A(B+C)=AB+AC$

2.2.2 逻辑代数的基本规则

逻辑代数中有 3 个基本规则：代入规则、反演规则和对偶规则。

1．代入规则

在任何逻辑代数等式中，如果等式两边所有出现某一变量（如 A）的位置都代以一个逻辑函数（如 F），则等式仍成立。

利用代入规则可以扩大定理的应用范围。

例如，已知 $\overline{AB}=\overline{A}+\overline{B}$，若用 AC 代替 A，可得 $\overline{ABC}=\overline{A}+\overline{B}+\overline{C}$

2．反演规则

已知函数 F，欲求其反函数 $\overline{F}$ 时，只要将 F 式中所有的“·”换成“+”，“+”换成“·”；“0”换成“1”，“1”换成“0”；将原变量变成反变量，反变量变成原变量，便得到 $\overline{F}$。

注意：运用反演规则时，要注意运算符号的优先次序及括号的正确使用。

例如，$F=A[\overline{B}+(C\overline{D}+\overline{E}F)]$；则有 $\overline{F}=\overline{A}+B\cdot(\overline{C}+D)\cdot(E+\overline{F})$

3．对偶规则

任意函数 F，若将式中的“·”换成“+”，“+”换成“·”；“1”换成“0”，“0”换成“1”，而变量保持不变，原式中的运算优先顺序不变，得到的式子称 F 的对偶式 F'。

注意：若 $F=G$，则 $F'=G'$。

例如，$F=(A+0)\cdot(B\cdot 1)$；则有 $F'=(A\cdot 1)+(B+0)$

2.3 逻辑函数化简的意义和代数化简法

2.3.1 化简的意义和标准

化简逻辑函数，经常用到的方法有两种：公式化简法和图形化简法。公式化简法就是用逻辑代数中的公式和定理进行化简；图形化简法是用卡诺图作为化简工具进行化简。一般地说，逻辑函数的表达式越简单，实现它的电路也越简单，因此不仅经济，而且可靠性也得到提高。

2.3.2 逻辑函数的代数化简法

对逻辑代数的基本定律、公式掌握的基础上可以将复杂的逻辑函数转化为最简式。常用的代数化简法如下。

（1）并项法：利用公式 $AB+A\overline{B}=A$。

（2）吸收法：利用公式 $A+AB=A$。

（3）消去法：利用公式 $A+\overline{A}B=A+B$。

（4）取消法：利用公式 $AB+\overline{A}C+BC=AB+\overline{A}C$。

（5）配项法：利用公式 $A+\overline{A}=1$ 或加上多余项。

2.4 逻辑函数的卡诺图化简法

2.4.1 最小项

1．最小项的定义及其性质

（1）最小项的基本概念

由 A、B、C 3 个逻辑变量构成的许多乘积项中有 8 个被称为 A、B、C 的最小项的乘积项。它们的特点如下：

① 每项都只有 3 个因子；

② 每个变量都是它的一个因子；

③ 每一变量或以原变量（A、B、C）的形式出现，或以反（非）变量（$\overline{A}$、$\overline{B}$、$\overline{C}$）的形式出现，各出现一次。

它们是 $\overline{ABC}$，$\overline{AB}C$，$\overline{A}B\overline{C}$，$\overline{A}BC$，$A\overline{BC}$，$A\overline{B}C$，$AB\overline{C}$，$ABC$。

一般情况下，对 n 个变量来说，最小项共有 2^n 个，如 n=3 时，最小项有 2^3=8 个。

（2）最小项的性质

最小项具有下列性质。

① 对于任意一个最小项，只有一组变量取值使得它的值为 1，而在变量取其他各组值时，这个最小项的值都是 0。

② 不同的最小项，使它的值为 1 的那一组变量取值也不同。

③ 对于变量的任一组取值，任意两个最小项的乘积为 0。

④ 对于变量的任一组取值，全体最小项之和为 1。

（3）最小项的编号

最小项通常用 m_i 表示，下标 i 即最小项编号，用十进制数表示。以 $\overline{A}BC$ 为例，因为它和 011 相对应，所以就称 $\overline{A}BC$ 是和变量取值 011 相对应的最小项，而 011 相当于十进制中的 3，所以把 $\overline{A}BC$ 记为 m_3。按此原则，3 个变量的最小项编号如表 2.4.1 所示。

表 2.4.1　最小项编号对照表

最 小 项	变 量 取 值			表 示 符 号
	A	B	C	
$\overline{A}\overline{B}\overline{C}$	0	0	0	m_0
$\overline{A}\overline{B}C$	0	0	1	m_1
$\overline{A}B\overline{C}$	0	1	0	m_2
$\overline{A}BC$	0	1	1	m_3
$A\overline{B}\overline{C}$	1	0	0	m_4
$A\overline{B}C$	1	0	1	m_5
$AB\overline{C}$	1	1	0	m_6
ABC	1	1	1	m_7

2．逻辑函数的最小项表达式

利用逻辑代数的基本公式，可以把任一个逻辑函数化成一种典型的表达式，这种典型的表达式是一组最小项之和，称为最小项表达式。下面举例说明把逻辑表达式展开为最小项表达式的方法。例如，要将 $L(A,B,C)=AB+\overline{A}C$ 化成最小项表达式，这时可利用 $A+\overline{A}=1$ 的基本运算关系，将逻辑函数中的每一项都化成包含所有变量 A、B、C 的项，然后再用最小项下标编号来代表最小项，即：

$$
\begin{aligned}
L(A,B,C) &= AB+\overline{A}C \\
&= AB(C+\overline{C})+\overline{A}C(B+\overline{B}) \\
&= ABC+AB\overline{C}+\overline{A}BC+\overline{A}\overline{B}C \\
&= m_7+m_6+m_3+m_1 \\
&= m_1+m_3+m_6+m_7 \\
&= \sum m(1,3,6,7)
\end{aligned}
$$

又如，要将 $L(A,B,C)=\overline{(AB+\overline{AB}+\overline{C})\overline{AB}}$ 化成最小项表达式，可经下列几步：

（1）多次利用摩根定律去掉非号，直至最后得到一个只在单个变量上有非号的表达式；

（2）利用分配律除去括号，直至得到一个与或表达式；

$$
\begin{aligned}
L(A,B,C) &= \overline{(AB+\overline{AB}+\overline{C})\overline{AB}} \\
&= \overline{(AB+\overline{AB}+\overline{C})}+AB \\
&= \overline{AB}\cdot\overline{\overline{AB}}\cdot C+AB \\
&= (\overline{A}+\overline{B})(A+B)C+AB \\
&= \overline{A}BC+A\overline{B}C+AB \\
&= \overline{A}BC+A\overline{B}C+AB(C+\overline{C}) \\
&= \overline{A}BC+A\overline{B}C+ABC+AB\overline{C} \\
&= m_3+m_5+m_7+m_6 \\
&= \sum m(3,5,6,7)
\end{aligned}
$$

（3）在以上第 5 个等式中，有一项 AB 不是最小项（缺少变量 C），可用 $(C+\overline{C})$ 乘此项。

由此可见，任一个逻辑函数都可化成为唯一的最小项表达式。

2.4.2 卡诺图

一个逻辑函数的卡诺图就是将此函数的最小项表达式中的各最小项相应地填入一个方格图内，此方格图称为卡诺图。

卡诺图的构造特点使卡诺图具有一个重要性质：可以从图形上直观地找出相邻最小项。两个相邻最小项可以合并为一个与项并消去一个变量。在数字电路中经常使用。但是当变量的数目超过 6 时，画图就变得复杂了，也不容易计算。

2.4.3 用卡诺图化简逻辑函数

1. 化简的依据

我们知道，卡诺图具有循环邻接的特性，若图中两个相邻的方格均为 1，则这两个相邻最小项的和将消去一个变量。

例如，4 变量卡诺图中的方格 5 和方格 7，它们的逻辑加是 $m_5 + m_7 = \overline{A}B\overline{C}D + \overline{A}BCD = \overline{A}BD(\overline{C} + C) = \overline{A}BD$，项消去了变量 C，即消去了相邻方格中不相同的那个因子。若卡诺图中 4 个相邻的方格为 1，则这 4 个相邻的最小项的和将消去两个变量，如上述 4 变量卡诺图中的方格 2、3、7、6，它们的逻辑加是

$$
\begin{aligned}
m_2 + m_3 + m_7 + m_6 &= \overline{A}\overline{B}C\overline{D} + \overline{A}\overline{B}CD + \overline{A}BCD + \overline{A}BC\overline{D} \\
&= \overline{A}\overline{B}C(D + \overline{D}) + \overline{A}BC(D + \overline{D}) \\
&= \overline{A}\overline{B}C + \overline{A}BC \\
&= \overline{A}C
\end{aligned}
$$

消去了变量 B 和 D，即消去相邻 4 个方格中不相同的那两个因子，这样反复应用 $A + \overline{A} = 1$ 的关系，就可使逻辑表达式得到简化。这就是利用卡诺图法化简逻辑函数的基本原理。

2. 化简的步骤

用卡诺图化简逻辑函数的步骤如下：

（1）将逻辑函数写成最小项表达式；

（2）按最小项表达式填卡诺图 ，凡式中包含了的最小项，其对应方格填 1，其余方格填 0；

（3）合并最小项，即将相邻的 1 方格圈成一组（包围圈），每一组含 2^n 个方格，对应每个包围圈写成一个新的乘积项；

（4）将所有包围圈对应的乘积项相加。

有时也可以由真值表直接填卡诺图，以上的（1）、（2）两步就合为一步。

画包围圈时应遵循以下原则。

（1）包围圈内的方格数必定是 2^n 个，n 等于 0,1,2,3,…。

（2）相邻方格包括上下底相邻，左右边相邻和四角相邻。

（3）同一方格可以被不同的包围圈重复包围 ，但新增包围圈中一定要有新的方格，否则该包围圈为多余。

（4）包围圈内的方格数要尽可能多，包围圈的数目要尽可能少。

化简后，一个包围圈对应一个与项（乘积项），包围圈越大，所得乘积项中的变量越少。实际上，如果做到了使每个包围圈尽可能大，结果包围圈个数也就会少，使得消失的乘积项个数也越多，就可以获得最简的逻辑函数表达式。下面通过举例来熟悉用卡诺图化简逻辑函数的方法。

【例 2.3】 一个逻辑电路的输入是 4 个逻辑变量 A、B、C、D，它的真值表如表 2.4.2 所示，用卡诺图法求化简的与-或表达式及与非-与非表达式。

表 2.4.2 逻辑电路真值表

A	B	C	D	L	A	B	C	D	L
0	0	0	0	1	1	0	0	0	1
0	0	0	1	0	1	0	0	1	0
0	0	1	0	0	1	0	1	0	1
0	0	1	1	0	1	0	1	1	0
0	1	0	0	1	1	1	0	0	1
0	1	0	1	1	1	1	0	1	0
0	1	1	0	0	1	1	1	0	0
0	1	1	1	0	1	1	1	1	1

解：

（1）由真值表画出卡诺图，如图 2.4.1 所示。

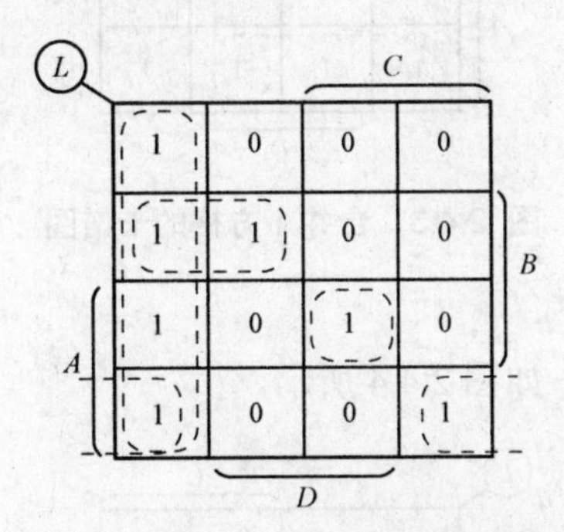

图 2.4.1 例 2-3 逻辑函数的卡诺图

（2）画包围圈合并最小项，得简化的与-或表达式。

$L=\overline{CD}+A\overline{BD}+\overline{A}B\overline{C}+ABCD$

（3）求与非-与非表达式。

$L=\overline{\overline{CD}+A\overline{BD}+\overline{A}B\overline{C}+\overline{ABCD}}$

二次求非然后利用摩根定律得：

$L=\overline{\overline{\overline{CD}}+\overline{A\overline{BD}}+\overline{\overline{A}}B\overline{\overline{C}}+\overline{ABCD}}$

利用卡诺图表示逻辑函数式时，如果卡诺图中各小方格被 1 占去了大部分，虽然可用包围 1 的方法进行化简，但由于要重复利用 1 项，往往显得零乱而易出错。这时采用包围 0 的方法化简更为简单，即求出非函数 $\overline{L}$，再对 $\overline{L}$ 求非，其结果相同，下面举例说明。

【例 2.4】 化简下列逻辑函数 $L(A,B,C,D)=\sum m(0\sim3,5\sim11,13\sim15)$

解：

（1）由 L 画出卡诺图，如图 2.4.2 所示。

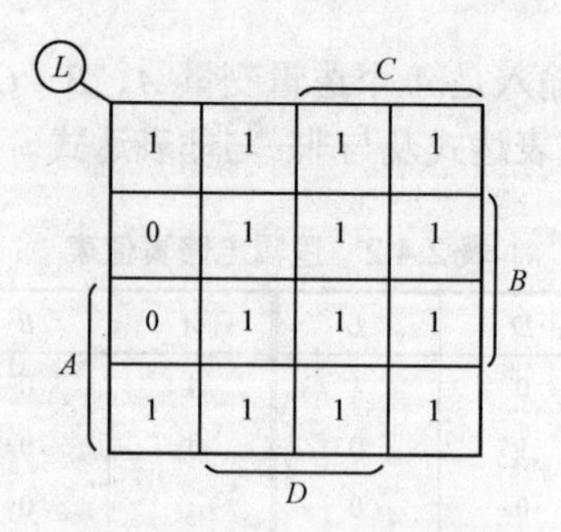

图 2.4.2　例 2-4 逻辑函数的卡诺图

（2）用包围 1 的方法化简，如图 2.4.3 所示，得：

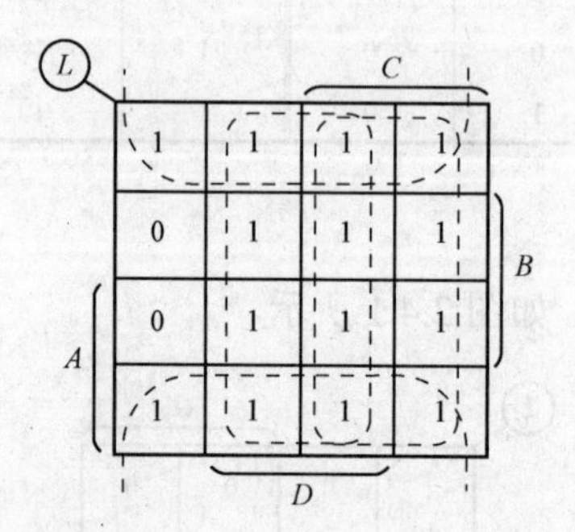

图 2.4.3　合并 1 方格的卡诺图

所以有：$L=\overline{B}+C+D$

（3）用包围 0 的方法化简，如图 2.4.4 所示。

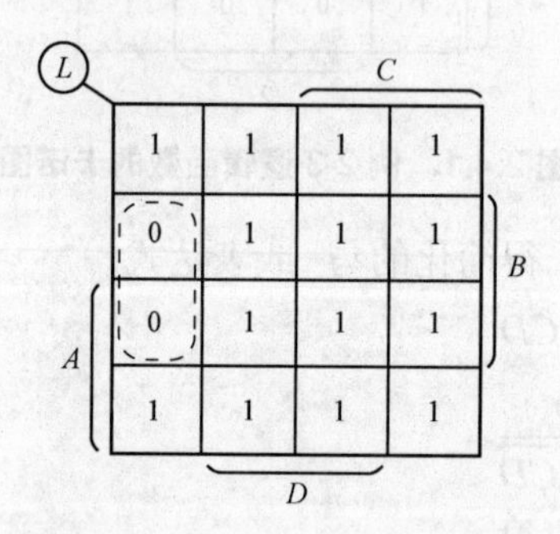

图 2.4.4　合并 0 方格的卡诺图

根据图得到 $\overline{L}=B\overline{CD}$，两边去反后可得 $L=\overline{B}+C+D$

两种方法得到的结果是相同的。

实际中经常会遇到这样的问题，在真值表内对应于变量的某些取值下，函数的值可以是任意的，或者这些变量的取值根本不会出现，这些变量取值所对应的最小项称为无关项或任意项。

无关项的意义在于，它的值可以取 0 或取 1，具体取什么值，可以根据使函数尽量得到简化而定。

本章小结

本章主要介绍了逻辑代数的基本公式和定理；逻辑函数的化简方法、逻辑函数的常用表示方法等3方面内容。

（1）与、或、非既是 3 种基本逻辑关系，也是 3 种基本逻辑运算，与非、或非、与或非、异或则是由 3 种基本逻辑运算复合而成的 4 种常用逻辑运算。书中还给出了表示这些运算的逻辑符号，要注意理解和记忆。

（2）逻辑代数的公式和定理是推演、变换和化简逻辑函数的依据，有些与普通代数相同，有些则完全不一样，例如摩根定理、同一律、还原律等，要特别注意记住这些特殊的公式、定理。

（3）逻辑函数的公式化简法和图形化简法，是应该熟练掌握的内容。公式化简法没有什么局限性，但也无一定步骤可以遵循，要想迅速得到函数的最简与或表达式，不仅和对公式、定理的熟悉程度有关，而且还和运算技巧有联系。图形化简法则不同，它简单、直观，有可以遵循的明确步骤，不易出错，初学者也易于掌握。但是，当函数变量多于 6 个时，就失去了优点，没有实用价值了。

（4）逻辑函数常用到的表示方法有 5 种：真值表、卡诺图、函数式、逻辑图和波形图。它们各有特点，但本质相通，可以互相转换。尤其是由真值表到逻辑图和由逻辑图到真值表的转换，直接涉及数字电路的分析与综合问题，更加重要，一定要学会。

逻辑代数是分析和设计数字电路的基本数学工具，其基本和常用运算也是数字电路要实现的重要内容。可以说，学好了逻辑代数，对于数字电路，入门并不难，掌握也是做得到的。

习 题 2

1．用公式化简法化简以下 7 变量逻辑函数。

$Y(A,B,C,D,E,F,G) = AB + A\overline{C} + \overline{B}C + ADE(F+G) + B\overline{D} + B\overline{C}$

2．试用代数化简法化简逻辑函数：

$L = \overline{A}B\overline{C} + \overline{A}BC + ABC$

3．用卡诺图化简下列函数为最简与或式。

$F_1(ABC) = \overline{AB} + AC + \overline{B}C$

$F_2(ABC) = ABC + \overline{A}B + \overline{B}C$

$F_3(ABCD) = A\overline{BC} + AC + \overline{A}BC + \overline{B}C\overline{D}$

$F_4(ABCD) = \overline{A}B\overline{CD} + \overline{A}B\overline{C}D + \overline{AB}C\overline{D} + \overline{ABCD} + A\overline{B}CD + A\overline{BC}D$

$F_5(ABCD)=\overline{AB}D+\overline{A}B\overline{C}+BCD+A\overline{BC}D+\overline{AB}C\overline{D}$

4. 用卡诺图化简下列函数为最简与或式。

$F_1(ABC)=\sum m(0,1,2,3,5,7)$

$F_2(ABCD)=\sum m(0,1,2,3,4,5,8,10,11,12)$

$F_3(ABCD)=\sum m(2,3,6,7,8,9,10,11,13,14,15)$

$F_4(ABCD)=\sum m(1,2,3,4,5,6,7,8,9,11,12,14,15)$

$F_5(ABCD)=\sum m(1,2,3,4,6,8,10,11,12,14)$

5．用卡诺图将下列具有约束条件的函数化简为最简与或式。

$F_1(ABCD)=\sum m(0,1,2,3,5,8)+\sum d(10,11,12,13,14,15)$

$F_2(ABCD)=\sum m(3,6,8,9,11,12)+\sum d(0,1,2,13,14,15)$

$F_3(ABCD)=\sum m(0,1,4,9,12,13)+\sum d(2,3,6,10,11,14)$

$F_4(ABCD)=\sum m(0,1,2,3,4,7,15)+\sum d(8,9,10,11,12,13)$

$F_5(ABCD)=\sum m(0,2,4,5,7,13)+\sum d(8,9,10,11,14,15)$

$F_6(ABCD)=\sum m(2,4,6,7,12,15)+\sum d(0,1,3,8,9,11)$

$F_7(ABCD)=\sum m(1,2,4,12,14)+\sum d(5,6,7,8,9,10)$

$F_8(ABCD)=\sum m(0,2,3,4,5,6,11,12)+\sum d(8,9,10,13,14,15)$

6．化简逻辑函数 $L=\overline{A}D+\overline{BCD}+A\overline{BC}D$，约束条件为 $AB+AC=0$，将结果写成与非—与非表达式。

7．根据反演规则，写出下列函数的反函数，并化为最简与或式。

$F_1=(\overline{A}+B)\overline{(\overline{C}+D)}$

$F_2=\overline{A\overline{B}+C}+\overline{A}D$

$F_3=\overline{A+\overline{B}+\overline{C}D}+\overline{\overline{C+\overline{D}}+A\overline{B}}$

$F_4=(A\oplus B)C+(B\oplus\overline{C})D$

8．根据对偶规则，先写出下列函数的对偶式，再化为最简与或式。

$F_1=A(B+D)+CD\cdot\overline{A}B$

$F_2=\overline{BC}(A+\overline{B}+D)+\overline{A}B+AC\cdot D$

$F_3=(A+C)(B+\overline{D})+\overline{B}CD\cdot\overline{AD}$

$F_4=(A+\overline{C})(B+C+D)(A+B+D)+ABC$

第 3 章 逻辑门电路

3.1 概述

逻辑门电路是实现各种基本逻辑关系的电路，简称“门电路”或逻辑元件。最基本的门电路是与门、或门和非门。利用与、或、非门就可以构成各种逻辑门。

在逻辑电路中，逻辑事件的是与否用电路电平的高、低来表示。若用 1 代表低电平、0 代表高电平，则称为正逻辑；相反为负逻辑。

1. 三极管的开关特性

数字电路中三极管作为开关使用，但它只能工作在饱和导通或截止状态。静态时截止条件：应使发射结处于反偏，可靠截止条件为输入的发射结电压小于等于 0。饱和条件：使实际注入基极的电流大于临界饱和基极电流即可使三极管工作在饱和状态。动态时，在高速脉冲电压作用下，当三极管由截止跃变为饱和的瞬间，它需一定的开通时间 t_{on}（一般在几纳秒以内）才进入饱和状态；当三极管由饱和跃变为截止时，它需一定的关断时间 t_{off}。一般 t_{off} 比 t_{on} 大得多，因此要提高三极管的开关速度，就必须降低三极管的饱和深度，加速基区存储电荷的消散。

3.2 分立元件门电路

分立元件门电路是集成门电路发展的基础。在数字电路中，所谓“门”就是实现一些基本逻辑关系的电路，最基本的逻辑关系可归结为与、或、非 3 种，所以最基本的逻辑门是与门、或门和非门。

3.2.1 基本逻辑门

3 种基本逻辑关系及基本逻辑门电路

1. 二极管与门电路

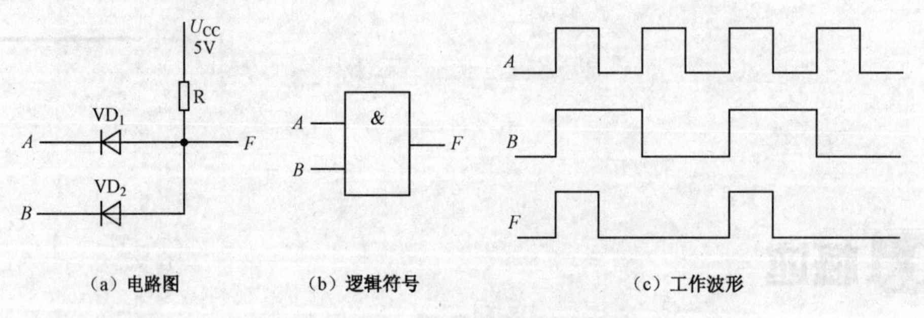

（a）电路图　（b）逻辑符号　（c）工作波形

图 3.2.1 二极管与门及其工作波形

实现逻辑与运算的电路称为“与门”。图 2.1.2（a）所示是一个由二极管构成的与门电路。*A*、*B* 为输入端，*F* 为输出端。在此着重分析 *F* 和 *A*、*B* 之间的逻辑关系，假设二极管的正向电阻为零，反向电阻为无穷大。当 *A*、*B* 输入信号时，只要有一个（或一个以上）为低电平 0V 时，其对应的二极管导通，输出 *F* 就被钳位在低电平 0V 上，输入信号为高电平+3V 的对应二极管截止。只有 *A*、*B* 输入均为高电平+3V 时 VD_1、VD_2均导通，输出 *F* 被钳位在高电平+3V 上。输入信号假设高电平+3V 表示“1”，低电平 0V 表示“0”。根据电子线路的知识不难看出，输入 *A*、*B* 和输出 *F* 间电压真值的关系如表 3.2.1 所示。

表 3.2.1 与门电平、真值表

A		*B*		*F*	
电压/V	真值	电压/V	真值	电压/V	真值
0	0	0	0	0	0
0	0	+3	1	0	0
+3	1	0	0	0	0
+3	1	+3	1	+3	1

从表 3.2.1 中可知，输出 *F* 和输入 *A*、*B* 之间符合逻辑与的关系，因此该电路能完成逻辑与的操作运算。其表达式 $F=A\cdot B$。其逻辑符号及工作波形图如图 3.2.1（b）、3.2.1（c）所示。

2. 二极管或门电路

实现逻辑或运算的电路称为或门。图 3.2.2（a）所示是一种用二极管构成的或门电路。*A*、*B* 是输入端，*F* 是输出端。在和与门电路同样假设的条件下，不难得到 *F* 和 *A*、*B* 的电压及真值表关系如表 3.2.2 所示。

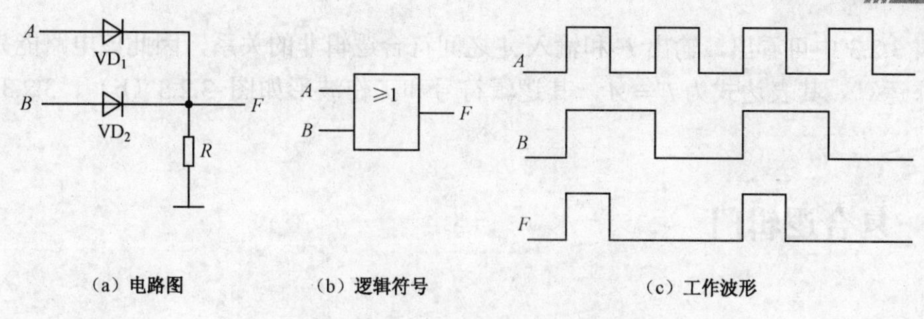

（a）电路图　　（b）逻辑符号　　（c）工作波形

图 3.2.2　二极管或门及其工作波形

表 3.2.2　或门电平、真值表

A		B		F	
电压/V	真值	电压/V	真值	电压/V	真值
0	0	0	0	0	0
0	0	+3	1	+3	1
+3	1	0	0	+3	1
+3	1	+3	1	+3	1

从表 3.2.2 中可看出，输出 F 和输入 A、B 之间符合逻辑或的关系，因此该电路能完成逻辑或的操作运算。其表达式为 $F=A+B$，其逻辑符号及工作波形图如图 3.2.2（b）、3.2.2（c）所示。

3. 三极管非门电路

非门就是反相器，由晶体三极管构成的非门电路如图 3.2.3（a）所示，A 为输入端，F 为输出端，不难得到 F 和 A 的电压及真值表关系如表 3.2.3 所示。

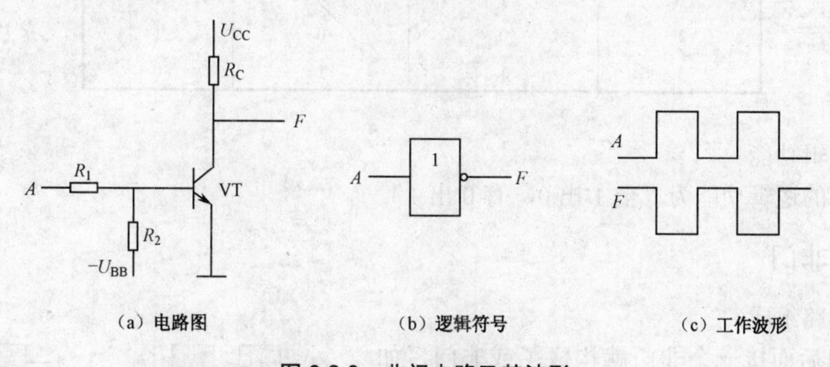

（a）电路图　　（b）逻辑符号　　（c）工作波形

图 3.2.3　非门电路及其波形

表 3.2.3　非门电路电平、真值表

A		F	
电压/V	真值	电压/V	真值
0	0	+3	1
+3	1	0	0

从表 3.2.3 中可看出，输出 F 和输入 A 之间符合逻辑非的关系，因此该电路能完成逻辑非的操作运算。其表达式为 $F=\overline{A}$，其逻辑符号和工作波形如图 3.2.3（b）、3.2.3（c）所示。

3.2.2 复合逻辑门

1．与非门

（1）电路组成

在与门后面接一个非门就构成了与非门，如图 3.2.4 所示。

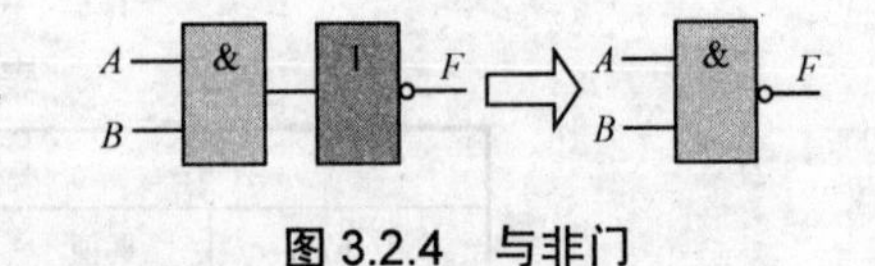

图 3.2.4　与非门

（2）逻辑符号

在与门输出端加上一个小圆圈就构成了与非门的逻辑符号。

（3）函数表达式

与非门的函数逻辑式为：

$$F=\overline{A\cdot B}$$

（4）真值表

表 3.2.4 给出了与非门的真值表。

表 3.2.4　与非门真值表

A	B	$A\cdot B$	$\overline{A\cdot B}$
0	0	0	1
0	1	0	1
1	0	0	1
1	1	1	0

（5）逻辑功能

与非门的逻辑功能为“全 1 出 0，有 0 出 1”。

2．或非门

（1）电路组成

在或门后面接一个非门就构成了或非门，如图 3.2.5 所示。

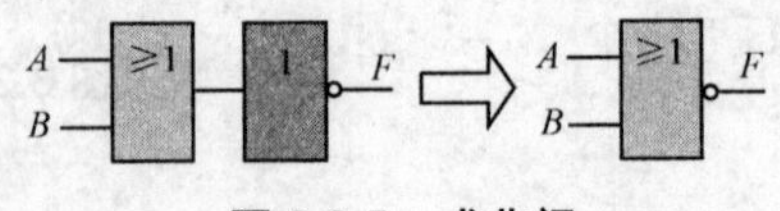

图 3.2.5　或非门

（2）逻辑符号

在或门输出端加一小圆圈就变成了或非门的逻辑符号。

（3）逻辑函数式

或非门逻辑函数式为：

$$F=\overline{A+B}$$

（4）真值表

表 3.2.5 给出了或非门的真值表。

表 3.2.5 或非门真值表

A	B	$A \cdot B$	$\overline{A+B}$
0	0	0	1
0	1	1	0
1	0	1	0
1	1	1	0

（5）逻辑功能

或非门的逻辑功能为“全 0 出 1，有 1 出 0”。

3. 与或非门

（1）电路组成

把两个（或两个以上）与门的输出端接到一个或非门的各个输入端，就构成了与或非门。与或非门的电路如图 3.2.6（a）所示。

（2）逻辑符号

与或非门的逻辑符号如图 3.2.6（b）所示。

（3）逻辑函数

与或非门的逻辑函数式为：

$$F = \overline{AB + CD}$$

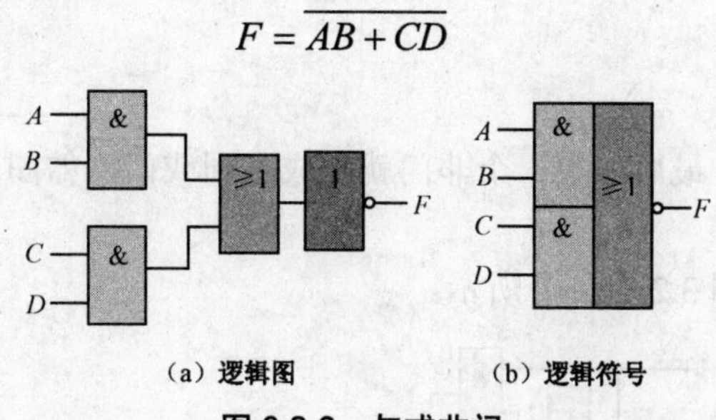

（a）逻辑图　　（b）逻辑符号

图 3.2.6 与或非门

4. 异或门

（1）电路组成

异或门的电路如图 3.2.7（a）所示。

（2）逻辑符号

异或门的逻辑符号如图 3.2.7（b）所示。

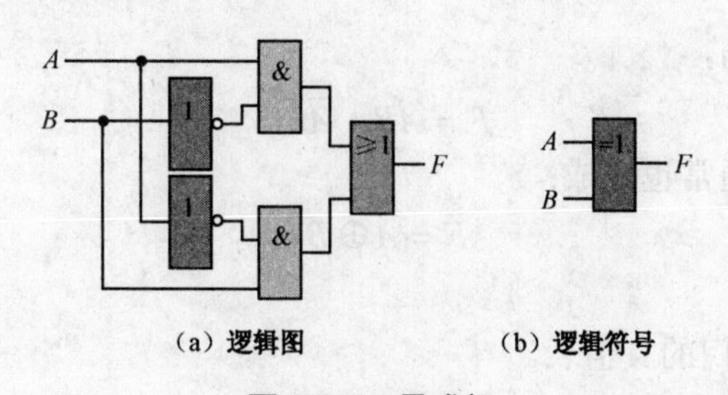

（a）逻辑图　　（b）逻辑符号

图 3.2.7 异或门

（3）逻辑函数

异或门的逻辑函数式为：

$$F = \overline{A}B + A\overline{B}$$

上式通常也写成：

$$F = A \oplus B$$

（4）真值表

表 3.2.6 给出了异或门真值表。

表 3.2.6　异或门真值表

A	B	F
0	0	0
0	1	1
1	0	1
1	1	0

（5）逻辑功能

当两个输入端的状态相同（都为 0 或都为 1）时输出为 0；反之，当两个输入端状态不同（一个为 0，另一个为 1）时，输出端为 1。

（6）应用：判断两个输入信号是否不同。

5. 同或门

（1）电路组成

在异或门的基础上，最后加上一个非门就构成了同或门，如图 3.2.8（a）所示。

（2）逻辑符号

同或门逻辑符号如图 3.2.8（b）所示。

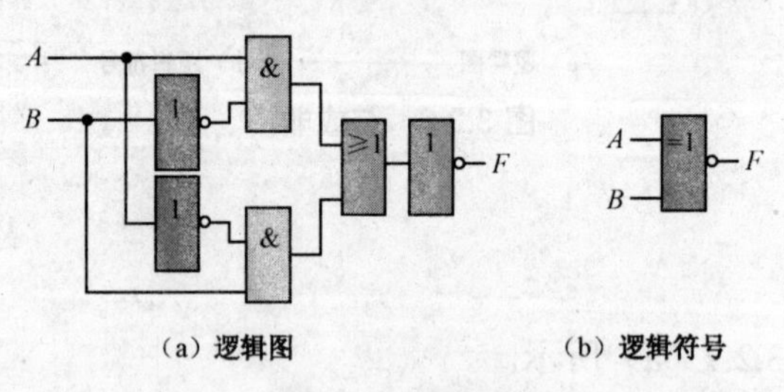

（a）逻辑图　　（b）逻辑符号

图 3.2.8　同或门

（3）逻辑函数

同或门逻辑函数式为：

$$F = AB + \overline{A}\overline{B}$$

同或门逻辑函数式通常也写成：

$$F = A \oplus B$$

（4）真值表

表 3.2.7 给出了同或门的真值表。

表 3.2.7　同或门真值表

A	B	F
0	0	1
0	1	0
1	0	0
1	1	1

（5）逻辑功能：当两个输入端的状态相同（都为 0 或都为 1）时输出为 1；反之，当两个输入端状态不同（一个为 0，另一个为 1）时，输出端为 0。

3.2.3 集成门电路

1. TTL 与非门的工作原理

（1）电路组成

它由输入级、中间级和输出级三部分组成，如图 3.2.9 所示。

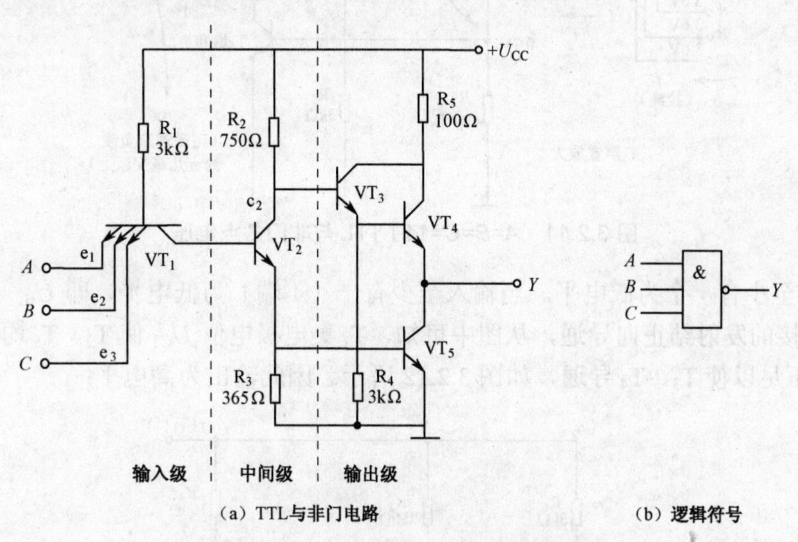

（a）TTL与非门电路　　（b）逻辑符号

图 3.2.9　TTL 与非门电路与逻辑符号

① 输入级。输入级由多发射极管 VT_1 和电阻 R_1 组成。其作用是对输入变量 A、B、C 实现逻辑与，从逻辑功能上看，图 3.2.10（a）所示的多发射极三极管可以等效为图 3.2.10（b）所示的形式。

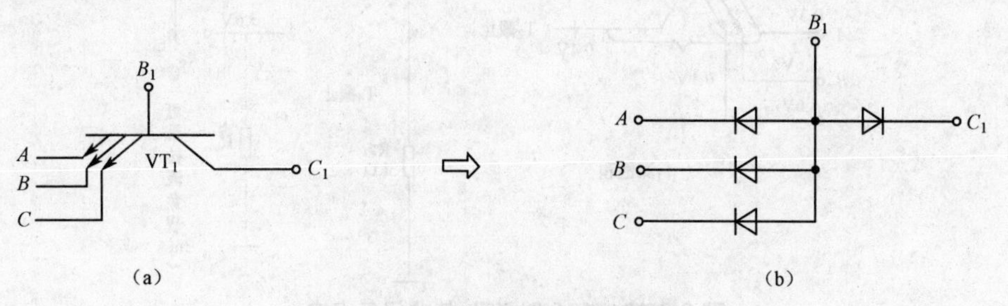

（a）　　（b）

图 3.2.10　多发射极三极管等效

② 中间级。中间级由 VT_2、R_2 和 R_3 组成。VT_2 的集电极和发射极输出两个相位相反的信号，作为 VT_3 和 VT_5 的驱动信号。

③ 输出级。输出级由 VT_3、VT_4、VT_5 和 R_4、R_5 组成，这种电路形式称为推拉式电路。

（2）工作原理

① 输入全部为高电平。当输入 A、B、C 均为高电平，即 $U_{IH}=3.6$ V 时，VT_1 的基极电位足以使 VT_1 的集电结和 VT_2、VT_5 的发射结导通。而 VT_2 的集电极压降可以使 VT_3 导通，但它不能使 VT_4 导通。VT_5 由 VT_2 提供足够的基极电流而处于饱和状态。因此输出为低电平：$U_O=U_{OL}=U_{CE5}\approx0.3V$，如图 3.2.11 所示。

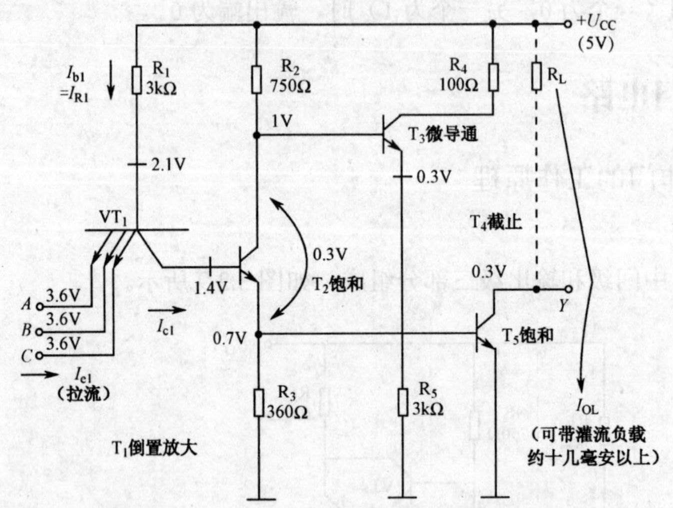

图 3.2.11 $A=B=C=1$ 时 TTL 与非门各点电压

② 输入至少有一个为低电平。当输入至少有一（A 端）为低电平，即 $U_{IL}=0.3V$ 时，T_1 与 A 端连接的发射结正向导通，从图中可知，T_1 集电极电位 U_{C1} 使 T_2、T_5 均截止，而 T_2 的集电极电压足以使 T_3、T_4 导通，如图 3.2.12 所示。因此输出为高电平：

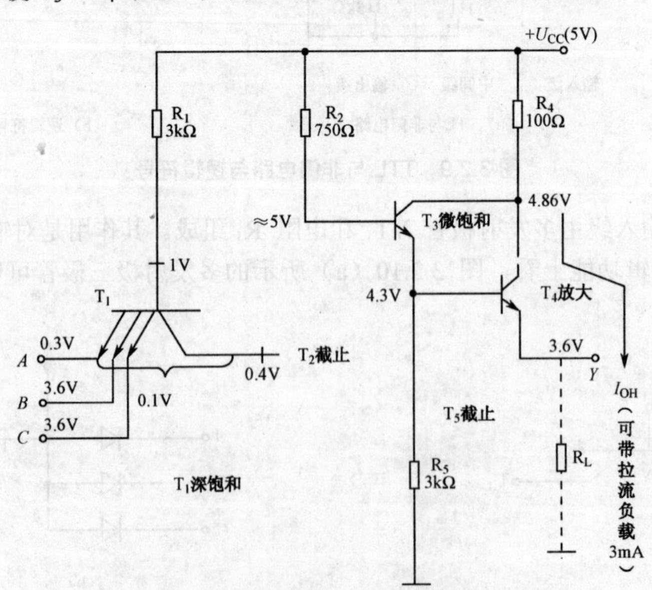

图 3.2.12 $A=0$ 时 TTL 与非门各点电压

$$U_O=U_{OH}\approx U_{CC}-U_{BE3}-U_{BE4}=5-0.7-0.7=3.6\text{ V}$$

由此可见：输入全为 1 时，输出为 0；输入有 0 时，输出为 1。电路的输出与输入之间满足与非逻辑关系，即：

$$Y=\overline{ABC}$$

2．TTL 与非门的外特性与参数

（1）电压传输特性

TTL 与非门电压传输特性是表示输出电压 U_O 随输入电压 U_I 变化的一条曲线，电压传输特性曲线如图 3.2.13（b）所示。电压传输特性曲线可分为 AB、BC、CD、DE 4 段。

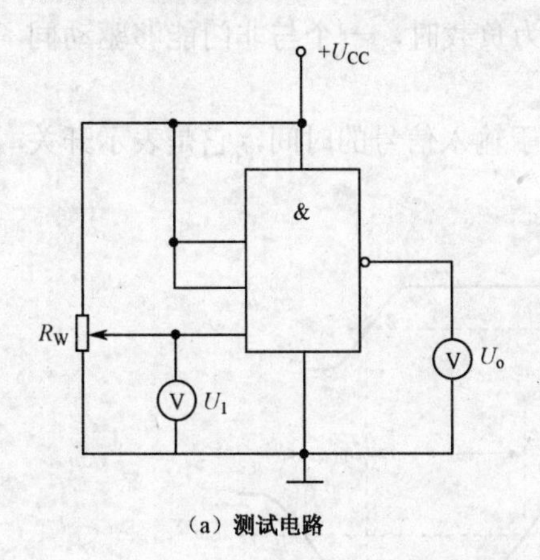

（a）测试电路

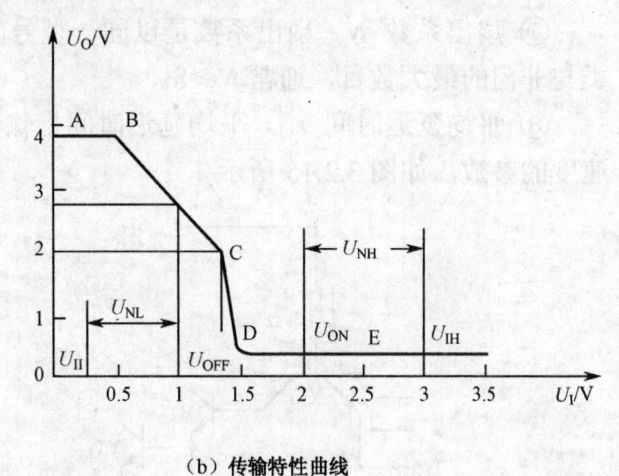

（b）传输特性曲线

图 3.2.13 TTL 与非门电压传输特性曲线

① AB 段称为截止区 $0\text{V}\leqslant U_I<0.6\text{V}$，$U_O\approx3.6\text{V}$

② BC 段称为线性区 $0.6\text{V}\leqslant U_I<1.3\text{V}$，$U_O$ 线性下降

③ CD 段称为转折区 $1.3\text{V}\leqslant U_I<1.4\text{V}$，$U_O$ 急剧下降

④ DE 段称为饱和区 $U_I\geqslant1.4\text{V}$，$U_O\approx0.3\text{V}$

（2）主要参数

① 输出高电平 U_{OH} 和输出低电平 U_{OL}。电压传输特性曲线截止区的输出电压为 U_{OH}，饱和区的输出电压为 U_{OL}。一般产品规定 $U_{OH}\geqslant2.4\text{V}$，$U_{OL}<0.4\text{ V}$。

② 阈值电压 U_{th}。电压传输特性曲线转折区中点所对应的输入电压为 U_{th}，也称门槛电压。一般 TTL 与非门的 $U_{th}\approx1.4\text{V}$。

③ 关门电平 U_{OFF} 和开门电平 U_{ON}。保证输出电平为额定高电平（2.7V 左右）时，允许输入低电平的最大值，称为关门电平 U_{OFF}。通常 $U_{OFF}\approx1\text{V}$，一般产品要求 $U_{OFF}\geqslant0.8\text{V}$。保证输出电平达到额定低电平（0.3V）时，允许输入高电平的最小值，称为开门电平 U_{ON}。通常 $U_{ON}\approx1.4\text{V}$，一般产品要求 $U_{ON}\leqslant1.8\text{ V}$。

④ 噪声容限 U_{NL}、U_{NH}。在实际应用中，由于外界干扰、电源波动等原因，可能使输入电平 U_I 偏离规定值。为了保证电路可靠工作，应对干扰的幅度有一定限制，称为噪声容限。它是用来说明门电路抗干扰能力的参数。

低电平噪声容限是指在保证输出为高电平的前提下，允许叠加在输入低电平 U_{IL} 上的最大正向干扰（或噪声）电压。用 U_{NL} 表示：

$$U_{NL}=U_{OFF}-U_{IL}$$

高电平噪声容限是指在保证输出为低电平的前提下，允许叠加在输入高电平 U_{IH} 上的最大负向干扰（或噪声）电压。用 U_{NH} 表示：

$$U_{NH} = U_{IH} - U_{ON}$$

⑤ 输入短路电流 I_{IS}。当 U_I=0 时，流经这个输入端的电流称为输入短路电流 I_{IS}。在如图 3.2.14 所示电路中输入短路电流的典型值约为–1.4mA

$$I_{IS} = -\frac{U_{CC} - U_{BE1}}{R_1} = -\frac{5-0\cdot 7}{3} \approx -1.4\text{mA}$$

⑥ 输入漏电流 I_{IH}。当 $U_I > U_{th}$ 时，流经输入端的电流称为输入漏电流 I_{IH}，即 T_1 倒置工作时的反向漏电流。其值很小，约为 10μA。

⑦ 扇出系数 N。扇出系数是以同一型号的与非门作为负载时，一个与非门能够驱动同类与非门的最大数目，通常 $N \geqslant 8$。

⑧ 平均延迟时间 t_{pd}。平均延迟时间指输出信号滞后于输入信号的时间，它是表示开关速度的参数，如图 3.2.15 所示

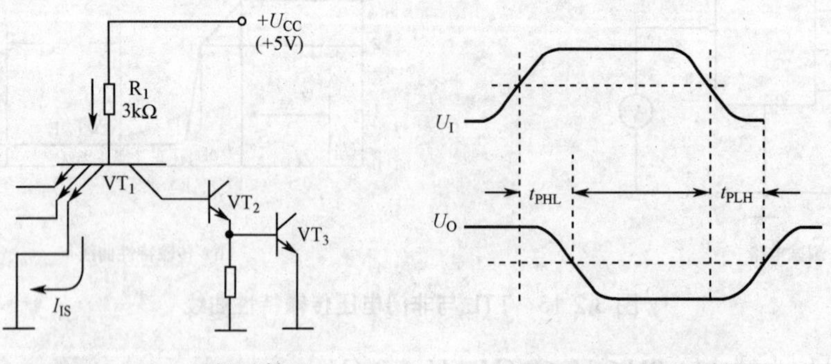

图 3.2.14　I_{IS} 的计算图　　　图 3.2.15　延迟时间

从输入波形上升沿的中点到输出波形下降沿中点之间的时间称为导通延迟时间 t_{PHL}；从输入波形下降沿的中点到输出波形上升沿的中点之间的时间称为截止延迟时间 t_{PLH}，所以 TTL 与非门平均延迟时间为:

$$t_{pd}=\frac{1}{2}\left(t_{PHL}+t_{PLH}\right)$$

一般，TTL 与非门 t_{pd} 为 3～40ns。

3. TTL 与非门产品介绍

常用 TTL 与非门电路型号，如图 3.2.16 所示；功能如表 3.2.8 所示。

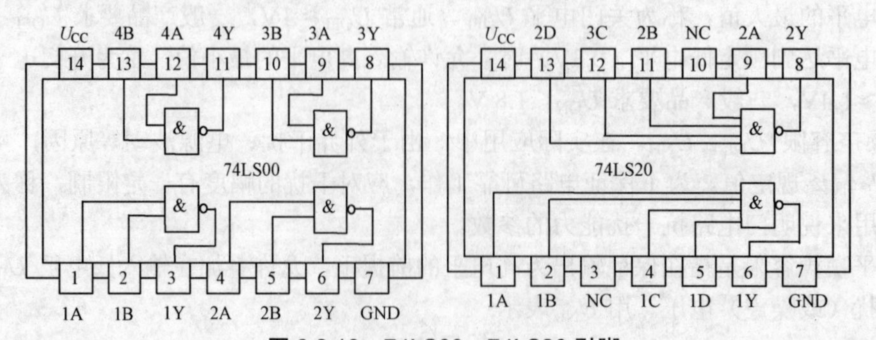

图 3.2.16　74LS00、74LS20 引脚

表 3.2.8 集成门电路功能

型号	逻辑功能
74LS00	2 输入四与非门
74LS10	3 输入三与非门
74LS20	4 输入双与非门
74LS30	8 输入与非门

4. TTL 与非门的改进电路

我国 TTL 集成电路目前有 CT54/74（普通）、CT54/74H（高速）、CT54/74S（肖特基）和 CT54/74LS（低功耗）等 4 个系列国家标准的集成门电路。LS 系列 TTL 门 $t_{pd}<5ns$，而功耗 2mW，因而得到广泛应用。它们的主要性能指标如表 3.2.9 所示。在 TTL 门电路中，无论是哪一种系列，只要器件品名相同，那么器件功能就相同，只是性能不同。

表 3.2.9 TTL 各系列集成门电路主要性能指标

参数名称 \ 电路型号	CT74 系列	CT74H 系列	CT745 系列	CT74LS 系列
电源电压/V	5	5	5	5
$U_{OH(MIN)}$/V	2.4	2.4	2.5	2.5
$U_{OL(MAX)}$/V	0.4	0.4	0.5	0.5
逻辑摆幅	3.3	3.3	3.4	3.4
每门功耗	10	22	19	2
每门传输延时	10	6	3	9.5
最高工作频率	35	50	125	45
扇出系数	10	10	10	20
抗干扰能力	一般	一般	好	好

5. TTL 门电路的其他类型

TTL 门电路除与非门之外， 还有许多种门电路。

（1）集电极开路门（OC 门）

在实际使用中，可直接将几个逻辑门的输出端相连，这种输出直接相连，实现输出与功能的方式称为线与。图 3.2.17 所示为实现线与功能的电路，即 $Y=Y_1\cdot Y_2$

但是普通 TTL 与非门的输出端是不允许直接相连的，因为当一个门的输出为高电平（Y_1）、另一个为低电平（Y_2）时，将有一个很大的电流从 U_{CC} 经 Y_1 到 Y_2，到导通门的 T_5 管，因功耗过大而损坏该门电路，如图 3.2.18 所示。

OC（Open Collector）门电路及符号如图 3.2.19 所示。

T_5 的集电极是断开的，必须经外接电阻 R_L 接通电源后，电路才能实现与非逻辑及线与功能。图 3.2.20 是实现线与逻辑的 OC 门。假设有 n 个 OC 门接成线与的形式，其输出负载为 m 个 TTL 与非门。

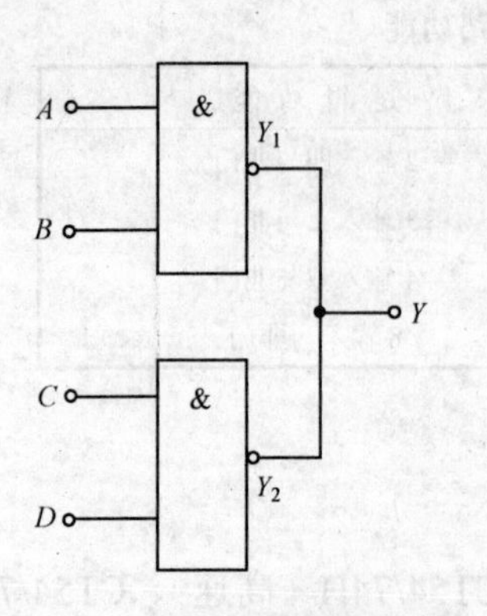

图 3.2.17　与非门的线与连接图

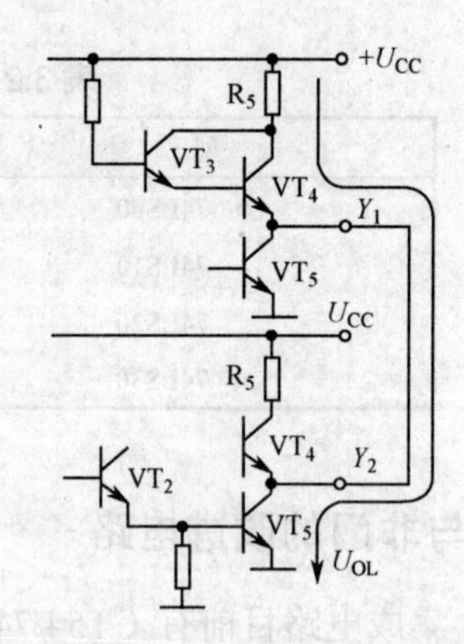

图 3.2.18　TTL 与非门直接线与的情况

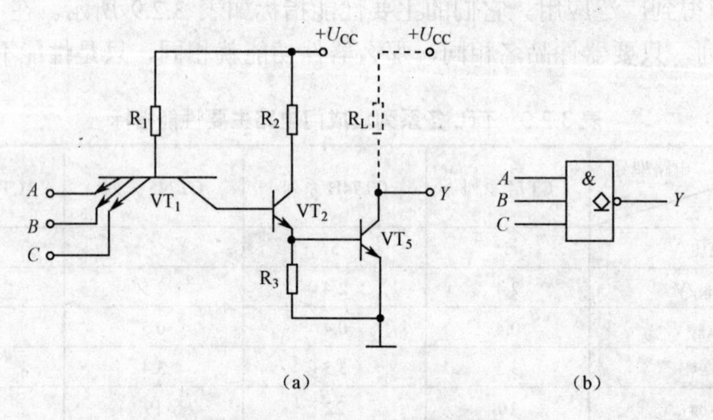

图 3.2.19　OC 门电路及符号

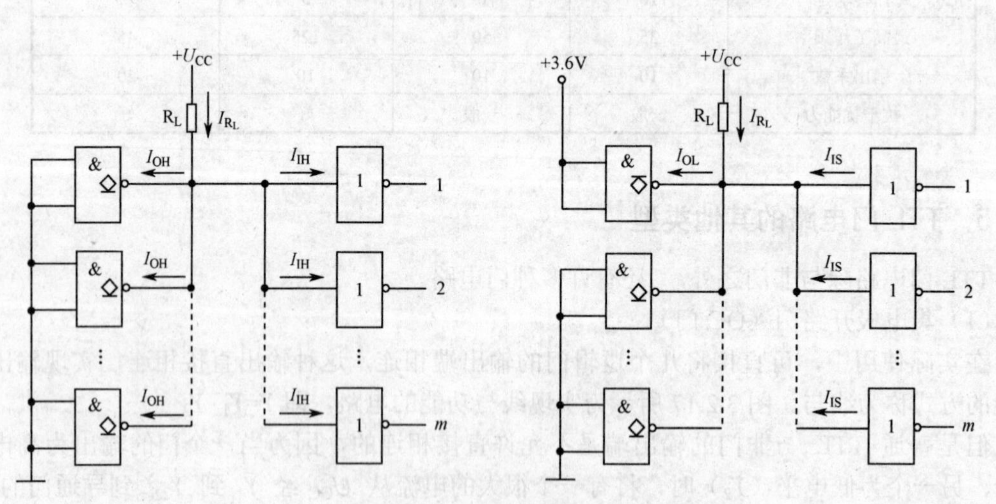

图 3.2.20　*n* 个 OC 门线与

当所有 OC 门都为截止状态时，输出电压 U_O 为高电平，为保证输出的高电平不低于规定值，R_L 不能太大。根据图 3.2.20（a）所示的情况，R_L 的最大值为：

$$R_{L\max}=\frac{U_{CC}-U_{OH\min}}{nI_{OH}+mI_{IH}}$$

式中，*n* 为 OC 门并联的个数；*m* 为并联负载门的个数；I_{OH} 为 OC 门输出管截止时的漏电流；I_{IH} 为负载门输入端为高电平时的输入漏电流。

当有一个 OC 门处于导通状态时，输出电压 U_O 为低电平。而且应保证在最不利的情况下，所有负载电流全部流入唯一的一个导通门时，输出低电平仍低于规定值。根据图 3.2.20 所示的情况，R_L 的最小值为：

$$R_{L\min}=\frac{U_{CC}-U_{OL\max}}{I_{L\max}-mI_{IS}}$$

式中，$I_{L\max}$ 是导通 OC 门所允许的最大漏电流；I_{IS} 为负载门的输入短路电流。综合以上两种情况，R_L 的选取应满足：

$$R_{L\min}<R_L<R_{L\max}$$

为了减少负载电流的影响，R_L 值应选接近 $R_{L\min}$ 的值。

（2）三态门（TS 门）

三态门是指逻辑门的输出除有高、低电平两种状态外，还有第三种状态——高阻状态（或称禁止状态）的门电路，简称 TS（Tristate Logic）门，电路如图 3.2.21 所示。

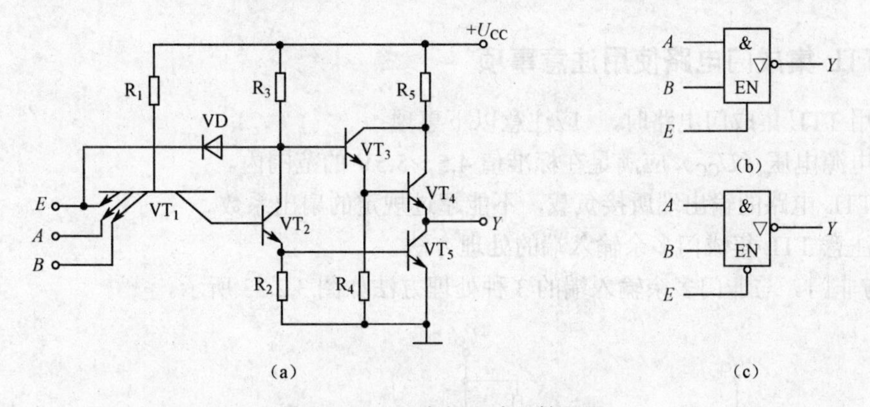

图 3.2.21 三态门电路、符号图

E 为控制端或称使能端。

当 E=1 时，二极管 D 截止，TS 门与 TTL 门功能一样，其真值表如表 3.2.10 所示。

当 E=0 时，T_1 处于正向工作状态，促使 VT_2、VT_5 截止，同时通过二极管 VD 使 VT_3 基极电位钳制在 1V 左右，致使 VT_4 也截止。这样 VT_4、VT_5 都截止，输出端呈现高阻状态。

TS 门中控制端 E 除高电平有效外，还有为低电平有效的，这时的电路符号图 3.2.21（c）所示。

表 3.2.10 一种 TS 门的真值表

控制端	输入		输出
E	A	B	Y
1	0	0	1
1	0	1	1
1	1	0	1
1	1	1	0
0	×	×	高阻态

三态门的主要用途是实现多个数据或控制信号的总线传输，如图 3.2.22 所示。

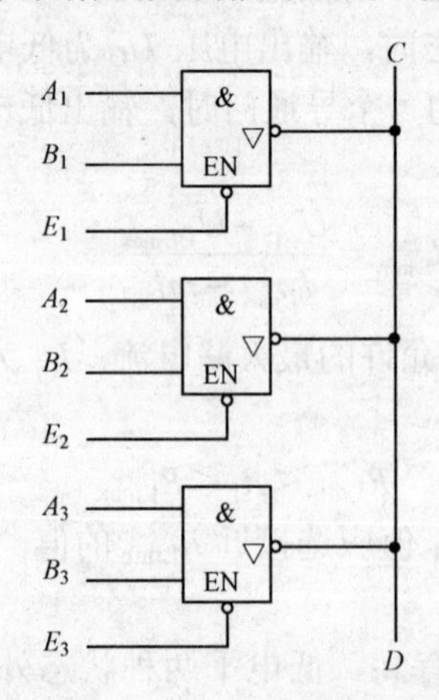

图 3.2.22 三态门实现总线控制

6．TTL 集成门电路使用注意事项

在使用 TTL 集成门电路时， 应注意以下事项：

（1）电源电压（U_{CC}）应满足在标准值 4.5～5.5V 的范围内。

（2）TTL 电路的输出端所接负载，不能超过规定的扇出系数。

（3）注意 TTL 集成门多余输入端的处理方法。

① 与非门。与非门多余输入端的 3 种处理方法如图 3.2.23 所示。

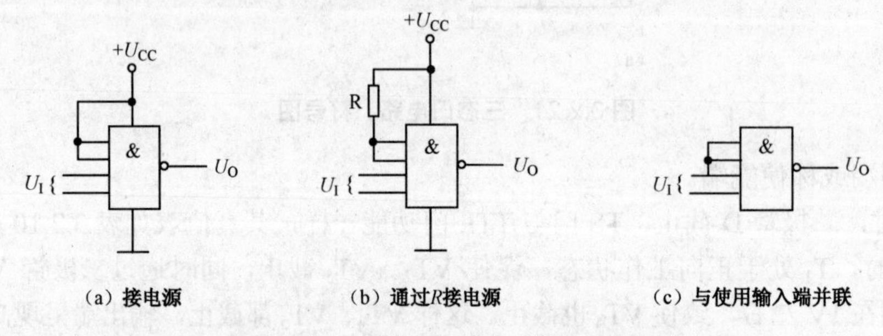

图 3.2.23 与非门多余输入端的处理方法

② 或非门。或非门多余输入端的 3 种处理方法如图 3.2.24 所示。

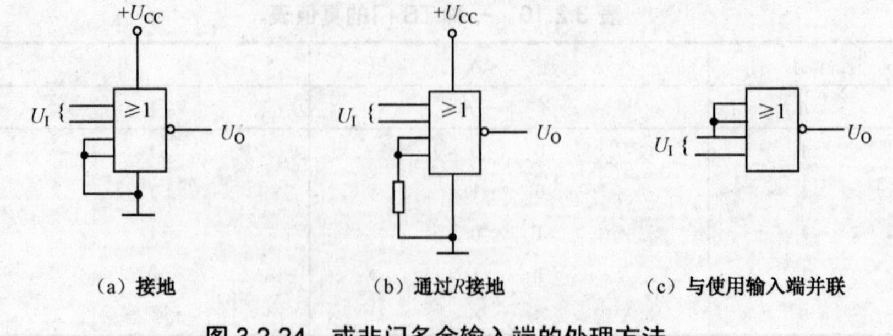

图 3.2.24 或非门多余输入端的处理方法

7. CMOS 集成门电路

MOS 集成逻辑门是采用 MOS 管作为开关元件的数字集成电路。它具有工艺简单、集成度高、抗干扰能力强、功耗低等优点，MOS 门有 PMOS、NMOS 和 CMOS 3 种类型，CMOS 电路又称互补 MOS 电路，它突出的优点是静态功耗低、抗干扰能力强、工作稳定性好、开关速度高，是性能较好且应用较广泛的一种电路。

与 TTL 集成电路相比，CMOS 电路具有如下特点：

① 制造工艺较简单、集成度和成品率较高；

② 功耗低；

③ 电源电压范围宽；

④ 输入阻抗高，扇出系数大；

⑤ 抗干扰能力强；

⑥ 当配备适当的缓冲器后，能与现有的大多数逻辑电路兼容。

（1）与非门

图 3.2.25 是一个两输入的 CMOS 与非门电路。

当 A、B 两个输入端均为高电平时，T_1、T_2 导通，T_3、T_4 截止，输出为低电平。

当 A、B 两个输入端中只要有一个为低电平时，T_1、T_2 中必有一个截止，T_3、T_4 中必有一个导通，输出为高电平。电路的逻辑关系为：

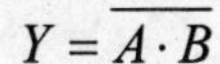

$$Y = \overline{A \cdot B}$$

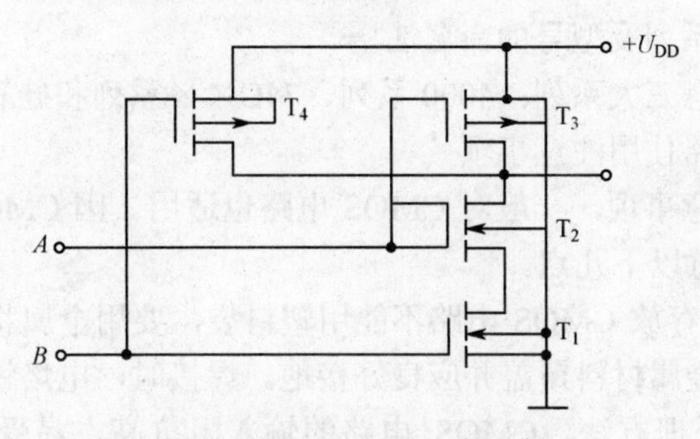

图 3.2.25 CMOS 与非门

（2）或非门

CMOS 或非门电路如图 3.2.26 所示。当 A、B 两个输入端均为低电平时，T_1、T_2 截止，T_3、T_4 导通，输出 Y 为高电平。

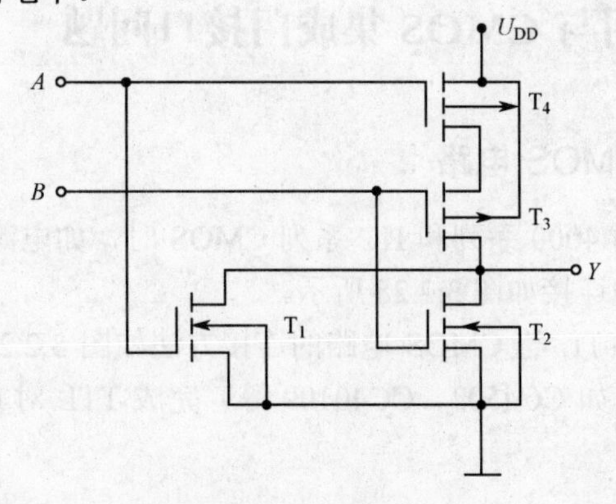

图 3.2.26 CMOS 或非门

（3）CMOS 传输门（TG）

CMOS 传输门的电路和符号如图 3.2.27 所示。其中，T_P 是增强型 PMOS 管，T_N 是增强型 NMOS 型。

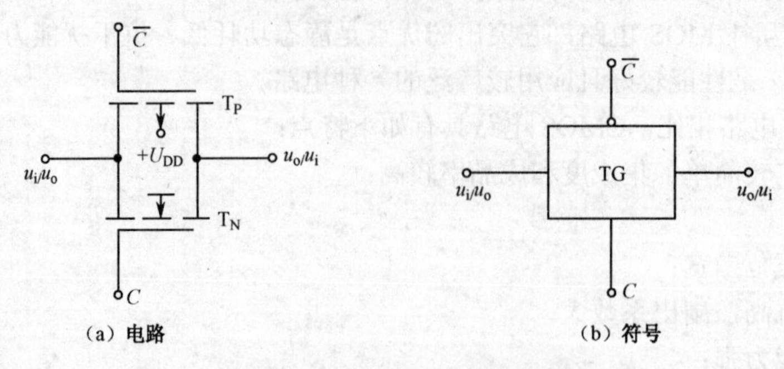

图 3.2.27　CMOS 传输门电路及符号

① C=0、$\overline{C}$=1，即 C 端为低电平（0V）、$\overline{C}$ 端为高电平（$+U_{DD}$）时，T_N 和 T_P 都不具备开启条件而截止，输入和输出之间相当于开关断开一样。

② C=1、$\overline{C}$=0，即 C 端为高电平（$+U_{DD}$）、$\overline{C}$ 端为低电平（0V）时，T_N 和 T_P 都具备了导通条件，输入和输出之间相当于开关接通一样，$u_o=u_i$。

因为 MOS 管的结构是对称的，源极和漏极可以互换使用，所以 CMOS 传输门具有双向性，又称双向开关，用 TG 表示。

（4）CMOS 门电路系列及型号的命名法

CMOS 逻辑门器件有三大系列：4000 系列、74C××系列和硅氧化铝系列。

（5）CMOS 集成电路使用注意事项

TTL 电路的使用注意事项，一般对 CMOS 电路也适用。因 CMOS 电路容易产生栅极击穿问题，所以要特别注意以下几点。

① 避免静电损失。存放 CMOS 电路不能用塑料袋，要用金属将管脚短接起来或用金属盒屏蔽。工作台应当用金属材料覆盖并应良好接地。焊接时，电烙铁壳应接地。

② 多余输入端的处理方法。CMOS 电路的输入阻抗高，易受外界干扰的影响，所以 CMOS 电路的多余输入端不允许悬空。多余输入端应根据逻辑要求或接电源 DD（与非门、与门），或接地（或非门、或门），或与其他输入端连接。

3.2.4　TTL 集成门与 CMOS 集成门接口问题

1. TTL 电路驱动 CMOS 电路

（1）当 TTL 电路驱动 4000 系列和 HC 系列 CMOS 时，如电源电压 U_{CC} 与 U_{DD} 均为 5V 时，TTL 与 CMOS 电路的连接如图 3.2.28 所示。

U_{CC} 与 U_{DD} 不同时，TTL 与 CMOS 电路的连接方法如图 3.2.28（b）所示。还可采用专用的 CMOS 电平转移器（如 CC4502、CC40109 等）完成 TTL 对 CMOS 电路的接口，电路如图 3.2.28（c）所示。

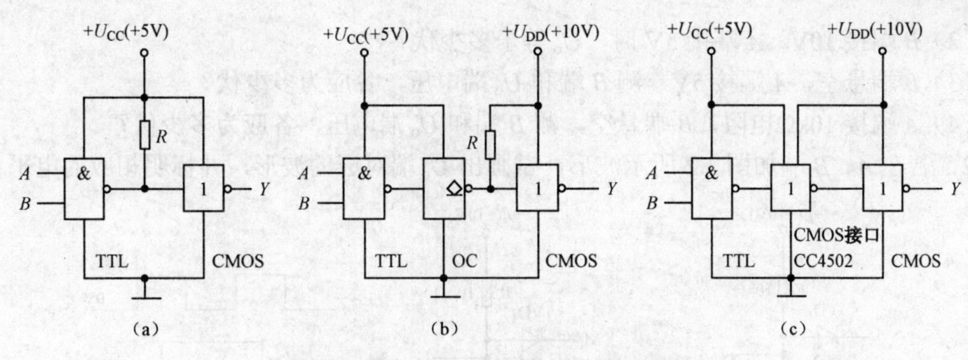

图 3.2.28 TTL 与 CMOS 电路的连接

（2）当 TTL 电路驱动 HCT 系列和 ACT 系列的 CMOS 门电路时，因两类电路性能兼容，故可以直接相连，不需要外加元件和器件。

2. CMOS 电路驱动 TTL 电路

为了实现 CMOS 和 TTL 电路的连接，可经过 CMOS“接口”电路，如图 3.2.29 所示。

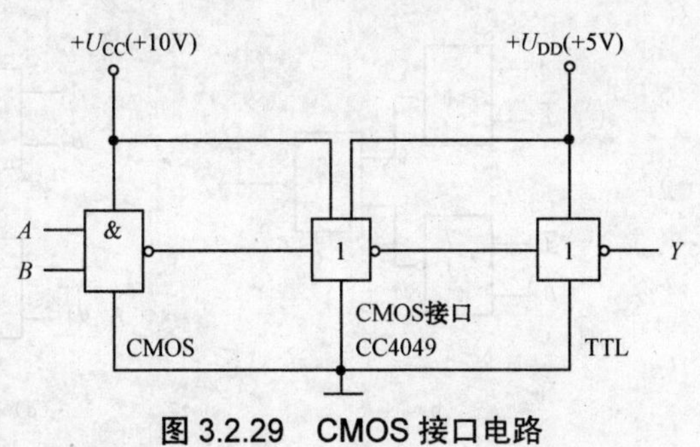

图 3.2.29 CMOS 接口电路

本章小结

（1）目前普遍使用的数字集成电路基本上有两大类：一类是双极型数字集成电路，TTL、HTL、IL、ECT 都属于此类电路；另一类是金属氧化物半导体（MOS）数字集成电路。

（2）在双极型数字集成电路中，TTL 与非门电路在工业控制上应用最广泛，是本章介绍的重点。对该电路要着重了解其外部特性和参数，以及使用时的注意事项。

（3）在 MOS 数字集成电路中，CMOS 电路是重点。由于 MOS 管具有功耗小、输入阻抗高、集成度高等优点，在数字集成电路中逐渐被广泛采用。

习 题 3

1．如图 3.1 所示电路中，VD_1、VD_2 为硅二极管，导通压降为 0.7V。

（1）B 端接地，A 端接 5V 时，U_o 等于多少伏？

（2）B 端接 10V，A 端接 5V 时，U_o 等于多少伏？

（3）B 端悬空，A 端接 5V，测 B 端和 U_o 端电压，各应为多少伏？

（4）A 端接 10kΩ电阻，B 端悬空，测 B 端和 U_o 端电压，各应为多少伏？

2．若在 A、B 端加图 3.2 所示波形，试画出 U_o 端对应的波形，并标明相应的电平值。

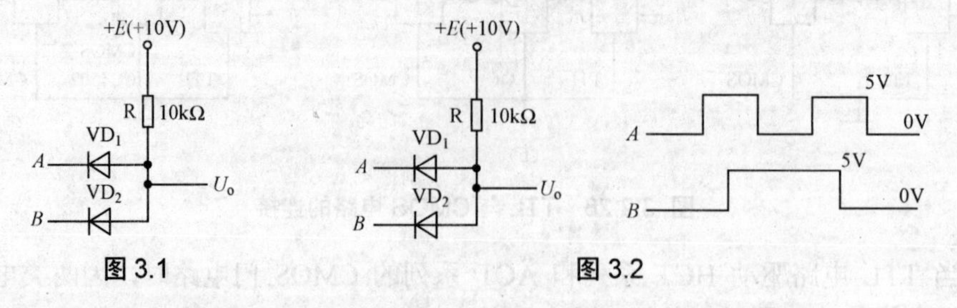

图 3.1　　　　图 3.2

3．门电路组成的电路如图 3.3 所示。

（1）写出电路的输出 Y_1～Y_6 的逻辑表达式。

（2）已知输入波形如图 3.3（g）所示，画出 Y_1～Y_6 的波形。

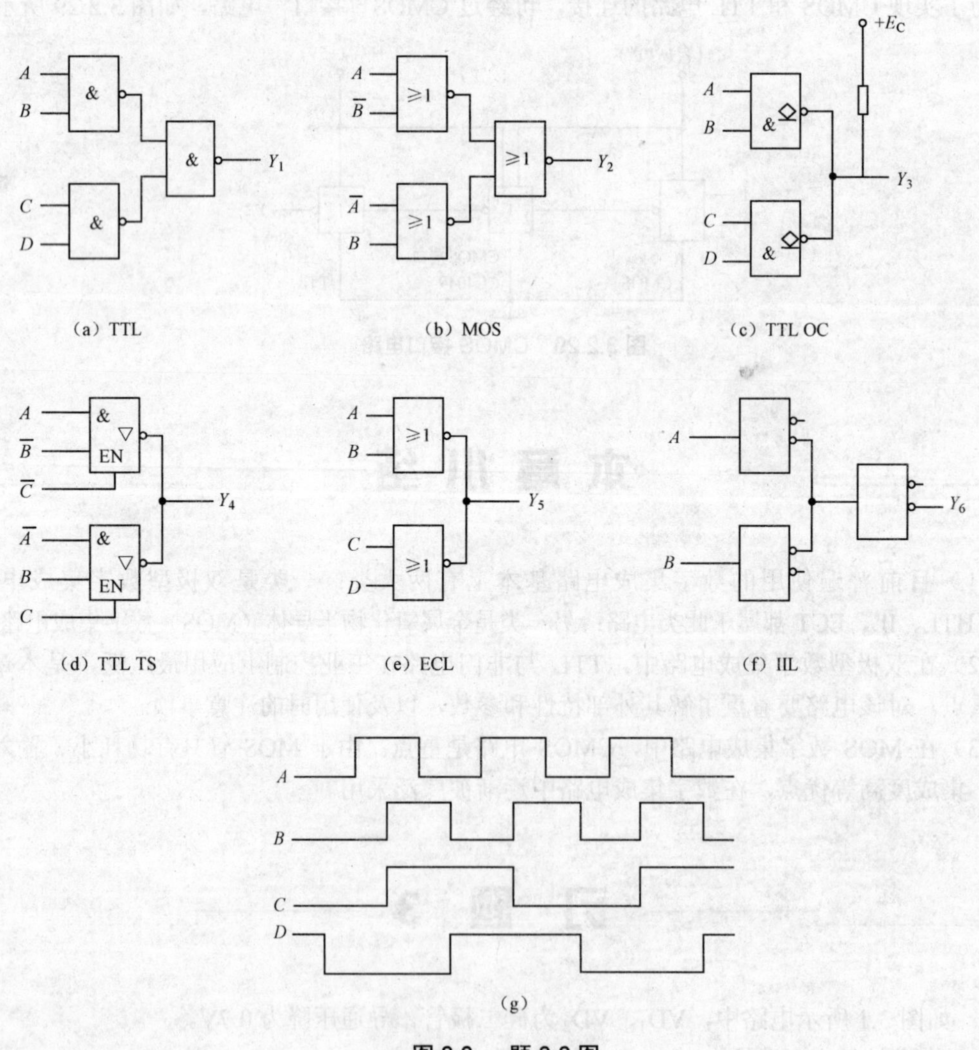

图 3.3　题 3.3 图

4．门电路如图 3.4 所示。

（1）写出电路输出 Y_1～Y_5 的逻辑表达式。

（2）已知如图 3.4 所示的输入波形，画出 Y_1，Y_3～Y_5 的波形。

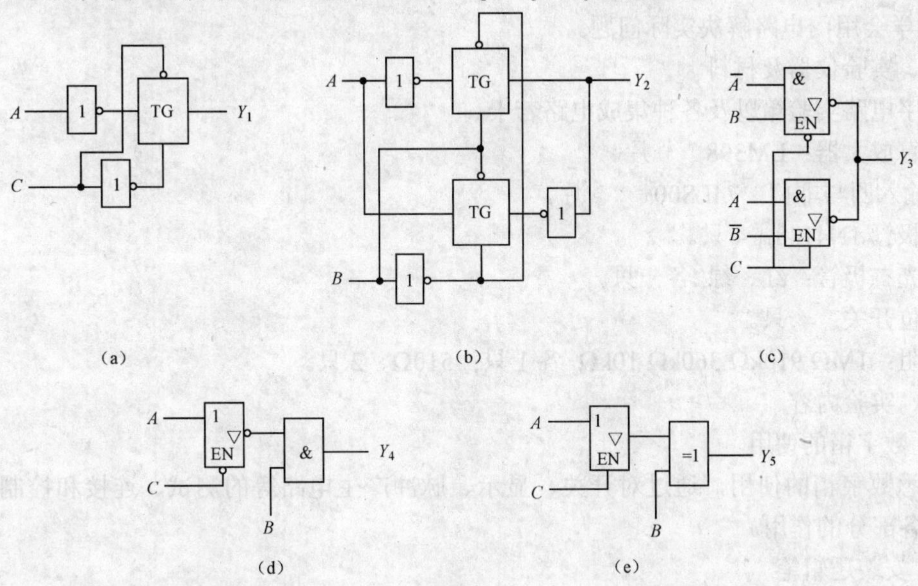

图 3.4

5．已知如图 3.5（e）所示的输入波形，画出图 3.5 各门电路的输出波形。

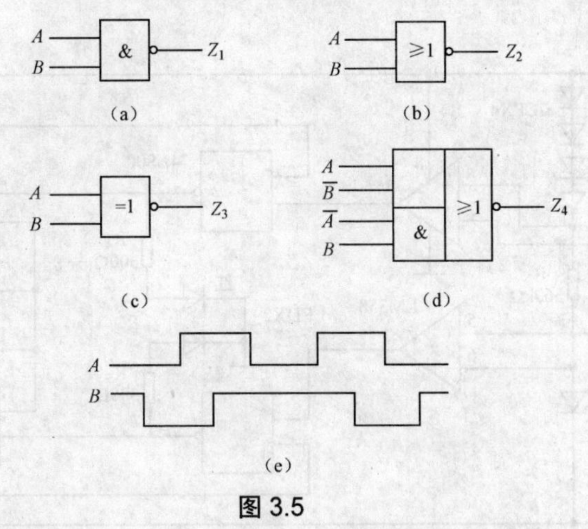

图 3.5

技能训练

技能训练 1　认识常用实验设备和集成电路

一、实验目的

1. 熟悉门电路应用分析。

2．熟悉实验箱各部分电路的作用。

3．通信逻辑笔的制作和使用，对高、低电平、脉冲串的信号建立相应的概念。

4．复习运算放大器的使用方法。

5．学会用门电路解决实际问题。

二、实验仪器及材料

数字电路实验箱以及各种集成电路若干。

运算放大器：LM398　一片。

2 输入四与非门：74LS00　　一片。

二极管 1N4148：4 只。

发光二极管：红、绿 各一只。

复位开关：一只。

电阻：1MΩ 910kΩ 360kΩ 10kΩ 各 1 只；510Ω　2 只。

三、实验内容

1．数字箱的使用

熟悉数字箱的使用，通过对开关、显示、脉冲产生电路等的测试、连接和控制，掌握数字箱各部分的作用。

2．安装逻辑笔

安装图 1-1 所示的实际逻辑笔。该逻辑笔使用一般将黑色探针接电路地，用红色探针测试逻辑电路。根据二个发光二极管的发光状态可以判断测试点是逻辑高电平、低电平或是脉冲串及高阻状态 0。

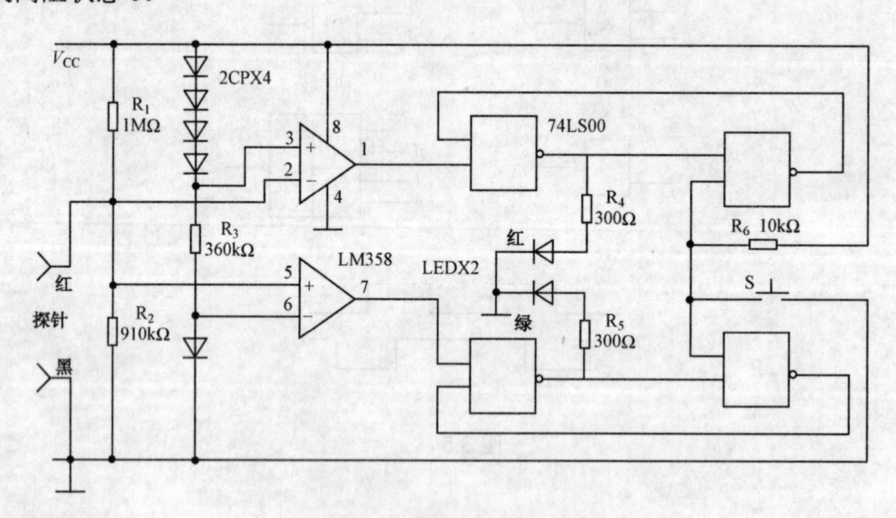

图 1-1　逻辑笔的实验电路

四、实验报告

1．分析电路工作原理。

2．按图接线实验，测试学习机上各种电平、脉冲与上面分析对照。

3．根据实验结果编出该逻辑笔使用说明及注意事项。

五、做做想想

能否用 74LS00 即非门实现逻辑笔电路？制成实际的电路，然后利用废钢笔套制成实用逻辑笔。

技能训练 2　门电路的运用——门控报警电路

一、实验目的

1．让学生接触和实际运用集成电路逻辑门电路。

2．掌握 CC4069 和 CC4011 的使用方法。

3．增强学生的实际动手能力，提高其学习兴趣。

二、实验仪器及材料

万能板、CC4069 和 CC4011 各一块、发光二极管两个、2CP1～6 二极管两个、蜂鸣器一个、喇叭一个，电阻电容若干。

三、实验内容

1．声光报警器

图 2-1 是 CMOS 门运用 CMOS 集成六反相器构成的声光报警器。该电路由一片 CMOS 集成六反相器中的 2 个非门构成方波发生器。

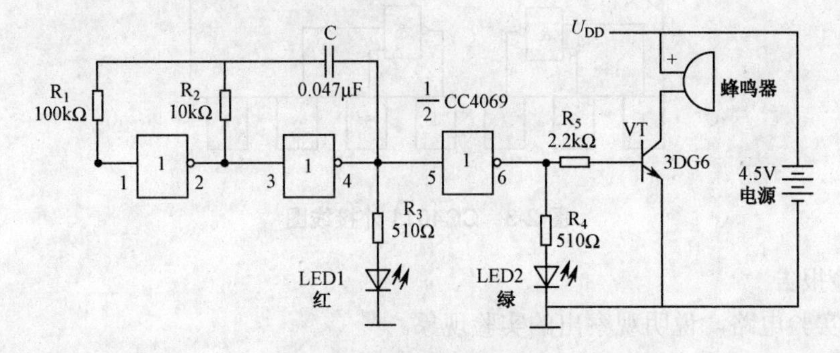

图 2-1　声光报警器

在实际使用时，我们应把集成电路的 14 引脚（U_{DD}）接地电源正端，7 引脚（U_{SS}）接到电源的负端。该电源电压的范围为 3～15V，此处给它加上 4.5V 电源。可测得输出方波的重复频率略高于 1kHz，方波的幅值约为 4.4V。此振荡信号一路直接从 CC4069 的 4 引脚经电阻 R_2 加到红色发光二极管 LED1 上，另一路经一非门从 6 引脚输出，然后通过 R_3 加到绿色发光二极管 LED2 上，因为这 2 个输出端的信号相位是互为相反的，所以两只发光二极管轮流发光。6 引脚输出信号接上简单的三极管功率放大电路。合上电源开关，红绿交替闪光和蜂鸣器同时发出报警声。原因是当 6 引脚输出为低电平时，三极管截止，静态电流为零；输入为高电平时三极管导通，工作电流最大，但仍不超限值。

2．门控报警电路

运用一片集成与非门 CC4011 组成如图 2-2 所示门控报警电路，图 2-3 为 CC4011 的外引线图。与非门 F_1 与 F_2 组成一个低频振荡器，其振荡频率仅为几赫兹，与非门 F_3 和 F_4 组成一个音频振荡器，其振荡频率约为 1kHz。平时 a 点通过电阻 R_1 接地为低电平，使得 b 也是低电平，从而使音频振荡器停振，于是报警器无声。一旦 a 有外来高电平输入，b 的电平随着低频振荡器的工作周期性地时高时低，使音频振荡器发出报警信号，并通过喇叭发出报警声。

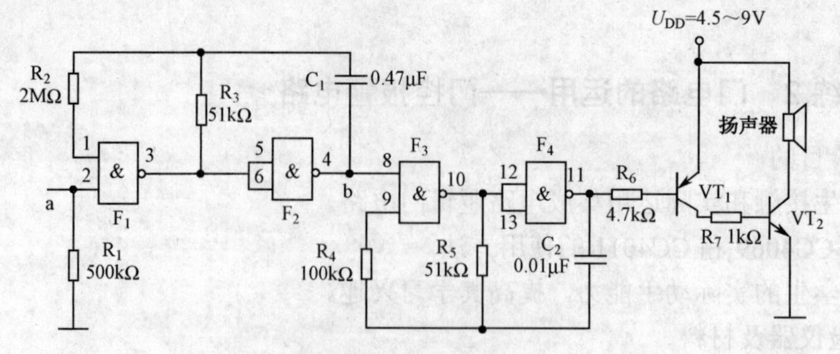

图 2-2　门控报警电路

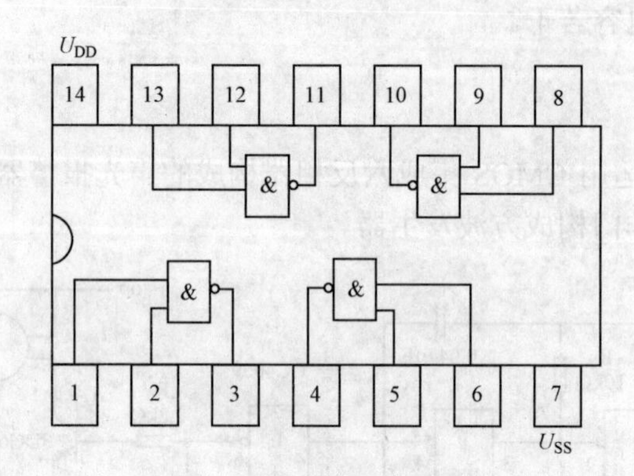

图 2-3　CC4011 外接线图

四、实验报告

1．画出实验电路，说明观察出的实验现象。

2．对实验过程进行总结。

3．如果没有 CC4011 和 CC4069，而有 74LS00 和 74LS04，试问电路应该怎样连接？画出连线图。

五、想想做做

设计一个水位检测仪，当水位达到规定位置时，则发出报警声，提醒用户。

第 4 章 组合逻辑电路

4.1 组合逻辑电路的分析和设计方法

4.1.1 概述

根据逻辑功能的不同特点，可以把数字电路分成两大类，一类是组合逻辑电路（简称组合电路），另一类是时序逻辑电路（简称时序电路）。

在组合逻辑电路中，任意时刻的输出仅仅取决于该时刻的输入，与电路原来的状态无关，这就是组合逻辑电路在逻辑功能上的共同特点。组合电路就是由门电路组合而成，电路中没有记忆单元，没有反馈通路。

4.1.2 组合逻辑电路的分析

所谓分析一个给定的逻辑电路，就是要通过分析找出电路的逻辑功能来。通常采用的分析方法是从电路的输入到输出逐级写出逻辑函数式，最后得到表示输出与输入关系的逻辑函数式。然后用公式化简法或卡诺图化简法将得到的函数式化简或变换，以便逻辑关系简单明了。为了使电路的逻辑功能更加直观，有时还可以把逻辑函数式转换为真值表的形式。

综上所述，组合逻辑电路分析过程一般包含 4 个步骤如图 4.1.1 所示。

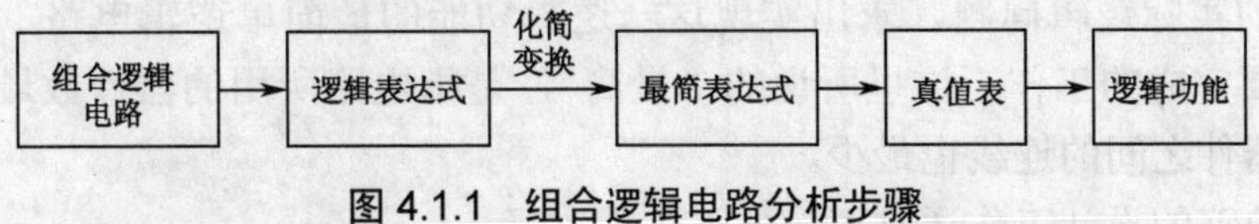

图 4.1.1 组合逻辑电路分析步骤

【例 4.1】已知组合电路如图 4.1.2 所示，分析该电路的逻辑功能。

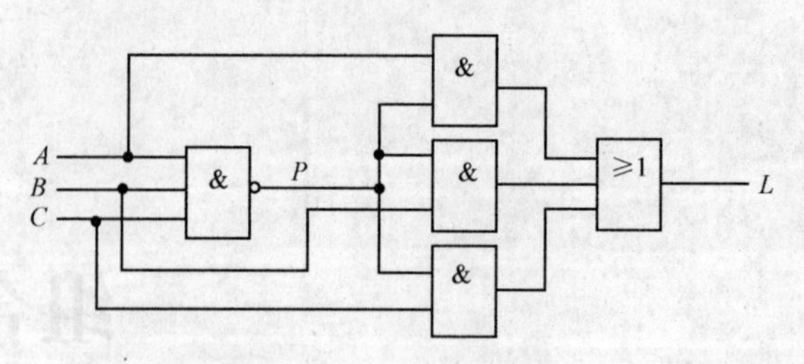

图 4.1.2　组合逻辑电路

解：（1）根据给出的逻辑图逐级写出逻辑函数表达式。为了写表达式方便，可以借助中间变量 P。

$$P=\overline{ABC}$$
$$L=AP+BP+CP$$
$$=A\overline{ABC}+B\overline{ABC}+C\overline{ABC}$$

（2）化简与变换：

$$L=\overline{ABC}(A+B+C)=\overline{ABC+\overline{A+B+C}}=\overline{ABC+\overline{A}\,\overline{B}\,\overline{C}}$$

（3）由表达式列出真值表，如表 4.1.1 所示。

表 4.1.1　例 4.1 真值表

A	B	C	L
0	0	0	0
0	0	1	1
0	1	0	1
0	1	1	1
1	0	0	1
1	0	1	1
1	1	0	1
1	1	1	0

（4）分析逻辑功能

当 A、B、C 3 个变量不一致时，电路输出为“1”，所以这个电路称为“不一致电路”。

可见，一旦将电路的逻辑功能列成真值表，它的功能也就一目了然了。

4.1.3　组合逻辑电路的设计方法

根据给出的实际逻辑问题，求出实现这一逻辑功能的最简单逻辑电路，这就是设计组合逻辑电路时要完成的工作，这里所说的“最简”，是指电路所用的器件数最少，器件的种类最少，而且器件之间的连线也最少。

组合逻辑电路的设计工作通常可按如下步骤进行。

（1）进行逻辑抽象，根据给定的因果关系列出逻辑真值表。

在许多情况下，提出的设计要求是用文字描述的一个具有一定因果关系的条件。这时就需要通过逻辑抽象的方法用一个逻辑函数来描述这一因果关系。

首先分析事件的因果关系，确定输入输出变量。一般总是把引起事件的原因定为输入变量，而把事件的结果定为输出变量。

以二值逻辑的0、1两种状态分别代表输入变量和输出变量的两种不同状态，这里0和1的具体含义完全是由设计者人为选定的。

（2）根据真值表写出逻辑函数表达式。

为便于对逻辑函数进行化简和变换，需要把真值表转换为对应的逻辑函数式。

（3）将逻辑函数化简或变换成适当的形式。

在使用小规模集成的门电路进行设计时，为获得最简的设计结果，应将函数式化成最简形式，即函数式中相加的乘积项最少，而且每个乘积项中的因子也最少。如果对器件的种类有附加的限制（如只允许用单一类型的与非门）则还应将函数式变换成与器件种类相适应的形式（如将函数式化为与非-与非形式）。

在使用中规模集成的常用组合逻辑电路设计电路时，需要把函数式变换为适当的形式，以便能用最少的器件和最简单的连线接成所要求的逻辑电路。在下一节中将会看到，每一种中规模集成器件的逻辑功能都可以写成一个逻辑函数式。在使用这些器件设计组合逻辑电路时，应该把待产生的逻辑函数变换成与所用器件的逻辑函数式相同或类似的形式。具体做法将在下一节中介绍。

（4）根据化简或变换后的逻辑函数式，画出逻辑电路的连接。

综上所述，组合逻辑电路设计过程的基本步骤如图4.1.3所示。

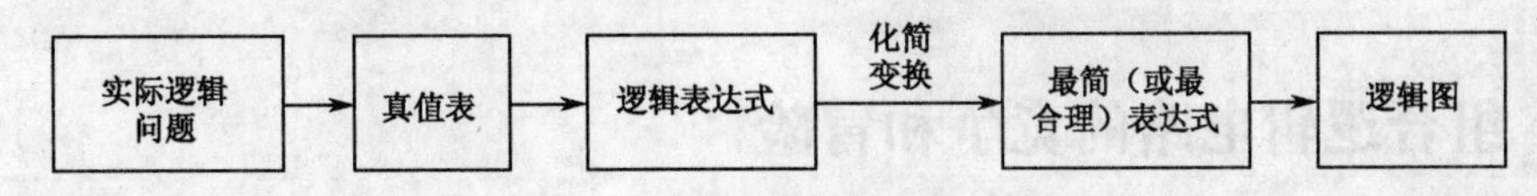

图4.1.3 组合逻辑电路设计步骤

【例4.2】设计一个3人表决电路，结果按“少数服从多数”的原则决定。

解：（1）进行逻辑抽象，列真值表，如表4.1.2所示。

将3个人的意见作为输入变量，同意用“1”，不同意用“0”，表决结果作为输出变量，用“1”表示通过，用“0”表示不通过，并列出相应的真值表。

表4.1.2 例4.2真值表

A	B	C	L
0	0	0	0
0	0	1	0
0	1	0	0
0	1	1	1
1	0	0	0
1	0	1	1
1	1	0	1
1	1	1	1

（2）由真值表写出逻辑表达式：

$$L=\overline{A}BC+A\overline{B}C+AB\overline{C}+ABC$$

（3）化简

列出卡诺图如图 4.1.4 所示。

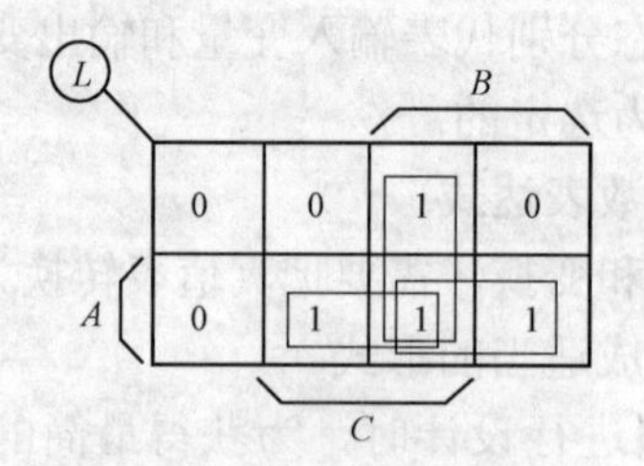

图 4.1.4 逻辑电路的卡诺图

用卡诺图方法化简，得最简与–或表达式：$L = AB + BC + AC$

（4）画出逻辑图，如图 4.1.5 所示。

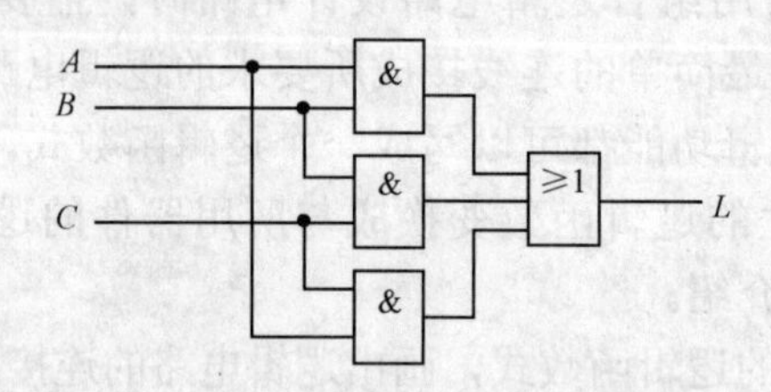

图 4.1.5 例 4.2 逻辑图

4.1.4 组合逻辑电路的竞争和冒险

竞争冒险现象及其危害

当信号通过导线和门电路时，将产生时间延迟。因此，同一个门的一组输入信号，由于它们在此前通过不同数目的门，经过不同长度导线的传输，到达门输入端的时间会有先有后，这种现象称为竞争。

逻辑门因输入端的竞争而导致输出产生不应有的尖峰干扰脉冲的现象，称为冒险。

负尖峰脉冲冒险举例，如图 4.1.6 所示。

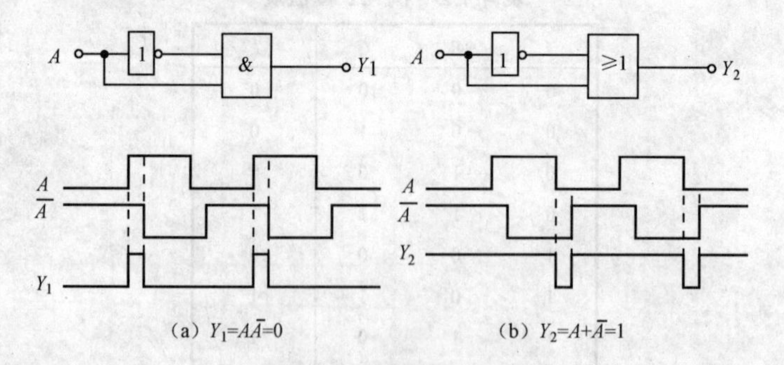

图 4.1.6 两种冒险波形图

可见，在组合逻辑电路中，当一个门电路输入两个向相反方向变化的互补信号时，则在输出端可能会产生尖峰干扰脉冲。

4.2 编码器

由于人们在实践中遇到的逻辑问题层出不穷，因而为解决这些逻辑问题而设计的逻辑电路也不胜枚举。然而我们发现，其中有些逻辑电路经常、大量地出现在各种数字系统当中。

这些电路包括编码器、译码器、数据选择器、数值比较器、加法器、函数发生器、奇偶校验器、发生器等。为了使用方便，已经把这些逻辑电路制成了中、小规模集成的标准化集成电路产品。下面就分别介绍一下这些器件的工作原理和使用方法。

首先是编码器，为了区分一系列不同的事物，将其中的每个事物用一个二值代码表示，这就是编码的含义。在二值逻辑电路中，信号都以高、低电平的形式给出的。因此，编码器的逻辑功能就是把输入的每一个高、低电平信号编成一个对应的二进制代码。一般而言，N 个不同的信号，至少需要 n 位二进制数编码。N 和 n 之间满足下列关系：$2^n \geqslant N$。常用的编码器有二进制编码器、二-十进制编码器、优先编码器。

4.2.1 二进制编码器

用 n 位二进制代码对 2^n 个信号进行编码的电路，称为二进制编码器。若输入为 8 个信号，输出为 3 位代码，则称为 8 线-3 线编码器，也称为 3 位二进制编码器，有 8 个输入端，3 个输出端，所以也常称为 8 线-3 线编码器，其功能真值表如表 4.2.1 所示。

表 4.2.1 编码器真值表

输入								输出		
I_0	I_1	I_2	I_3	I_4	I_5	I_6	I_7	A_2	A_3	A_0
1	0	0	0	0	0	0	0	0	0	0
0	1	0	0	0	0	0	0	0	0	1
0	0	1	0	0	0	0	0	0	1	0
0	0	0	1	0	0	0	0	0	1	1
0	0	0	0	1	0	0	0	1	0	0
0	0	0	0	0	1	0	0	1	0	1
0	0	0	0	0	0	1	0	1	1	0
0	0	0	0	0	0	0	1	1	1	1

表 4.2.1 所示编码器的输入为高电平有效，由真值表得出各输出的逻辑表达式为：

$$A_2 = \overline{\overline{I_4}\,\overline{I_5}\,\overline{I_6}\,\overline{I_7}}$$

$$A_1 = \overline{\overline{I_2}\,\overline{I_3}\,\overline{I_6}\,\overline{I_7}}$$

$$A_0 = \overline{\overline{I_1}\,\overline{I_3}\,\overline{I_5}\,\overline{I_7}}$$

根据逻辑表达式画出逻辑图，用门电路实现逻辑电路，如图 4.2.1 所示：

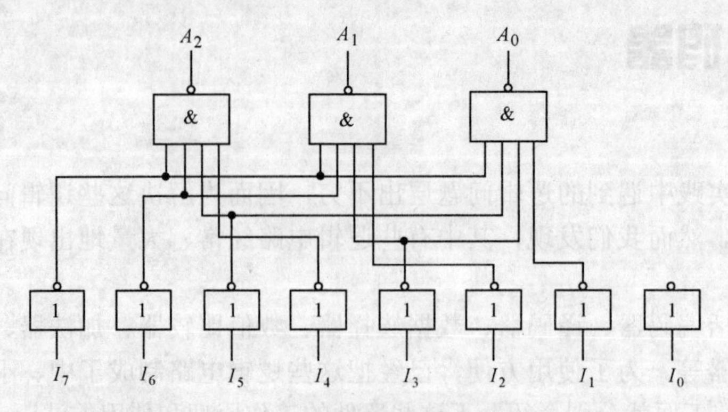

图 4.2.1 编码器逻辑电路

4.2.2 二-十进制编码器

将 0～9 这 10 个十进制数转换为二进制代码的电路，称为二-十进制编码器。最常见的二-十进制编码器是 8421 码编码器，其功能表如表 4.2.2 所示。其中输入信号 I_0～I_9 代表 0～9 这 10 个数，输出信号 Y_3～Y_0 为相应的二进制代码，输入信号高电平有效，输出原码输出。

表 4.2.2 二-十进制编码器功能表

输入										输出			
I_0	I_1	I_2	I_3	I_4	I_5	I_6	I_7	I_8	I_9	Y_3	Y_2	Y_1	Y_0
1	0	0	0	0	0	0	0	0	0	0	0	0	0
0	1	0	0	0	0	0	0	0	0	0	0	0	1
0	0	1	0	0	0	0	0	0	0	0	0	1	0
0	0	0	1	0	0	0	0	0	0	0	0	1	1
0	0	0	0	1	0	0	0	0	0	0	1	0	0
0	0	0	0	0	1	0	0	0	0	0	1	0	1
0	0	0	0	0	0	1	0	0	0	0	1	1	0
0	0	0	0	0	0	0	1	0	0	0	1	1	1
0	0	0	0	0	0	0	0	1	0	1	0	0	0
0	0	0	0	0	0	0	0	0	1	1	0	0	1

4.2.3 优先编码器

前面讨论的编码器电路中，任意时刻只能有一个输入信号要求编码，即只有一个输入信号是有效的，而实际应用中，经常有两个或更多输入编码信号同时有效，必须根据轻重缓急，规定好这些外设允许操作的先后次序，即优先级别。识别多个编码请求信号的优先级别，并进行相应编码的逻辑部件称为优先编码器。

在优先编码器电路中，允许同时输入两个以上编码信号。不过在设计优先编码器时已经将所有的输入信号按优先顺序排了队，当几个编码信号同时出现时，只对其中优先权最高的一个进行编码。

1. 设计优先编码器线（4 线-2 线优先编码器）

4 个编码信号作为输入，且规定高电平有效，输出为二进制代码，原码输出，输入编码信号优先级从高到低为 $I_3 \sim I_0$

根据逻辑功能列出逻辑功能表，如表 4.2.3 所示。

表 4.2.3 逻辑功能表

输入				输出	
I_0	I_1	I_2	I_3	Y_1	Y_0
1	0	0	0	0	0
×	1	0	0	0	1
×	×	1	0	1	0
×	×	×	1	1	1

写出逻辑表达式：

$$Y_1 = I_2 \overline{I_3} + I_3$$

$$Y_0 = I_1 \overline{I_2}\,\overline{I_3} + I_3$$

2. 集成优先编码器

集成优先编码器的常见型号如下：

① 10 线-4 线优先编码器有 74/54147、74/54LS147；

② 8 线-3 线优先编码器有 74/54148、74/54LS148。

如图 4.2.2 所示 74LS148 引脚排列图和逻辑功能图

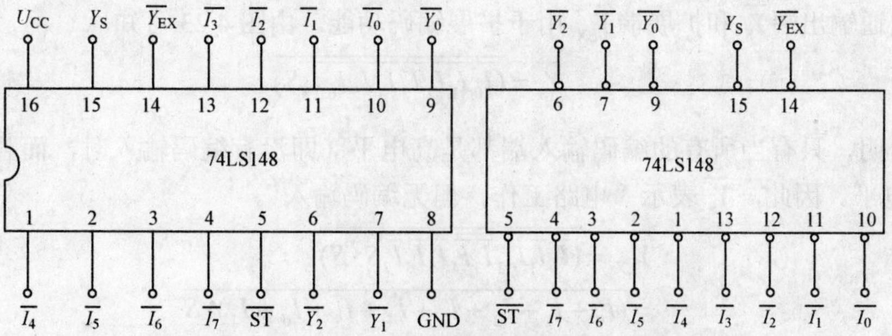

图 4.2.2 74LS148 引脚排列图和逻辑功能图

图 4.2.3 给出了 8 线-3 线优先编码器 74LS148 的逻辑图。从图中可以得到输出的逻辑式：

$$\overline{Y_2} = \overline{(I_4 + I_5 + I_6 + I_7)S}$$

$$\overline{Y_1}=\overline{\left(I_2\overline{I_4}\,\overline{I_5}+I_3\overline{I_4}\,\overline{I_5}+I_6+I_7\right)S}$$

$$\overline{Y_0}=\overline{\left(I_1\overline{I_2}\,\overline{I_4}\,\overline{I_6}+I_3\overline{I_4}\,\overline{I_6}+I_5\overline{I_6}+I_7\right)S}$$

为了扩展电路的功能和增加使用的灵活性，在 74LS148 的逻辑电路中附加了由门电路 G1、G2 和 G3 组成的控制电路。

（1）其中 $\overline{S}$ 为选通输入端，只有在 $\overline{S}$=0 的条件下编码器才能工作。而在 $\overline{S}$=1 时，所有的输出端均被封锁在高电平。

优先编码器的内部结构如图 4.2.2 所示，其中输入和输出均以低电平作为有效信号。

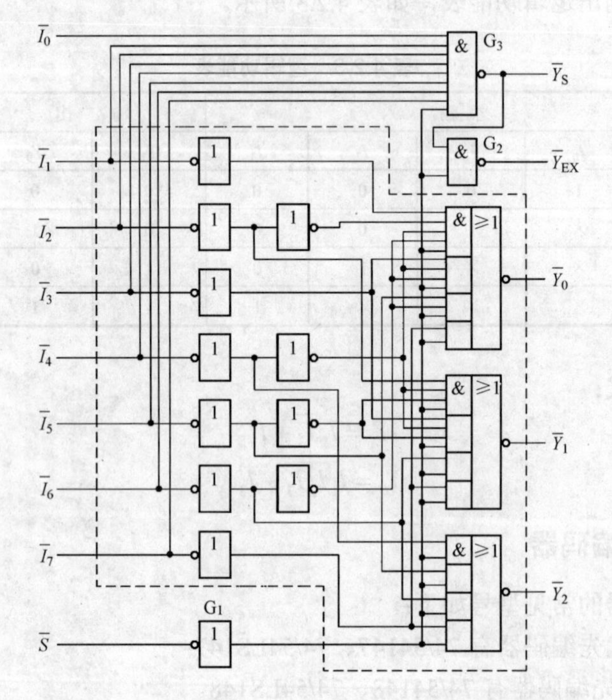

图 4.2.3　8 线-3 线优先编码器 74LS148 的逻辑图

（2）选通输出端 $\overline{Y_S}$ 和扩展端 $\overline{Y_{EX}}$ 用于扩展编码功能。由图 4.23 可知

$$Y_S=\overline{(I_0I_1I_2I_3I_4I_5I_6I_7S)}$$

上式表明，只有当所有的编码输入端都是高电平（即没有编码输入时，而且 S=1 时，$\overline{Y_S}$ 才是低电平。因此，$\overline{Y_S}$ 表示“电路工作，但无编码输入”。

$$\overline{Y_{EX}}=\overline{(\overline{\overline{I_0}\,\overline{I_1}\,\overline{I_2}\,\overline{I_3}\,\overline{I_4}\,\overline{I_5}\,\overline{I_6}\,\overline{I_7}S}\cdot S)}$$
$$=\overline{(I_0+I_1+I_2+I_3+I_4+I_5+I_6+I_7)\cdot S}$$

这说明只要任何一个编码输入端有低电平信号输入，且 S= 1，$\overline{Y}_{EX}$ 即为低电平，因此，$\overline{Y}_{EX}$ 表示“电路工作，而且有编码输入”。其逻辑功能表如表 4.2.4 所示。

表 4.2.4　74LS148 逻辑功能表

输入									输出				
$\overline{ST}$	$\overline{I}_7$	$\overline{I}_6$	$\overline{I}_5$	$\overline{I}_4$	$\overline{I}_3$	$\overline{I}_2$	$\overline{I}_2$	$\overline{I}_0$	$\overline{Y}_2$	$\overline{Y}_1$	$\overline{Y}_0$	$\overline{Y}_{EX}$	Y_S
1	×	×	×	×	×	×	×	×	1	1	1	1	1
0	1	1	1	1	1	1	1	1	1	1	1	1	0
0	0	×	×	×	×	×	×	×	0	0	0	0	1
0	1	0	×	×	×	×	×	×	0	0	1	0	1
0	1	1	0	×	×	×	×	×	0	1	0	0	1
0	1	1	1	0	×	×	×	×	0	1	1	0	1
0	1	1	1	1	0	×	×	×	1	0	0	0	1
0	1	1	1	1	1	0	×	×	1	0	1	0	1
0	1	1	1	1	1	1	0	×	1	1	0	0	1
0	1	1	1	1	1	1	1	0	1	1	1	0	1

【例 4.3】 试用两片 74LS148 接成 16 线-4 线编码器，将 $\overline{A_0}$ ～ $\overline{A_{15}}$ 6 个低电平输入信号编为 0000～1111，16 个 4 位二进制代码。其中 $\overline{A_{15}}$ 的优先权最高，$\overline{A_0}$ 的优先权最低，如图 4.2.4 所示。

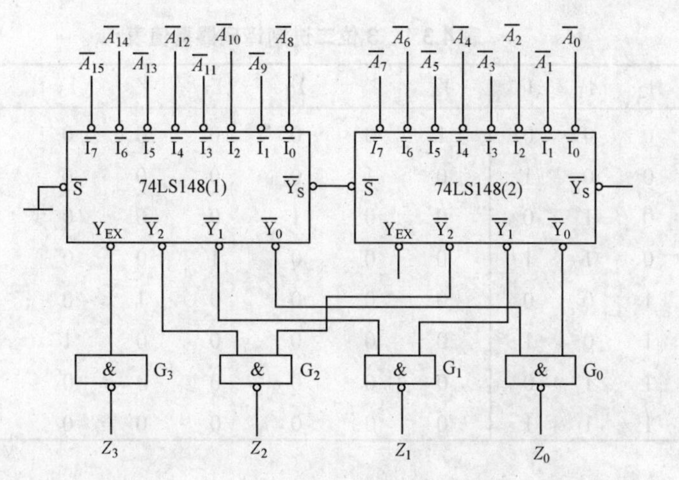

图 4.2.4　用两片 74LS148 接成的 16 线-4 线优先编码器

4.3 译码器

译码器的逻辑功能是将每个输入的二进制代码译成对应的输出高、低电平信号。因此，译码是编码的逆过程。具有译码功能的逻辑电路称为译码器。常用的译码器电路有二进制译码器、二-十进制译码器和显示译码器三类。

4.3.1 二进制译码器

二进制译码器的输入是一组二进制代码，输出是一组与输入代码一一对应的高、低电平信号。

图 4.3.1 是 3 位二进制译码器的框图。输入的 3 位二进制代码共有 8 种状态，译码器将每个输入代码译成对应的一根输出线上的高、低电平信号。因此，也把这个译码器叫做 3 线-8 线译码器。其真值表如表 4.3.1 所示。

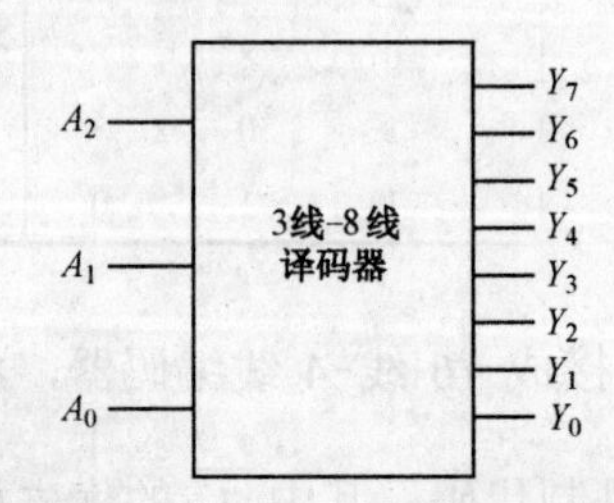

图 4.3.1 3 线-8 线译码器方框图

表 4.3.1 3 位二进制译码器真值表

A_2	A_1	A_0	Y_0	Y_1	Y_2	Y_3	Y_4	Y_5	Y_6	Y_7
0	0	0	1	0	0	0	0	0	0	0
0	0	1	0	1	0	0	0	0	0	0
0	1	0	0	0	1	0	0	0	0	0
0	1	1	0	0	0	1	0	0	0	0
1	0	0	0	0	0	0	1	0	0	0
1	0	1	0	0	0	0	0	1	0	0
1	1	0	0	0	0	0	0	0	1	0
1	1	1	0	0	0	0	0	0	0	1

输入为 3 位二进制代码，输出为 8 个互斥的信号，下式为逻辑表达式：

$$\begin{cases} Y_0 = \overline{A}_2\overline{A}_1\overline{A}_0 \\ Y_1 = \overline{A}_2\overline{A}_1 A_0 \\ Y_2 = \overline{A}_2 A_1\overline{A}_0 \\ Y_3 = \overline{A}_2 A_1 A_0 \\ Y_4 = A_2\overline{A}_1\overline{A}_0 \\ Y_5 = A_2\overline{A}_1 A_0 \\ Y_6 = A_2 A_1\overline{A}_0 \\ Y_7 = A_2 A_1 A_0 \end{cases}$$

图 4.3.2 为与门组成的逻辑图。

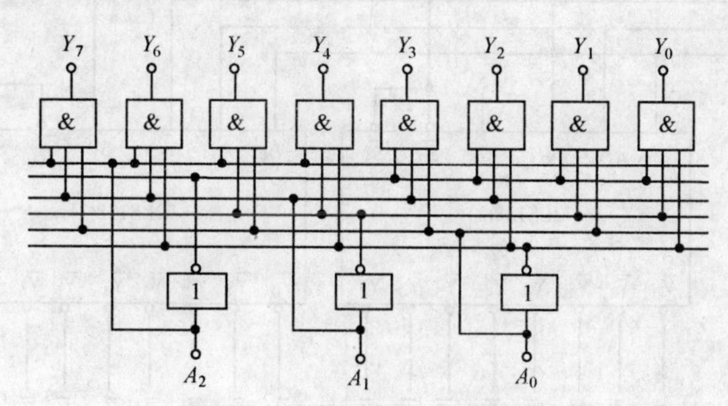

图 4.3.2　与门组成的译码器

74LS138 是用 TTL 与非门组成的 3 线-8 线译码器，它的逻辑图如图 4.3.3 所示。

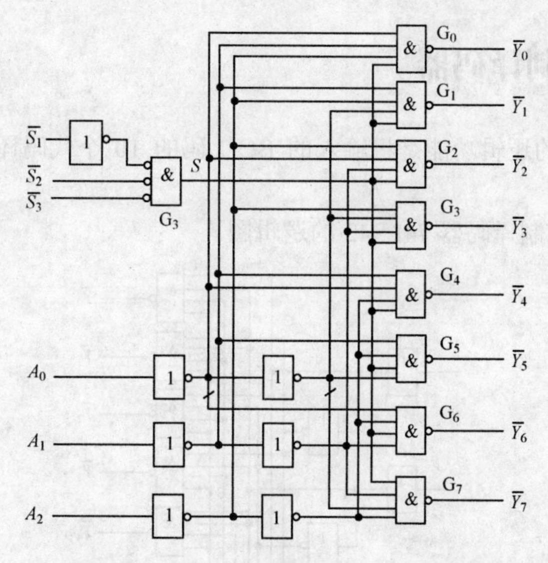

图 4.3.3　与非门组成的 3 线-8 线译码器

输出逻辑函数式：

$$\overline{Y}_7 = \overline{A_2 A_1 A_0} \quad \overline{Y}_6 = \overline{A_2 A_1 \overline{A}_0} \quad \overline{Y}_5 = \overline{A_2 \overline{A}_1 A_0} \quad \overline{Y}_4 = \overline{A_2 \overline{A}_1 \overline{A}_0}$$

$$\overline{Y}_3 = \overline{\overline{A}_2 A_1 A_0} \quad \overline{Y}_2 = \overline{\overline{A}_2 A_1 \overline{A}_0} \quad \overline{Y}_1 = \overline{\overline{A}_2 \overline{A}_1 A_0} \quad \overline{Y}_0 = \overline{\overline{A}_2 \overline{A}_1 \overline{A}_0}$$

由上式可以看出，$\overline{Y_0} \sim \overline{Y_7}$ 同时又是 A_2、A_1、A_0 这 3 个变量的全部最小项的译码输出，所以也把这种译码器称为最小项译码器。

【例 4.4】试用两片 3 线-8 线译码器 74LS138 组成 4 线-16 线译码器，如图 4.3.4 所示，将输入的 4 位二进制代码 $D_3D_2D_1D_0$ 译成 16 个独立的低电平信号 $\overline{Z}_0 \sim \overline{Z}_{15}$。

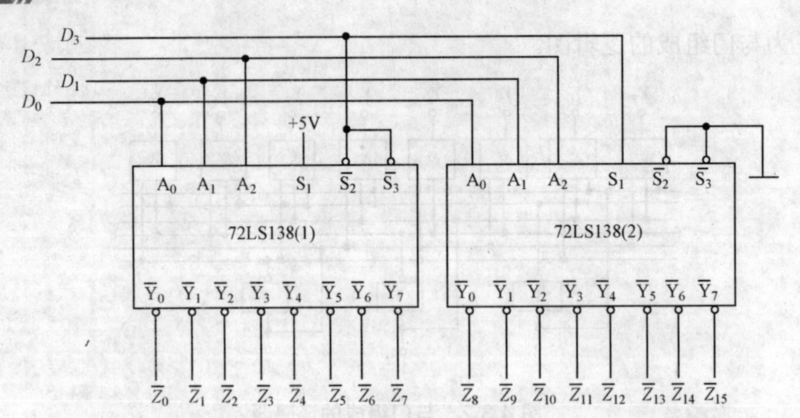

图 4.3.4　两片 3 线-8 线译码器 74LS138 组成 4 线-16 线译码器

4.3.2　二-十进制译码器

二-十进制译码器的逻辑功能是将输入的 BCD 码的 10 个代码译成 10 个高、低电平输出信号。

图 4.3.5 是二-十进制译码器 74LS42 的逻辑图。

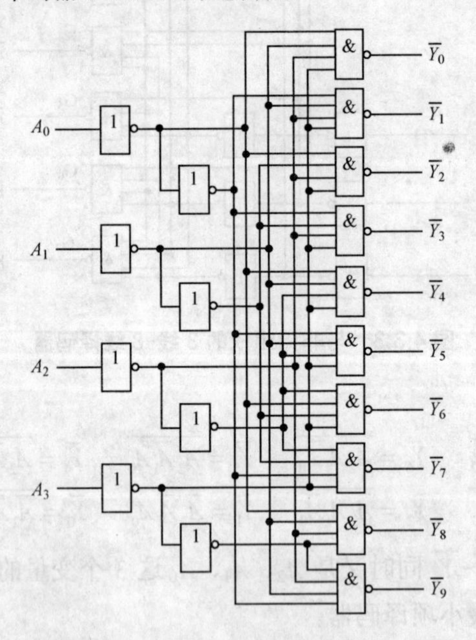

图 4.3.5　二-十进制译码器 74LS42 逻辑图

根据逻辑图得到输出的逻辑函数表达式如下：

$$\overline{Y}_0 = \overline{\overline{A}_3 \overline{A}_2 \overline{A}_1 \overline{A}_0} \qquad \overline{Y}_5 = \overline{\overline{A}_3 A_2 \overline{A}_1 A_0}$$

$$\overline{Y}_1 = \overline{\overline{A}_3 \overline{A}_2 \overline{A}_1 A_0} \qquad \overline{Y}_6 = \overline{\overline{A}_3 A_2 A_1 \overline{A}_0}$$

$$\overline{Y}_2 = \overline{\overline{A}_3 \overline{A}_2 A_1 \overline{A}_0} \qquad \overline{Y}_7 = \overline{\overline{A}_3 A_2 A_1 A_0}$$

$$\overline{Y}_3 = \overline{\overline{A}_3 A_2 \overline{A}_1 \overline{A}_0} \qquad \overline{Y}_8 = \overline{A_3 \overline{A}_2 \overline{A}_1 A_0}$$

$$\overline{Y}_4 = \overline{\overline{A}_3 A_2 \overline{A}_1 \overline{A}_0} \qquad \overline{Y}_9 = \overline{A_3 \overline{A}_2 \overline{A}_1 A_0}$$

列出逻辑功能表如表 4.3.2 所示。

表 4.3.2 74LS42 的逻辑功能表

序号	输入				输出									
	A_3	A_2	A_1	A_0	$\overline{Y}_0$	$\overline{Y}_1$	$\overline{Y}_2$	$\overline{Y}_3$	$\overline{Y}_4$	$\overline{Y}_5$	$\overline{Y}_6$	$\overline{Y}_7$	$\overline{Y}_8$	$\overline{Y}_9$
0	0	0	0	0	0	1	1	1	1	1	1	1	1	1
1	0	0	0	1	1	0	1	1	1	1	1	1	1	1
2	0	0	1	0	1	1	0	1	1	1	1	1	1	1
3	0	0	1	1	1	1	1	0	1	1	1	1	1	1
4	0	1	0	0	1	1	1	1	0	1	1	1	1	1
5	0	1	0	1	1	1	1	1	1	0	1	1	1	1
6	0	1	1	0	1	1	1	1	1	1	0	1	1	1
7	0	1	1	1	1	1	1	1	1	1	1	0	1	1
8	1	0	0	0	1	1	1	1	1	1	1	1	0	1
9	1	0	0	1	1	1	1	1	1	1	1	1	1	0
伪码	1	0	1	0	1	1	1	1	1	1	1	1	1	1
	1	0	1	1	1	1	1	1	1	1	1	1	1	1
	1	1	0	0	1	1	1	1	1	1	1	1	1	1
	1	1	0	1	1	1	1	1	1	1	1	1	1	1
	1	1	1	0	1	1	1	1	1	1	1	1	1	1
	1	1	1	1	1	1	1	1	1	1	1	1	1	1

对于代码以外的伪码（即 1010～1111 代码）$\overline{Y}_0$～$\overline{Y}_9$ 均无低电平信号产生，译码器拒绝翻译，所以这个电路结构具有拒绝伪码的功能。

4.3.3 显示译码器

用来驱动各种显示器件，从而将用二进制代码表示的数字、文字、符号翻译成人们习惯的形式直观地显示出来的电路，称为显示译码器。

1. 七段数码显示器

七段数码显示器由七段发光的字段组合而成。常见的有半导体数码显示器（LED）和液晶显示器（LCD）等。

半导体数码管每段都是一个发光二极管（LED），材料不同，LED 发出光线的波长不同，其发光的颜色也不一样。半导体数码显示器的优点是工作电压较低，体积小，寿命长，工作可靠性高，响应速度快，亮度高；缺点是工作电流大（10mA），耗电大。

液晶是一种既有液体的流动性又具有光学特性的有机化合物。它的透明度和呈现的颜色是受外加电场的影响，利用这一点做成七段字符显示器。七段液晶电极也排列成 8 字形，当没有外加电场时，由于液晶分子整齐地排列，呈透明状态，射入的光线大部分被返回，显示器呈白色；当有外加电场，并且选择不同的电极组合并加以电压，由于液晶分子的整齐排列被破坏，呈浑浊状态，射入的光线大部分被吸收，故呈暗灰色，可以显示出各种字符来。液晶显示器的最大优点是功耗极低，工作电压也低，但亮度很差，另外它的响应速度较低。一般应用在小型仪器仪表中。

七段发光二极管数码显示器的外形如图 4.3.6（a）所示，其内部接法有共阳极和共阴极两种，分别如图 4.3.6（b）和 4.3.6（c）所示。显示译码器和显示器连接时，输出低电平有效的译码器驱动共阳极显示器，输出高电平有效的译码器驱动共阴极显示器。其数字显示如图 4.3.7 所示。

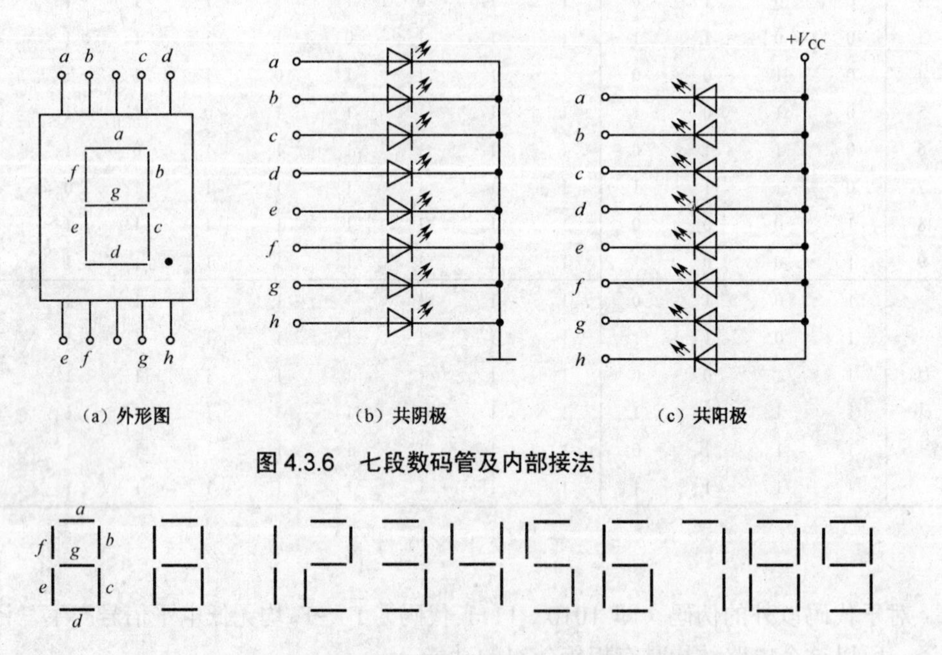

（a）外形图　　（b）共阴极　　（c）共阳极

图 4.3.6　七段数码管及内部接法

图 4.3.7　七段 LED 数码管的七段及显示的数字图形

如共阴极数码管 BS201A,当某段加高电平时，则点亮，加低电平时，熄灭。那么如果显示某一数字如“3”，则 *abcdg*=11111，*fe*=00。

2. 七段显示译码器

7448 就是按照上面的逻辑式设计，并添加一些附加控制端和输出端，集成的 BCD–七段显示译码器，可以驱动共阴极数码管。其逻辑符号如图 4.3.8 所示。

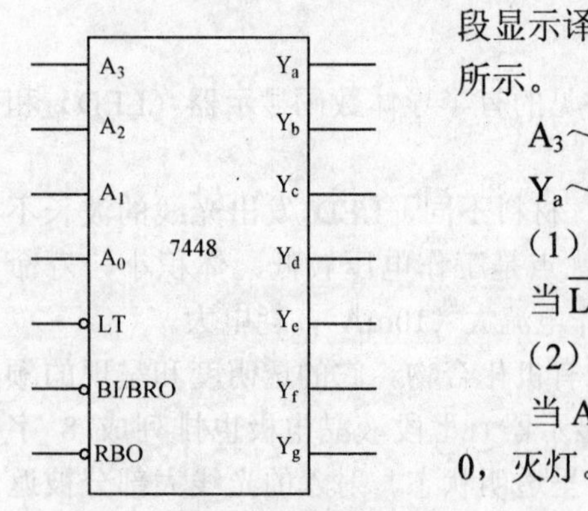

图 4.3.8　7448 逻辑符号图

A_3～A_0：4 位 BCD 码的输入端

Y_a～Y_g：驱动数码管七段字符的 7 个输出端

（1）灯测试输入端 $\overline{LT}$：

当 $\overline{LT}$ =0 时，Y_a～Y_g 全部置为 1，使得数码管显示“8”。

（2）灭零输入 $\overline{RBI}$：

当 A_3 A_2 A_1A_0 =0000 时，若 $\overline{RBI}$=0，则 Y_a～Y_g 全部置为 0，灭灯。

（3）灭灯输入/灭零输出 $\overline{\mathrm{BI}}/\overline{\mathrm{RBO}}$：

当作为输入端时，若 $\overline{\mathrm{BI}}/\overline{\mathrm{RBO}}=0$，无论输入 $A_3A_2A_1A_0$ 为何种状态，无论输入状态是什么，数码管熄灭，称灭灯输入控制端。

当作为输出端时，只有当 $A_3A_2A_1A_0=0000$，且灭零输入信号 $\overline{\mathrm{RBI}}=0$ 时，$\overline{\mathrm{BI}}/\overline{\mathrm{RBO}}=0$，输入称灭零输出端。

因此，$\overline{\mathrm{BI}}/\overline{\mathrm{RBO}}=0$ 表示译码器将本来应该显示的零熄灭了。

图 4.3.9 为 7448 驱动共阴极半导体数码管 BS201A 的工作电路。

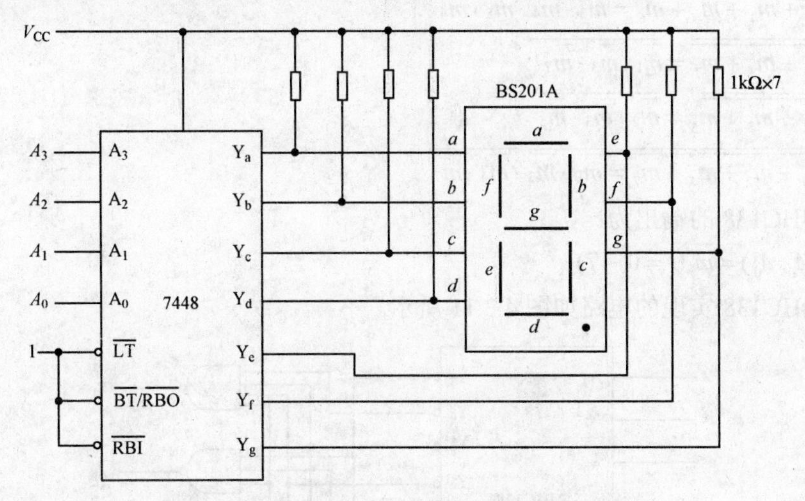

图 4.3.9　7448 驱动 BS201A 数码管的工作电路

利用 $\overline{\mathrm{RBI}}$ 和 $\overline{\mathrm{RBO}}$ 的配合，实现多位显示系统的灭零控制，图 4.3.10 为有灭零控制的 8 位数码显示系统。

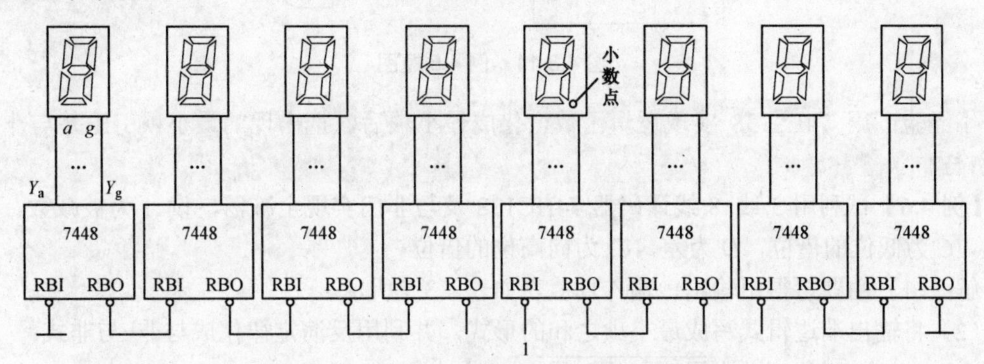

图 4.3.10　有灭零控制的 8 位数码显示系统

3. 译码器的应用

由于译码器的输出为最小项取反，而逻辑函数可以写成最小项之和的形式，故可以利用附加的门电路和译码器实现逻辑函数。

【例 4.5】利用 74HC138 设计一个多输出的组合逻辑电路，输出逻辑函数式为：

$$Z_1 = A\overline{C} + \overline{A}BC + A\overline{B}C$$

$$Z_2 = BC + \overline{A}\,\overline{B}C$$

$$Z_3 = \overline{A}B + A\overline{B}C$$

$$Z_4 = \overline{A}B\overline{C} + \overline{B}\,\overline{C} + ABC$$

解：先将要输出的逻辑函数化成最小项之和的形式，即将要实现的输出逻辑函数的最小项之和的形式两次取反，即：

$$Z_1 = \overline{\overline{m_3 + m_4 + m_5 + m_6}} = \overline{\overline{m_3} \cdot \overline{m_4} \cdot \overline{m_5} \cdot \overline{m_6}}$$

$$Z_2 = \overline{\overline{m_1 + m_3 + m_7}} = \overline{\overline{m_1} \cdot \overline{m_3} \cdot \overline{m_7}}$$

$$Z_3 = \overline{\overline{m_2 + m_3 + m_5}} = \overline{\overline{m_2} \cdot \overline{m_3} \cdot \overline{m_5}}$$

$$Z_4 = \overline{\overline{m_0 + m_2 + m_4 + m_7}} = \overline{\overline{m_0} \cdot \overline{m_2} \cdot \overline{m_4} \cdot \overline{m_7}}$$

由于 74HC138 的输出为：

$$\overline{Y}_i(A_2, A_1, A_0) = \overline{m}_i (i = 0 \sim 7)$$

则用 74HC138 实现的电路如图 4.3.11 所示。

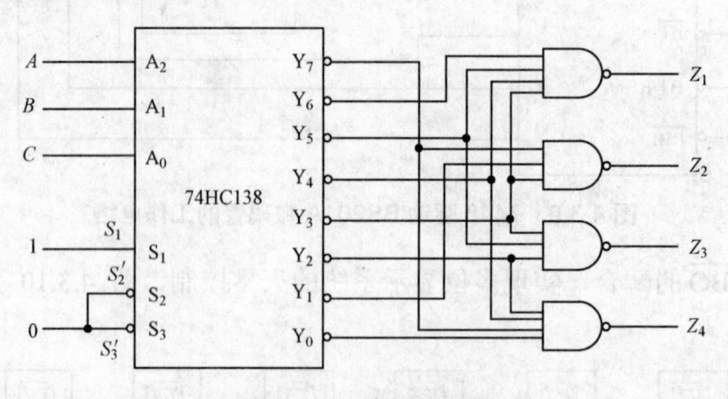

图 4.3.11　例 4.5 题图

小经验：用 74LS138 实现逻辑函数，化成最小项后，把出现的最小项引出并与非，即“出引与非”。

【例 4.6】试利用 3 线-8 线译码器 74HC138 及与非门实现全减器，设 A 为被减数，B 为减数，C 为低位的借位，D 为差，C_o 为向高位的借位。

解：（1）由题意得出输出、输入真值表如表 4.3.3 所示。

（2）将输出端逻辑式写成最小项之和的形式，并利用反演定律化成与非-与非式：

$$D = m_1 + m_2 + m_4 + m_7 = \overline{\overline{m_1} \cdot \overline{m_2} \cdot \overline{m_4} \cdot \overline{m_7}}$$

$$C_o = m_1 + m_2 + m_3 + m_7 = \overline{\overline{m_1} \cdot \overline{m_2} \cdot \overline{m_3} \cdot \overline{m_7}}$$

（3）由 74HC138 的输出可知：$\overline{Y}_i = \overline{m}_i$

故：

$$D = \overline{\overline{m_1} \cdot \overline{m_2} \cdot \overline{m_4} \cdot \overline{m_7}} = \overline{\overline{Y_1} \cdot \overline{Y_2} \cdot \overline{Y_4} \cdot \overline{Y_7}}$$

$$C_o = \overline{\overline{m_1} \cdot \overline{m_2} \cdot \overline{m_3} \cdot \overline{m_7}} = \overline{\overline{Y_1} \cdot \overline{Y_2} \cdot \overline{Y_3} \cdot \overline{Y_7}}$$

（4）其实现的电路图如图 4.3.12 所示。

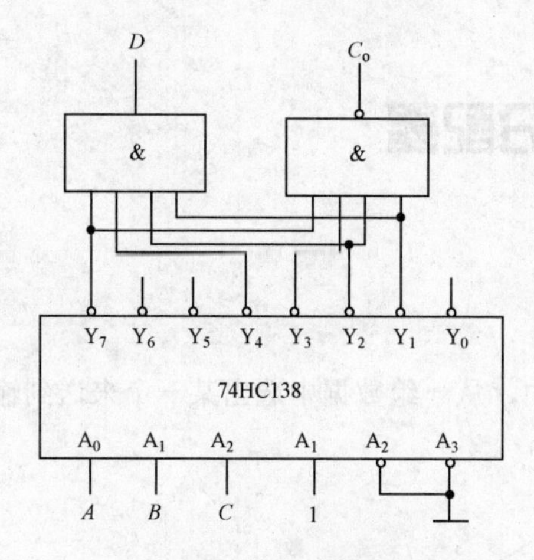

图 4.3.12 例 4.6 题图

表 4.3.3 例 4.6 题真值表

A	B	C	D	C_o
0	0	0	0	0
0	0	1	1	1
0	1	0	1	1
0	1	1	0	1
1	0	0	1	0
1	0	1	0	0
1	1	0	0	0
1	1	1	1	1

【例 4.7】 由 3 线-8 线译码器 74HC138 所组成的电路如图 4.3.13 所示，试分析该电路的逻辑功能。

解：各输出端的逻辑式为：

$$Z_1 = \overline{\overline{Y}_4 \cdot \overline{Y}_5} = \overline{\overline{m}_4 \cdot \overline{m}_5} = m_4 + m_5$$

$$Z_0 = \overline{\overline{Y}_0 \cdot \overline{Y}_1 \cdot \overline{Y}_3 \cdot \overline{Y}_5} = \overline{\overline{m}_0 \cdot \overline{m}_1 \cdot \overline{m}_3 \cdot \overline{m}_5} = m_0 + m_1 + m_3 + m_5$$

$$\begin{cases} Z_2 = m_2 + m_3 + m_4 + m_5 \\ Z_1 = m_4 + m_5 \\ Z_0 = m_0 + m_1 + m_3 + m_5 \end{cases}$$

输出输入的真值表如表 4.3.4 所示。

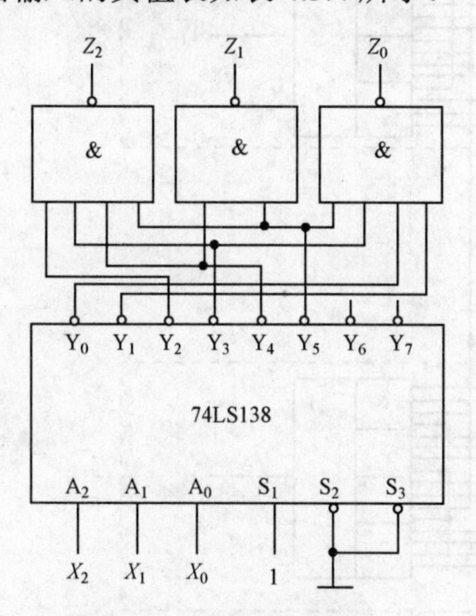

图 4.3.13 例 4.7 题图

表 4.3.4 例 4.7 题真值表

X_2	X_1	X_0	Z_2	Z_1	Z_0
0	0	0	0	0	1
0	0	1	0	0	1
0	1	0	1	0	0
0	1	1	1	0	1
1	0	0	1	1	0
1	0	1	1	1	1
1	1	0	0	0	0
1	1	1	0	0	0

由真值表可以看出 $X=X_2X_1X_0$ 作为输入的 3 位二进制数，$Z=Z_2Z_1Z_0$ 作为输出的 3 位二进制数，当 $X<2$ 时，$Z=1$；当 $X>5$ 时，$Z=0$；当 $2 \leqslant X \leqslant 5$ 时，$Z=X+2$。

4.4 数据选择器及数据分配器

4.4.1 数据选择器

数据选择器就是在数字信号的传输过程中，从一组数据中选出某一个来送到输出端，也叫多路开关。其模型如图 4.4.1 所示。

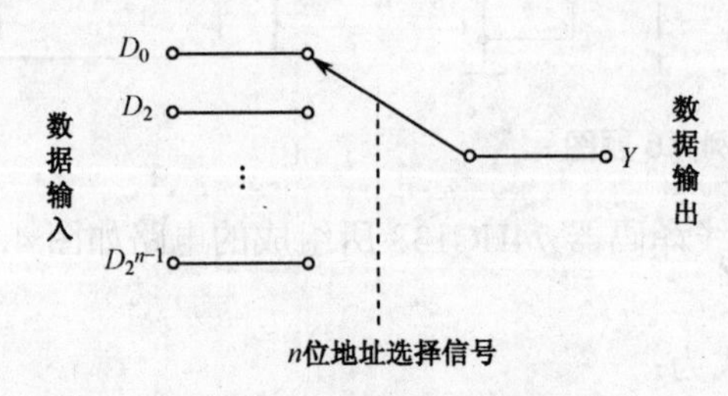

图 4.4.1　数据选择器模型

现以双 4 选 1 数据选择器 74153 为例说明数据选择器的工作原理，其内部电路如图 4.4.2 所示。

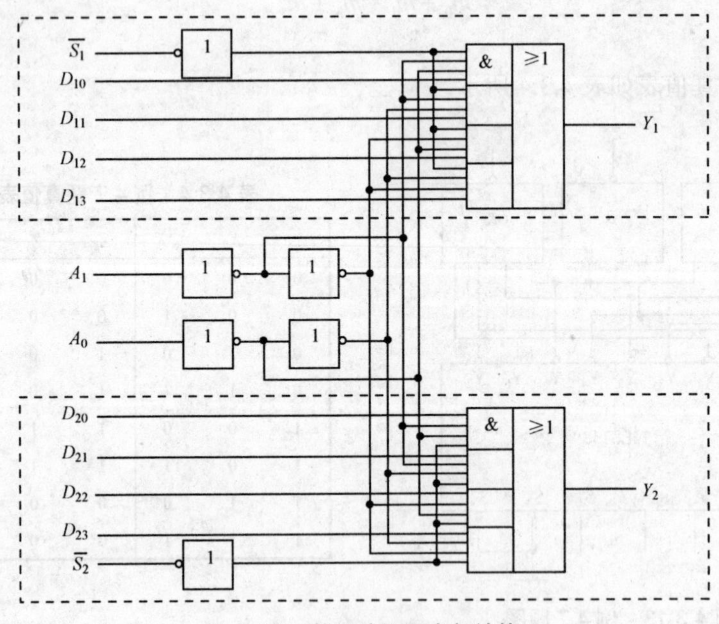

图 4.4.2　数据选择器内部结构

地址端共用；

数据输入和输出端各自独立；

片选信号独立。

输出端的逻辑式为：$Y_1 = [D_{10}\overline{A_1}\,\overline{A_0} + D_{11}\overline{A_1}A_0 + D_{12}A_1\overline{A_0} + D_{13}A_1A_0]S_1$

其中，对于一个数据选择器，D_{10}～D_{13} 为数据输入端，A_1、A_0 为选通地址输入端 Y_1 为输出端，S_1 为附加控制端。

当 S_1=1 时

$$Y_1 = D_{10}\overline{A_1}\,\overline{A_0} + D_{11}\overline{A_1}A_0 + D_{12}A_1\overline{A_0} + D_{13}A_1A_0$$

其真值表如表 4.4.1 所示。

表 4.4.1 数据选择器真值表

$\overline{S}_1$	A_1	A_0	Y_1
1	×	×	0
0	0	0	D_{10}
0	0	1	D_{11}
0	1	0	D_{12}
0	1	1	D_{13}

8 选 1 数据选择器的逻辑符号及引脚排列图如图 4.4.3 所示。

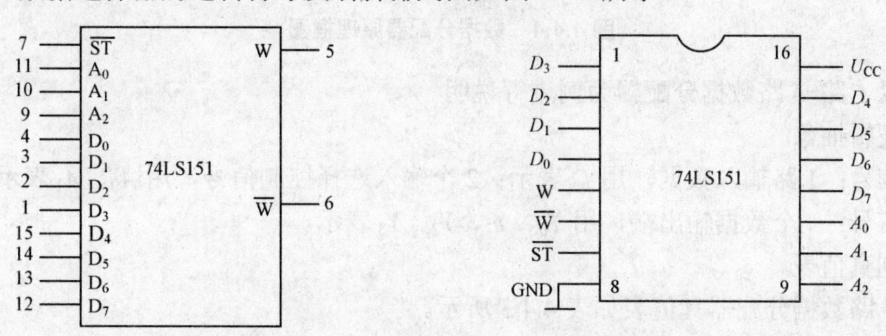

图 4.4.3 74151 逻辑符号及引脚排列图

8 选 1 数据选择器的功能表如表 4.4.2 所示。

表 4.4.2 74151 功能表

输 入				输 出
使 能 输 入	地 址 输 入			
$\overline{S}$	A_2	A_1	A_0	Y
1	×	×	×	0
0	0	0	0	D_1
0	0	0	1	D_2
0	0	1	0	D_3
0	0	1	1	D_4
0	1	0	0	D_5
0	1	0	1	D_6
0	1	1	0	D_7
0	1	1	1	D_8

4.4.2 数据分配器

数据分配器的功能正好和数据选择器的相反，它是根据地址码的不同，将一路数据分配到相应的一个输出端上输出。

根据地址码的要求，将一路数据分配到指定输出通道上去的电路。

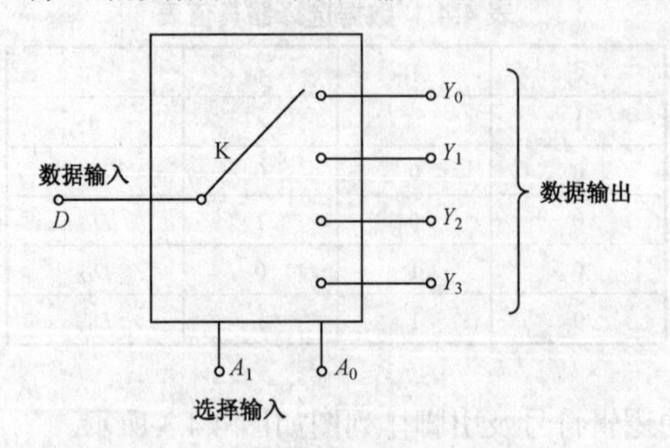

图 4.4.4 数据分配器原理框图

下面以 1 路-4 路数据分配器为例进行说明。

（1）逻辑抽象

输入信号：1 路输入数据，用 D 表示；2 个输入选择控制信号，用 A_0、A_1 表示。

输出信号：4 个数据输出端，用 Y_0、Y_1、Y_2、Y_3 表示。

（2）列真值表

1 路-4 路数据分配器真值表如表 4.4.3 所示。

表 4.4.3 1 路-4 路数据选择器真值表

A_1	A_0	Y_0	Y_1	Y_2	Y_3
0	0	D	0	0	0
0	1	0	D	0	0
1	0	0	0	D	0
1	1	0	0	0	D

4.4.3 数据选择器的应用

1．功能扩展

【例 4.8】试用双 4 选 1 数据选择器 74HC153 组成 8 选 1 数据选择器。

解：“4 选 1”只有 2 位地址输入，从 4 个输入中选中一个；“8 选 1”的 8 个数据需要 3 位地址代码指定其中任何一个，故利用 $\overline{S}$ 作为第 3 位地址输入端，其实现电路如图 4.4.5 所示，输出端的逻辑式为：

$$Y=(A_2'A_1'A_0')D_0+(A_2'A_1'A_0)D_1+(A_2'A_1A_0')D_2+(A_2'A_1A_0)D_3+$$
$$(A_2A_1'A_0')D+(A_2A_1'A_0)D_5+(A_2A_1A_0')D_6+(A_2A_1A_0)D_7$$

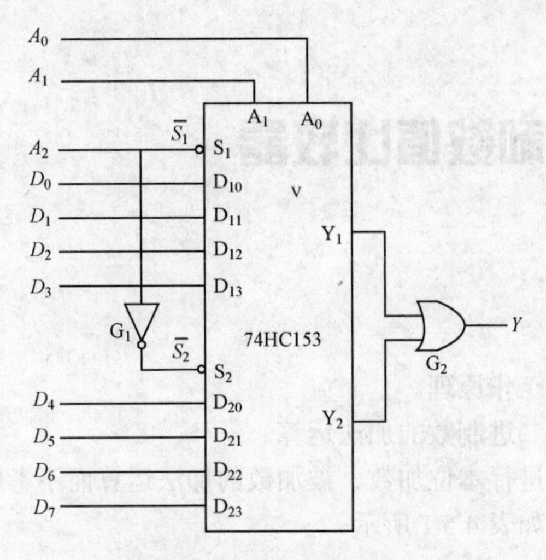

图 4.4.5 例 4.8 题图

2. 用数据选择器设计组合逻辑电路

【例 4.9】 用 8 选 1 数据选择器实现逻辑函数

$$Y = A\bar{B} + A\bar{C} + \bar{A}\bar{B}\bar{C} + ABC$$

先将所给逻辑函数写成最小项之和形式，即：

$$\begin{aligned}
Y &= A\bar{B} + A\bar{C} + \bar{A}\bar{B}\bar{C} + ABC \\
&= A\bar{B}(C+\bar{C}) + A\bar{C}(B+\bar{B}) + \bar{A}\bar{B}\bar{C} + ABC \\
&= A\bar{B}C + A\bar{B}\bar{C} + AB\bar{C} + A\bar{B}\bar{C} + \bar{A}\bar{B}\bar{C} + ABC \\
&= 1\cdot\bar{A}\bar{B}\bar{C} + 0\cdot\bar{A}\bar{B}C + 0\cdot\bar{A}B\bar{C} + 0\cdot\bar{A}BC + 1\cdot A\bar{B}\bar{C} + 1\cdot A\bar{B}C + 1\cdot AB\bar{C} + 1\cdot ABC
\end{aligned}$$

8 选 1 数据选择器 74HC151 的输出端逻辑式为：

$$\begin{aligned}
Y = {} & (\bar{A}_2\bar{A}_1\bar{A}_0)D_0 + (\bar{A}_2\bar{A}_1A_0)D_1 + (\bar{A}_2A_1\bar{A}_0)D_2 + (\bar{A}_2A_1A_0)D_3 \\
& +(A_2\bar{A}_1\bar{A}_{00})D + (A_2\bar{A}_1A_0)D_5 + (A_2A_1\bar{A}_0)D_6 + (A_2A_1A_0)D_7
\end{aligned}$$

比较上面两式，令：$A_2=A$，$A_1=B$，$A_0=C$，$D_1=D_2=D_3=0$，$D_0=D_4=D_5=D_6=D_7=1$

故其外部接线图如图 4.4.6 所示。

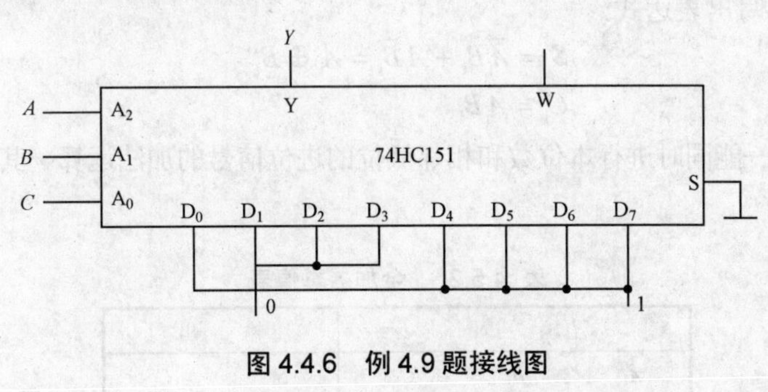

图 4.4.6 例 4.9 题接线图

4.5 加法器和数值比较器

4.5.1 加法器

加法器的基本概念及工作原理。

加法器——实现两个二进制数的加法运算。

（1）半加器——只能进行本位加数、被加数的加法运算而不考虑低位进位。

列出半加器的真值表如表 4.5.1 所示。

表 4.5.1 半加器真值表

输 入		输 出	
被加数 A_i	加数 B_i	和数 S_i	进位数 C_i
0	0	0	0
0	1	1	0
1	0	1	0
1	1	0	1

半加器电路图和逻辑符号如图 4.5.1 所示。

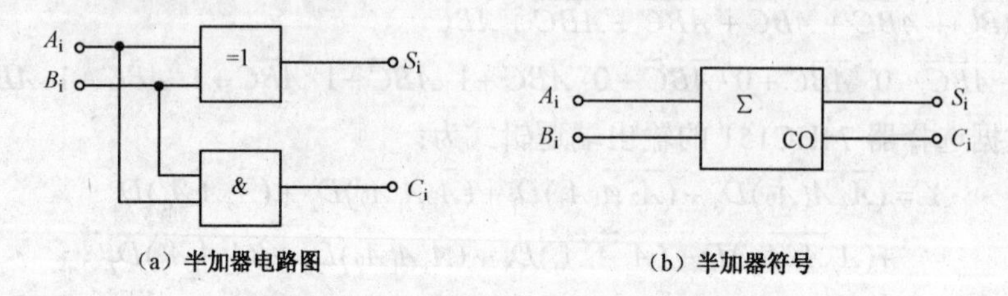

（a）半加器电路图　　（b）半加器符号

图 4.5.1 半加器电路图和逻辑符号

由真值表直接写出表达式：

$$S_i = \overline{A}_i B_i + A_i \overline{B}_i = A_i \oplus B_i$$
$$C_i = A_i B_i$$

（2）全加器——能同时进行本位数和相邻低位的进位信号的加法运算。其真值表如表 4.5.2 所示。

表 4.5.2 全加器真值表

输 入			输 出	
A_i	B_i	C_{i-1}	S_i	C_i
0	0	0	0	0
0	0	1	1	0
0	1	0	1	0
0	1	1	0	1

输入			输出	
1	0	0	1	0
1	0	1	0	1
1	1	0	0	1
1	1	1	1	1

由真值表直接写出逻辑表达式，再经代数法化简和转换得：

$$S_i = \overline{A_i}\,\overline{B_i}C_{i-1} + \overline{A_i}B_i\overline{C_{i-1}} + A_i\overline{B_i}\,\overline{C_{i-1}} + A_iB_iC_{i-1} = (A_i \oplus B_i)C_{i-1} + (A_i \oplus B_i)\overline{C_{i-1}} = A_i \oplus B_i \oplus C_{i-1}$$

$$C_i = \overline{A_i}B_iC_{i-1} + A_i\overline{B_i}C_{i-1} + A_iB_i\overline{C_{i-1}} + A_iB_iC_{i-1} = A_iB_i + (A_i \oplus B_i)C_{i-1}$$

根据逻辑表达式画出全加器的逻辑电路图如图 4.5.2 所示；全加器逻辑符号如图 4.5.3 所示。

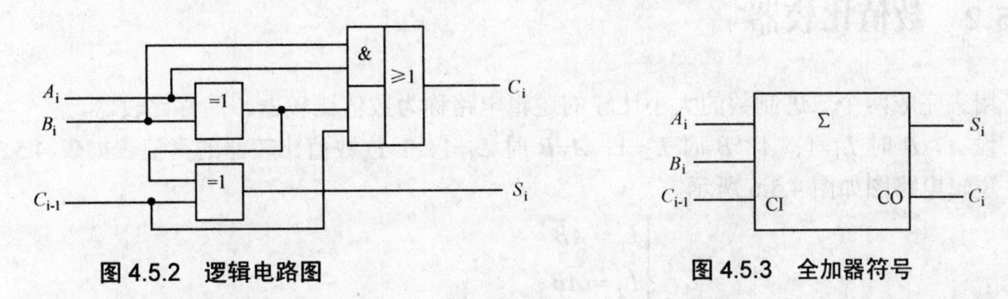

图 4.5.2　逻辑电路图　　图 4.5.3　全加器符号

（3）多位数加法器。实现多位加法运算的电路称为多位数加法器，它有串行进位加法器和超前进位加法器两种。

① 串行进位加法器（行波进位加法器）。串行进位加法器其低位进位输出端依次连至相邻高位的进位输入端，最低位进位输入端接地。因此，高位数的相加必须等到低位运算完成后才能进行，这种进位方式称为串行进位。

4 位串行进位加法器，如图 4.5.4 所示。

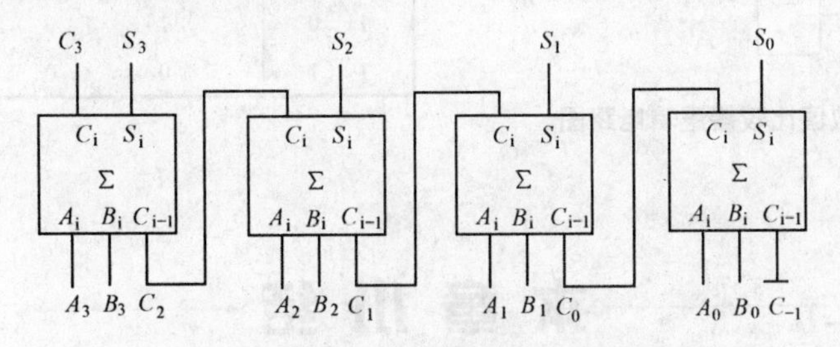

图 4.5.4　4 位串行进位加法器

串行进位加法器结构简单，但运算速度慢。应用在对运算速度要求不高的场合。T692 就是这种串行进位加法器。

② 超前进位加法器。为了提高速度，若使进位信号不逐级传递，而是运算开始时，即可得到各位的进位信号，采用这个原理构成的加法器，就是超前进位（Carry Look-ahead）加法器，也称快速进位（Fast carry） 加法器。

超前进位加法器其进位数直接由加数、被加数和最低位进位数形成。各位运算并行进行，运算速度快。

74283 就是采用这种超前进位的原理构成的 4 位超前进位加法器，逻辑符号如图 4.5.5 所示。

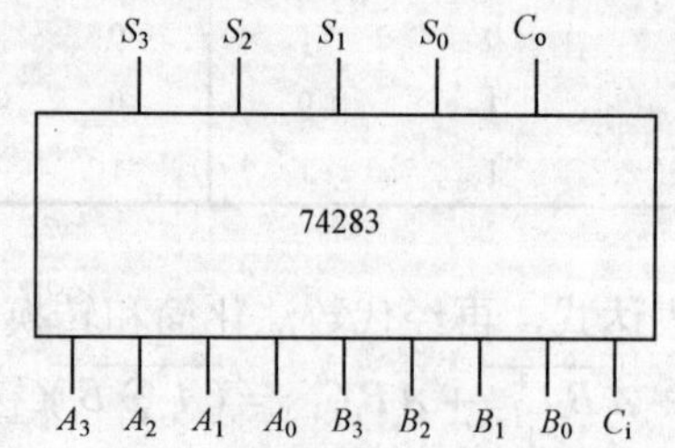

图 4.5.5　4 位超前进位加法器逻辑符号

4.5.2　数值比较器

用来完成两个二进制数的大小比较的逻辑电路称为数值比较器，简称比较器。

设 $A>B$ 时 $L_1=1$；$A<B$ 时 $L_2=1$；$A=B$ 时 $L_3=1$。1 位数值比较器的真值表如表 4.5.3 所示；逻辑电路图如图 4.5.6 所示。

$$\begin{cases} L_1 = A\overline{B} \\ L_2 = \overline{A}B \\ L_3 = \overline{A}\overline{B} + AB = \overline{\overline{A}B + A\overline{B}} \end{cases}$$

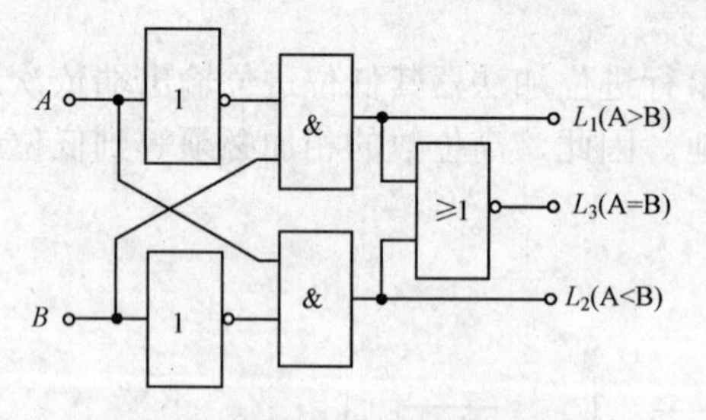

图 4.5.6　数值比较器逻辑电路图

表 4.5.3　1 位数值比较器真值表

A	B	$L_1(A>B)$	$L_2(A<B)$	$L_3(A=B)$
0	0	0	0	1
0	1	0	1	0
1	0	1	0	0
1	1	0	0	1

本章小结

（1）组合逻辑电路的特点是任何时刻的输出仅取决于该时刻的输入，而与电路原来的状态无关。它是由若干逻辑门组成。

（2）组合逻辑电路的分析方法：写出逻辑表达式→化简和变换逻辑表达式→列出真值表→确定逻辑功能。

（3）组合电路的设计：由要求设计的逻辑功能，列出真值表，写出逻辑函数式，最后画出实现该要求的逻辑电路图。实现同一逻辑要求的逻辑电路不唯一。

（4）本章着重介绍了具有特定功能常用的一些组合逻辑电路，如编码器、译码器、数据选择器和数据分配器、数值比较器、加法器等，介绍了它们的逻辑功能、集成芯片及集成电路的扩展和应用。其中，编码器和译码器功能相反，都设有使能控制端，便于多片连接扩展，显示译码器和显示器可构成数字显示电路。数据选择器和数据分配器功能相反，用数据选择器和译码器可实现逻辑函数及组合逻辑电路。数值比较器用来比较数的大小，加法器用来实现算术运算。

（5）组合电路中有产生竞争冒险的可能性。当电路中任何一个门电路的两个输入信号同时朝相反方向变化时，则该门电路输出端可能出现干扰脉冲。消除竞争冒险的方法：加选通脉冲、修改逻辑设计、输出端并联滤波电容等方法。

习题 4

1．电路图如图 4.1 所示，试写出逻辑函数表达式（可不化简）。

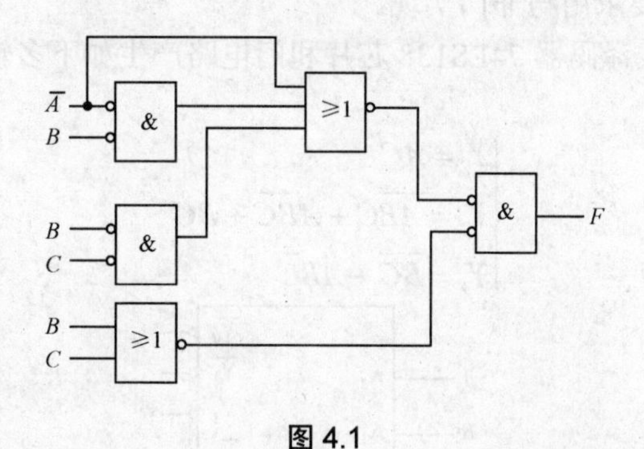

图 4.1

2．图 4.2 所示为可控函数发生器，其中 C_1、C_2 为控制端，A、B 为输入变量，F 为输出变量。C_1、C_2 的取值如下表所示，试求 F 和 A、B 间的逻辑关系。

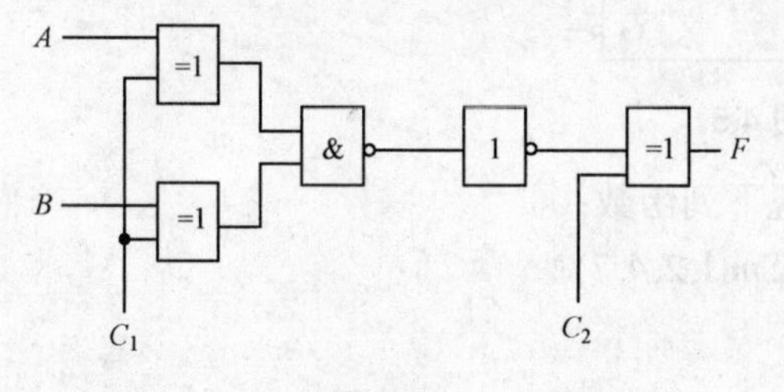

C_1	C_2	$F = f(A,B)$
0	0	
0	1	
1	0	
1	1	

图 4.2

3．分析如图 4.3 所示电路的逻辑功能。

4．分析如图 4.4 所示电路的逻辑功能，写出输出函数表达式，并说明电路的逻辑功能。

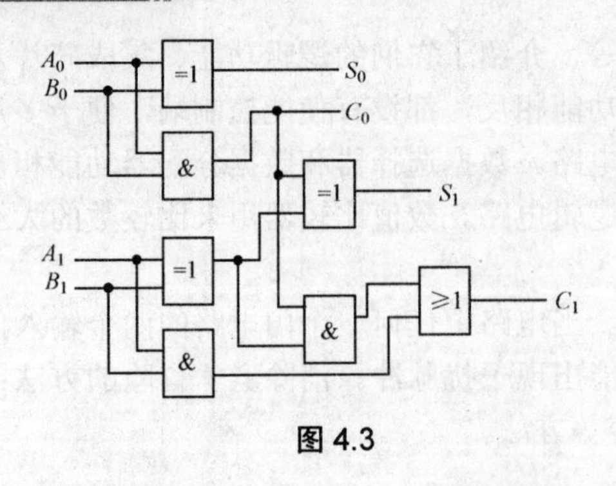

图 4.3

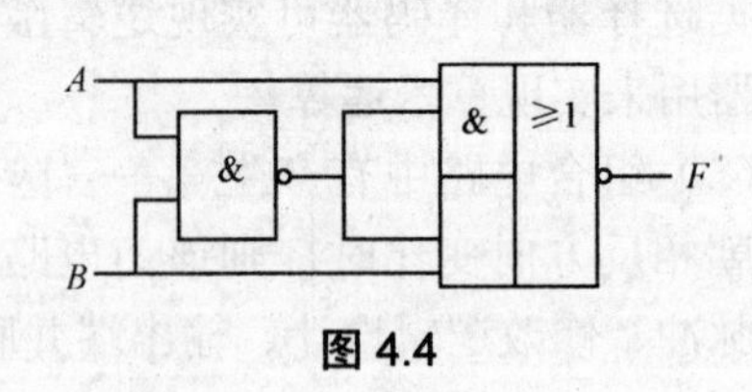

图 4.4

5．试设计一个 4 输入、4 输出的逻辑电路。当控制信号 C=0 时，输出状态与输入状态相反；当 C=1 时输出状态与输入状态相同。

6．试用与非门设计一个“三变量不一致电路”，假定输入信号只有原变量。

7．设计一个含三台设备工作的故障显示器。要求如下：三台设备都正常工作时，绿灯亮；仅一台设备发生故障时，黄灯亮；两台或两台以上设备同时发生故障时，红灯亮。

8．试设计一个燃油锅炉自动报警器。要求燃油喷嘴在开启状态下，如锅炉水温或压力过高则发出报警信号，要求用与非门实现。

9．试画出 3 线-8 线译码器 74LS138 芯片和门电路产生如下多输出逻辑函数的逻辑图，如图 4.5 所示。

$$\begin{cases} Y_1 = AC \\ Y_2 = \overline{A}\overline{B}C + A\overline{B}\overline{C} + BC \\ Y_3 = \overline{B}\overline{C} + AB\overline{C} \end{cases}$$

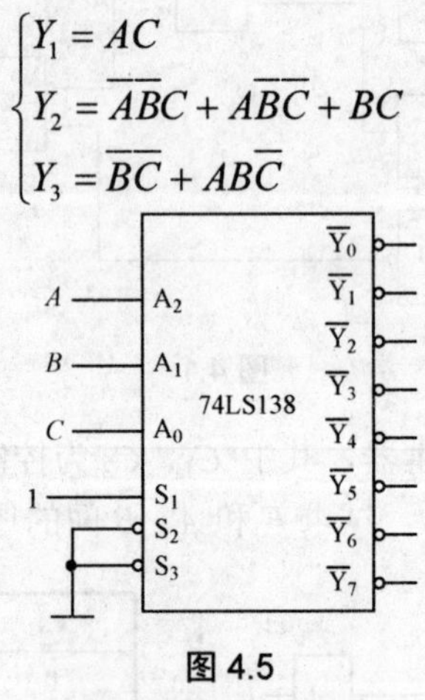

图 4.5

10．试用 8 选 1 数据选择器 CT4151 实现下列函数：

$$F_1(ABC) = \Sigma m(1,2,4,7)$$

技能训练

技能训练 1　组合逻辑电路设计之密码锁、8 线-3 线编码器

一、实验目的

掌握组合逻辑电路的设计方法。

用实验验证设计电路的逻辑功能。

掌握编码的概述，为后编内容做准备。

二、实验仪器和设备

LCN-1 数字电子技术实验箱；

74LS20（双四输入 TTL 与非门）；

74LS00（双二输入 TTL 与非门）；

74LS21（双四输入与门）；

万用表及钳子等工具。

三、实验内容

1．设计一个数字密码锁电路

假设 A、B、C、D 是 4 个二进制代码输入端，E 为开锁控制输入端。每把锁都有规定的 4 位数字代码。本次实验所用的数字代码为 1010，学生也可自行选定代码。如果输入代码符合该锁代码，且有开锁信号时（控制输入端 E=1）时，锁才被打开（F_1=1）；若不符，开锁时，电路将发出报警信号（F_2=1），要求用最少的与非门电路进行实验。

实验要求如下：

（1）根据要求，设定输入输出变量的个数，并根据电路的逻辑确定两者之间的对应关系，列出真值表，写出逻辑表达式，画出实验电路图。

（2）搭试电路进行验证。

利用数字电子技术实验箱提供工作所需电源、脉冲信号。F_1、F_2 由数字电子技术实验箱上的两个发光二极管配合喇叭监测，当发光二极管（LED）亮，则表示接发光二极管的输出端为高电平；发光二极管不亮，则表示接发光二极管的输出端为低电平，不能开锁时，要求喇叭发出报警声。

2．设计一个编码器电路

要求 8 个输入端对应于不同 3 位的二进制码输出。3 位输出可以接 3 个指示灯，由二进制组合来表示，也可以接到实验箱的 8 字显示的 8421 码的其中 4、2、1 3 个端，然后在对应每个输入端的输入时有相对应的数字输出阻抗，如定义为 3 的按钮接通时输出为 011。

四、实验报告

写出真值表；

画出实验电路图；

说明实验原理；

画出编程器的电路结构并说明其工作现象和工作原理。

五、想想做做

制作自动售货冷饮机。要求：该冷饮机能接收 5 角或 1 元的硬币。该冷饮机售冷饮价格为 1 元。一次投币最多为两元（两个 5 角，一个 1 元），当投币大于等于 1 元时，给出冷饮一支和还给多余的钱币，小于 1 元时，则只还钱币而不给冷饮。钱币投好后要启动一下才能进行。

技能训练 2　编码、译码和显示驱动电路综合实验

一、实验目的

熟悉编码器、七段译码器、LED 和数据选择器等中规模集成电路的典型应用。

二、实验仪器及器件

1．数字实验箱

2．BCD 码（9～4 线）优先编码器 74HC147　　1 块

3．七段译码器 74HC4511　　1 块

4．共阴极 LED　　1 块

5．双 4 选 1 数据选择器 74LS153　　1 块

6．6 反相器 74LS04　　2 块

7．2 输入四或门 74LS32　　1 块

三、实验内容

图 4-1 所示是 BCD 码编码器和七段译码显示电路的框图。按框图意示的逻辑要求选用适合的器件连接好（提示：其中 BCD 编码器可选用 9～4 线优先编码器 74HC147，七段译码显示可选用 74HC4511 构成的 LED 显示电路。选用各器件时要注意级联间输入、输出的有效电平要一致，否则就须加接反相器）。

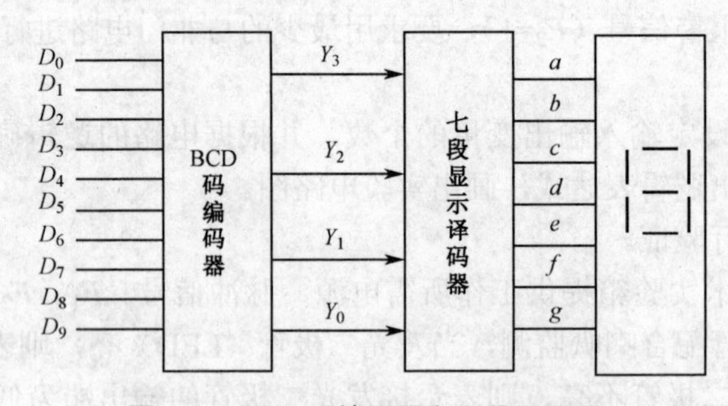

图 4-1　BCD 码编码器和七段译码器

2．想办法使两个显示器显示自己的学号。

3．数据选择器的实验

（1）验证 74LS153 的功能。

（2）用 74LS153 接成 8 选 1 电路（自行设计方案）。

（3）用 74LS153 配合门电路构成逻辑函数：$F = ABC + \overline{A}\overline{B} + \overline{A}C$ 。

四、实验报告

记录实验结果，画出自己学号的电路连接图，说明工作原理。

五、想想做做

请用译码器设计一个控制电路，当输入为 000 时，控制红色二极管亮；当输入为 001 时，控制绿色发光二极管亮；当输入为 010 时，控制黄色发光二极管亮；当输入为 011 时，控制继电器闭合；当输入为 100 时，控制小电机旋转。

第5章 集成触发器

5.1 概述

前面一章主要介绍了组合逻辑门电路，该电路当前的输出只取决于当前的输入，而与原来的状态没有关系，所以不具有记忆功能。数字系统中另一类电路称为时序逻辑电路，该电路当前的输出不仅与输入有关，而且与原来的状态有关。构成时序逻辑电路的基本电路是一种具有记忆功能的基本逻辑单元——触发器（Flip Flop）。能够存储一位二值信号的基本单元电路统称为触发器。

1. 触发器必须具备以下两个基本特点：

（1）具有两个能自行保持的稳定状态，用来表示逻辑状态的 0 和 1，或二进制数的 0 和 1。

（2）根据不同的输入信号可以置成 1 或 0 状态。

2. 触发器的分类

（1）按触发方式不同，可分为电平触发、主从触发和边沿触发的触发器。

（2）按电路的结构，可分为基本触发器和钟控触发器，钟控触发器又分为同步型触发器、主从型触发器、边沿型触发器等。

（3）按逻辑功能，可分为 RS、D、JK、T、T′触发器。

触发器的逻辑功能表示方法有特性表、驱动表、特性方程、状态转化图和波形图。

触发器有一个或多个输入端，有两个互补的输出端，分别用 Q 和 $\overline{Q}$ 来表示。通常把 Q 端的输出状态来表示触发器的状态，如若 Q=0、$\overline{Q}$=1 时，该触发器输出为 0 态。

本章以基本 RS 触发器为基础，重点讲解常用集成触发器的电路机构、工作原理和触发器的应用举例。

5.2 RS 触发器

5.2.1 基本 RS 触发器

1. 基本 RS 触发器的电路结构

由两个与非门构成的基本 RS 触发器如图 5.2.1（a）所示，其逻辑符号如图 5.2.1（b）所示。两个输入端分别为 $\overline{S}$ 和 $\overline{R}$，上面的非号表示低电平有效，在逻辑符号中用小圆圈表示。

Q 和 $\overline{Q}$ 为输出端，两个输出端的状态应该相反。

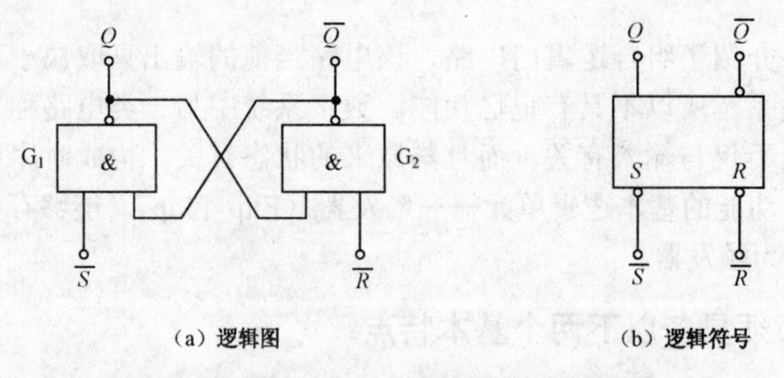

（a）逻辑图　　（b）逻辑符号

图 5.2.1　基本 RS 触发器逻辑图和逻辑符号

小知识：

RS 触发器的触发信号输入端有两个，R（Reset）称为复位端或置 0 端，S（Set）称为置位端或置 1 端。若输入信号端带非号，表示低电平有效，谁有效谁起作用。比如 $\overline{S}$=0、$\overline{R}$=1 时，置 1 端有效，置 0 端无效，所以输出的 Q=1。

2. 逻辑功能分析

该触发器有两个触发信号输入端，有两个与非门构成，与非门的运算特点为“有 0 出 1”，确定分析的方法，原则上先分析输入端是 0 的触发端，其具体的分析过程如下。

（1）当 $\overline{S}$=0、$\overline{R}$=1 时，触发器置 1。因为 $\overline{S}$ 为低电平，置 1 端有效，所以输出 Q=1。

（2）当 $\overline{S}$=1、$\overline{R}$=0 时，触发器置 0。因为 $\overline{R}$ 为低电平，置 0 端有效，所以输出 Q=0。

（3）当 $\overline{S}$-1、$\overline{R}$-1 时，触发器保持原来状态。因为 $\overline{S}$、$\overline{R}$ 都为高电平，两个触发端都无效，所以保持原来的状态。

（4）当 $\overline{S}$=0、$\overline{R}$=0 时，触发器状态不定。因为 $\overline{S}$、$\overline{R}$ 都为低电平，两个触发端都有效。

触发器的输出 $Q=\overline{Q}$=1，本来 Q 和 $\overline{Q}$ 应该是互反的，这种情况造成输出结果的不确定性，在实际上，这种情况是不允许出现的。

注意：

由与非门组成的基本 RS 触发器存在着约束条件，$\overline{S}$、$\overline{R}$ 不能同时为低电平，所以要求 $\overline{S}+\overline{R}=1$。

从以上分析不难看出，基本 RS 触发器的功能有 3 种，分别是置 1、置 0 和保持功能。

3. 逻辑功能描述方法

描述触发器逻辑功能的方法有特性表、特性方程、状态图和波形图（时序图）。

（1）特性表

把触发信号作用前的触发器输出状态称为原态，用 Q^n 表示。把触发信号作用后的触发器输出状态称为次态，用 Q^{n+1} 表示。

触发器的次态 Q^{n+1} 与触发信号和原态 Q^n 之间对应关系的真值表称为特性表。因此，上述基本 RS 触发器的逻辑功能可用表 5.2.1 所示的特性表来表示。

表 5.2.1　与非门组成的基本 RS 触发器的特性表

$\overline{S}$	$\overline{R}$	Q^n	Q^{n+1}	说　明
0	0	0	×	状态不定
0	0	1	×	
0	1	0	1	置 1（置位）
0	1	1	1	
1	0	0	0	置 0（复位）
1	0	1	0	
1	1	0	0	保持
1	1	1	1	

注：“×”表示输入端低电平同时消失时，输出状态不定。

（2）特性方程

根据表 5.2.1，利用卡诺图化简（图 5.2.2）可以得到基本 RS 触发器的特性方程：

Q^n \ $\overline{R}\,\overline{S}$	00	01	11	10
0	×	0	0	1
1	×	0	1	1

图 5.2.2　基本 RS 触发器的卡诺图

$$\begin{cases} Q^{n+1}=\overline{(\overline{S})}+\overline{R}Q^n=S+\overline{R}Q^n \\ \overline{R}+\overline{S}=1 \quad \text{约束条件} \end{cases} \tag{3.1}$$

（3）状态图

状态图反映触发器从一个状态变化到另一个状态或保持原状态不变时，触发信号应该满足的转移条件。图 5.2.3 就是根据表 5.2.1 画出来的状态图。图中的两个圆圈分别表示触发器的两个稳定状态（0 和 1），箭头表示状态转换的情况，箭头开始的地方表示原态，箭头结束的地方表示次态。箭头线旁标注的值表示触发器状态的转换条件。

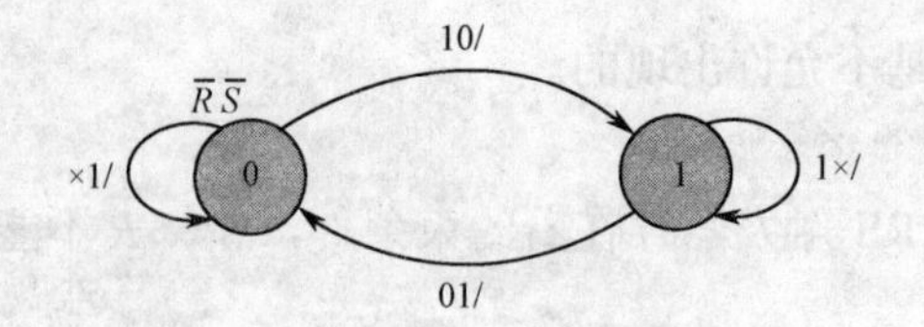

图 5.2.3　基本 RS 触发器状态图

（4）波形图

波形图是反映触发器输入信号取值和输出状态之间对应关系的图形。图 5.2.4 所示是基本 RS 触发器的波形图。

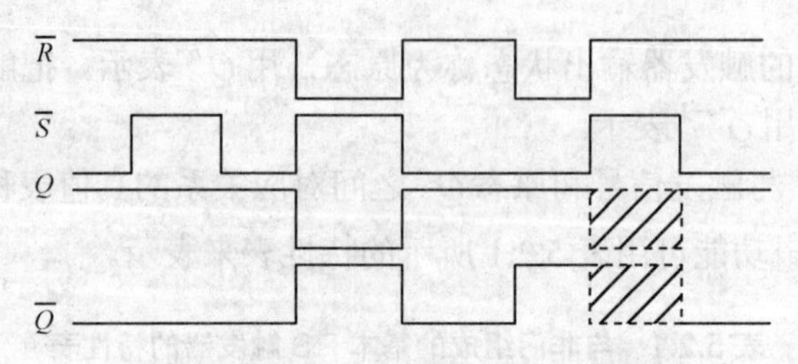

图 5.2.4　基本 RS 触发器的波形图

4. 动作特点

基本 RS 触发器为电平触发，输入的触发信号在任何时刻都可以直接改变输出端的状态，也就是说随时可以触发，不受时间的限制，并且存在着约束条件。

5.2.2 同步 RS 触发器

基本 RS 触发器的输出状态直接受 $\overline{R}$、$\overline{S}$ 的控制，只要触发信号一到，输出状态就会改变。克服基本 RS 触发器随时触发的方法是在输入端加入一个时钟信号作为同步信号，来控制触发信号是否可以作用。只有这个时钟信号到达时才能按输入信号来改变状态。通常把这个同步信号称为时钟信号或时钟脉冲（Clock Pulse），简称时钟，用 CP 表示。

1. 同步 RS 触发器的电路结构和逻辑符号

同步 RS 触发器由两部分组成，如图 5.2.5（a）所示，虚线以上为与非门组成的基本 RS 触发器；虚线以下为输入控制电路。输入触发信号为 R 和 S，R、S 上面没有非号，表示两个为高电平有效。CP 称为门控信号或同步信号，用于控制触发信号能否通过，使触发信号与之保持同步。同步 RS 触发器的逻辑符号如图 5.2.5（b）所示。逻辑功能的分析要考虑到同步信号是否到来，若 CP=0，G_3 和 G_4 都被封锁，所以触发信号不起任何作用，触发器的输出保持原来的状态。若 CP=1，G_3 和 G_4 都被打开，输入的触发信号 R 和 S，谁是高电平谁有效，比如 R=1、S=0 时，输出的状态为 0 态。

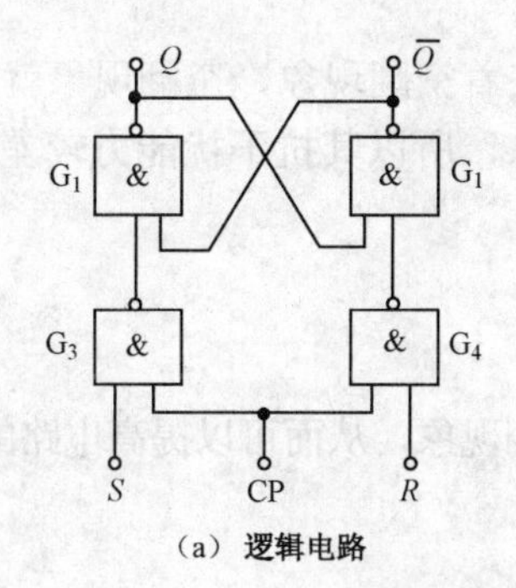

（a）逻辑电路

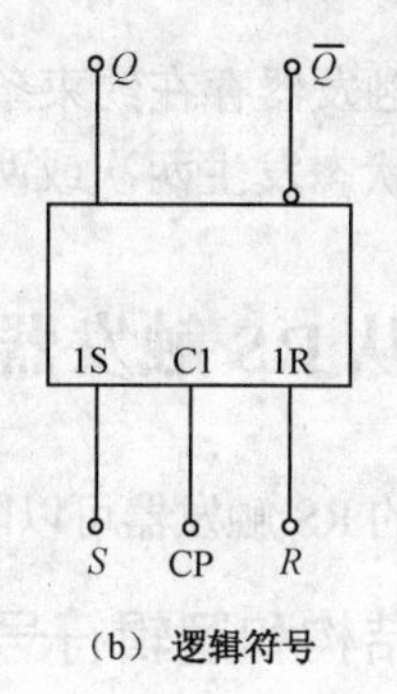

（b）逻辑符号

图 5.2.5 同步 RS 触发器

2. 特性表

同步 RS 触发器的特性表，如表 5.2.2 所示。

表 5.2.2 同步 RS 触发器的特性表

CP	S	R	Q^n	Q^{n+1}	说 明
1	0	0	0	0	保持
1	0	0	1	1	
1	0	1	0	0	置 0（复位）
1	0	1	1	0	
1	1	0	0	1	置 1（置位）
1	1	0	1	1	
1	1	1	0	×	状态不定
1	1	1	1	×	
0	×	×	0	0	保持
0	×	×	1	1	

3. 特性方程

同步 RS 触发器的特性方程为：

$$\begin{cases} Q^{n+1} = S + \bar{R}Q^n \\ RS = 0 \quad \text{约束条件} \end{cases} \tag{3.2}$$

小提示：

从逻辑功能上看，基本 RS 触发器、同步 RS 触发器等 RS 触发器都具有保持、置 0、置 1 三种功能，都有对应状态不定的约束条件。它们的区别在于：①同步 RS 触发器有同步信号控制，基本 RS 触发器没有时钟信号控制；②基本 RS 触发器为低电平有效，同步 RS 触发器为高电平有效

4. 动作特点

同步 RS 触发器在 CP=0 期间，状态保持不变；在 CP=1 期间。触发器输出状态随触发信号 R、S 的变化而变化，输出的规律是 R、S 不同时，输出状态看 S，如 R=1、S=0 时，触发器的输出状态为 0 态。为了保证 R、S 不能同时为高电平，所以应让 $R \cdot S$=0 作为约束条件。

同步 RS 触发器存在约束条件的同时，还存在着空翻现象，空翻现象就是在一个时钟内触发器的输出状态发生两次或两次以上的翻转现象，所以其抗干扰能力较差。

5.2.3 主从 RS 触发器

主从结构的RS触发器可以防止触发器出现空翻现象，从而可以提高电路的抗干扰能力。

1. 电路结构和逻辑符号

主从 RS 触发器的电路结构如图 5.2.6 所示，两个同步 RS 触发器串接形成主从两个部分，主触发器的时钟信号为 CP，从触发器是时钟信号为 CP，主触发器负责接收信号，其状态直接由输入信号决定；从触发器的输入与主触发器的输出相连接，其状态由主触发器的状态决定。在同一个的作用下，分两个阶段来实现主、从触发器的触发，在 CP=0 时触发器不接收输入信号；在 CP=1 期间，主触发器接收 R、S 信号，在 CP 由 1 变成 0 时，即下降沿到来时，从触发器输出，输出状态取决于主触发器的输出，所以主从结构的 RS 触发器的有效时钟条件是 CP 下降沿。

主从 RS 触发器的逻辑符号如图 5.2.7 所示，其中“¬”称为延迟输出指示符，用在触发器逻辑符号上表示“主从”结构，图中 R 、S 为触发信号输入端，与 CP 保持同步。

2. 功能分析

（1）接收输入信号过程

CP=1 期间：主触发器控制门 G7、G8 打开，接收输入信号 R、S，从触发器控制门 G3、G4 封锁，其状态保持不变。

（2）输出信号过程

CP 下降沿到来时，主触发器控制门被封锁，在 CP=1 期间接收的内容被存储起来。同时，从触发器被打开，主触发器将其接收的内容送入从触发器，输出端随之改变状态。

在 CP=0 期间，由于主触发器保持状态不变，因此受其控制的从触发器的状态不可能改变。

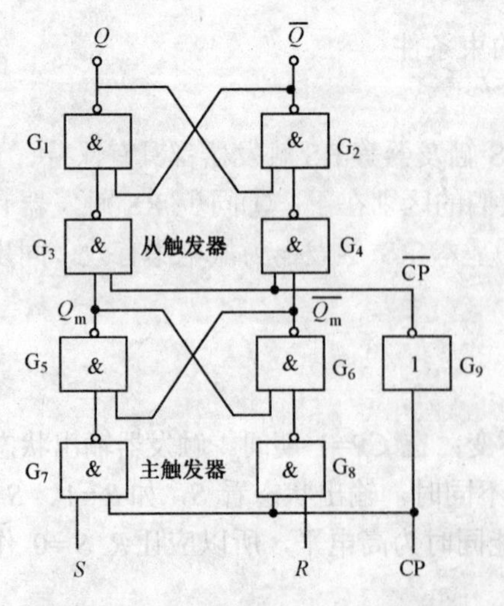

图 5.2.6 主从 RS 触发器的电路结构

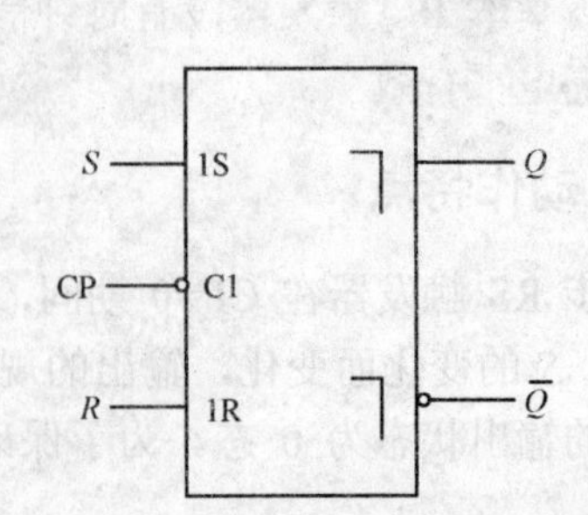

图 5.2.7 主从 RS 触发器的逻辑符号

3. 动作特点

主从 RS 触发器的翻转分两步动作：CP=1 期间，主触发器按输入信号的状态翻转；待 CP 由 1 变 0 时，从触发器按主触发器的状态翻转，使输出状态改变。因此，每来一个 CP 脉冲，触发器的输出状态只可能改变一次，从而克服了同步 RS 触发器的空翻现象。

5.3 JK 触发器

在上一节学习的 RS 触发器都存在着约束条件 $R \cdot S=0$，在同步 RS 触发器基础上，假设 $S=J\overline{Q^n}$、$R=\overline{K}Q^n$，因为 $\overline{Q^n}$ 与 Q^n 互反，因此始终保持 $R \cdot S=0$，把 J、K 作为触发信号的输入端，J、K 的取值可以有 00、01、10、11 四种，从而消除了约束条件。把这种触发器称为 JK 触发器。

用同步 RS 触发器实现同步 JK 触发器的方法就是在同步 RS 触发器基础上从输出端引出两个反馈线。其电路组成如图 5.3.1 所示。

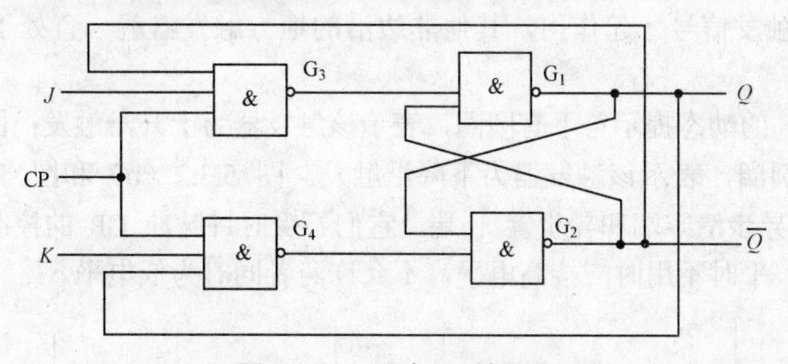

图 5.3.1 同步 JK 触发器

同步 JK 触发器的逻辑功能有 4 种，分别是保持、置 0、置 1、翻转（计数）。同步 JK 触发器的特性表如表 5.3.1 所示。

功能分析如下。

CP=0 期间，J、K 触发信号不起作用，输出保持原来的状态。

CP=1 期间，J 可以看成置 1 端，K 看成置 0 端，并且是高电平有效。谁是高电平谁有效。

J=0、K=0 时，J、K 都无效，输出的次态就保持不变。

J=1、K=0 时，J 为高电平，有效，输出的次态就是 1 态。

J=0、K=1 时，K 为高电平，有效，输出的次态就是 0 态。

J=1、K=1 时，J、K 都有效，输出的次态与原态正好相反。

同步 JK 触发器消除了约束条件，但是存在着空翻现象，为了克服空翻现象，下面讨论一下边沿 JK 触发器。

表 5.3.1　同步 JK 触发器的特性表

CP	J	K	Q^n	Q^{n+1}	功能说明
0	×	×	0	0	保持（记忆）
			1	1	
1	0	0	0	0	
			1	1	
1	0	1	0	0	置 0
			1	0	
1	1	0	0	1	置 1
			1	1	
1	1	1	0	1	翻转（计数）
			1	0	

（1）逻辑符号

常用 JK 触发器的逻辑符号如图 5.3.2 所示，其中图 5.3.2（b）和图 5.3.2（c）中的输入端的符号"△"是一个动态输入提示符，表明该触发器是边沿触发的，即只在时钟脉冲的上升沿或下降沿触发信号才起作用，其他非边沿的地方触发器就一直处于保持状态。从而克服了空翻现象。

图 5.3.2（b）的动态提示符下有圆圈，表示该触发器为上升沿触发；图 5.3.2（c）的动态提示符下没有圆圈，表示该触发器为下降沿触发。图 5.3.2（b）和图 5.3.2（c）中的 $\overline{R}_D$ 端和 $\overline{S}_D$ 端分别是异步清零端和异步置 1 端，它们不受时钟脉冲 CP 的控制，可直接使触发器置于相关状态，平时不用时应接高电平，不允许两者同时为低电平。

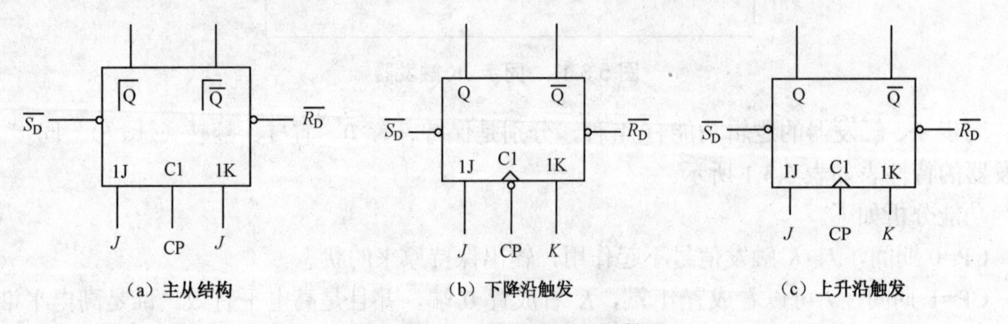

（a）主从结构　（b）下降沿触发　（c）上升沿触发

图 5.3.2　JK 触发器的逻辑符号

（2）逻辑功能

不同机构的 JK 触发器的逻辑功能都是相同的，其特性表、特性方程、状态图等都是一致的。不同点是在于触发方式不同。下降沿触发器特性表如表 5.3.2 所示。

表 5.3.2　下降沿 JK 触发器特性表

CP	J	K	Q^n	Q^{n+1}	功　能
非下	×	×	×	Q^n	$Q^{n+1}=Q^n$ 保持
↓	0	0	0	0	$Q^{n+1}=Q^n$ 保持
↓	0	0	1	1	

续表

CP	J	K	Q^n	Q^{n+1}	功　能
↓	0	1	0	0	$Q^{n+1}=0$ 置 0
↓	0	1	1	0	
↓	1	0	0	1	$Q^{n+1}=1$ 置 1
↓	1	0	1	1	
↓	1	1	0	1	$Q^{n+1}=\bar{Q}^n$ 翻转
↓	1	1	1	0	

（3）特性方程

根据表 5.3.2，利用卡诺图化简可得到 JK 触发器的特性方程：

$$Q^{n+1}=J\overline{Q}^n+\overline{K}Q^n \tag{3.3}$$

在数字电路中，凡在 CP 时钟脉冲控制下，根据输入信号 J、K 情况的不同，具有置 0、置 1、保持和翻转功能的电路，都称为 JK 触发器。

5.4 D 触发器

1. 逻辑符号

D 触发器的逻辑符号如图 5.3.3 所示。

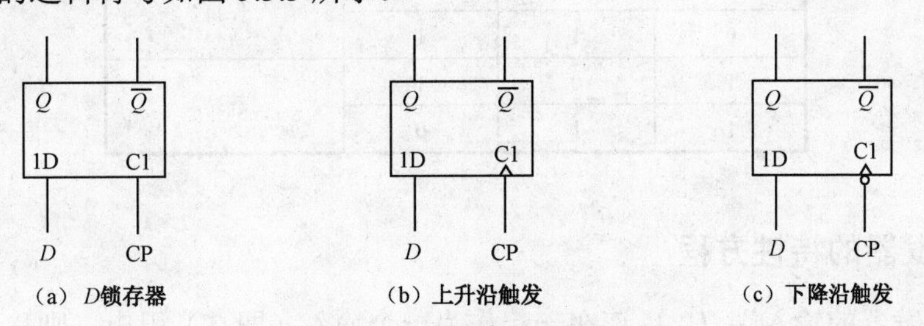

（a）D锁存器　（b）上升沿触发　（c）下降沿触发

图 5.3.3　D 触发器的逻辑符号

2. 特性方程

D 触发器与 JK 触发器的电路关系为：$J=D$、$K=\overline{D}$，代入 JK 触发器的特性方程可得 D 触发器的特性方程：

$$Q^{n+1}=D \tag{3.4}$$

3. 逻辑功能

根据特性方程可以得到 D 触发器的特性表，如表 5.3.3 所示。D 触发器具有置 1 和置 0 两种功能，当 D=0 时，置 0，Q^{n+1}=0；当 D=1 时，置 1，Q^{n+1}=1。

表 5.3.3 D 触发器的特性表

D	Q^n	Q^{n+1}	功能说明
0	0	0	置 0
0	1	0	
1	0	1	置 1
1	1	1	

综上所述，D 触发器的置 1 和置 0 两个逻辑功能，通常用于构成锁存器和寄存器。

5.5 T 触发器和 T' 触发器

1. T 触发器逻辑功能

T 触发器的逻辑功能如表 5.3.4 所示，它具有保持和翻转两种功能。当 $T=0$ 时，在 CP 作用后，其状态保持不变；当 $T=1$ 时，在 CP 作用后，其状态发生改变。

表 5.3.4 *T* 触发器的特性表

T	Q^n	Q^{n+1}	功 能 说 明
0	0	0	保持
0	1	1	
1	0	1	. 翻转
1	1	0	

2. T 触发器的特性方程

将 JK 触发器的输入端 *J*、*K* 连在一起作为一个输入（即 T）引出，则称为 T 触发器。T 触发器与 JK 触发器的电路关系为：$J=T$、$K=T$，代入 JK 触发器的特性方程可得 T 触发器的特性方程：

$$Q^{n+1}=T\oplus Q^n \tag{3.5}$$

3. T'触发器的逻辑功能与特性方程

若令 T 触发器的触发信号 *T* 始终为 1，则 T 触发器称为 T'触发器，它仅具有翻转的功能，其特性方程为：

$$Q^{n+1}=\overline{Q}^n \tag{3.6}$$

小经验：

在实际的应用中，从电子市场上能够买到的触发器只有 JK 触发器、RS 触发器、D 触发器，而买不到 T 触发器和 T'触发器。如果要用到某些特殊功能的触发器，可以经过适当连线转化为所需的触发器。

5.6 触发器的应用

1. 触发器的时序参数

集成触发器的参数可以分为直流参数和开关参数两大类，下面以 TTL 集成 JK 触发器的参数表为例，加以了解。其参数如表 5.4.1 所示。

表 5.4.1 某中速集成 JK 触发器的参数表

参数名称	符号	单位	测试条件	产品规格
最高工作频率	f_{max}	MHz	I_L=12m A C_L=15F	≥10
扇出系数	N_0			≥8
空载功率	P_0	mW	各输入端触发器开路，输出端空载	≤100
J、*K* 低电平输入电流	I_L	mA	*J*、*K* 各输入端依次接地	典型≤1.5,最大≤2
R、*S*、CP 端低电平输入电流	I_L	mA	*R*、*S*、CP 端依次接地	≤5

2. 触发器组成抢答器

图 5.4.1 所示是由 CT74LS175 型四上升沿 D 触发器组成的四路智力竞赛的抢答器。CT74LS175 是四上升沿 D 触发器，其引脚如图 5.4.1（b）所示。清零端 $\overline{R}_D$ 和时钟脉冲 CP 为 4 个 D 触发器共用。

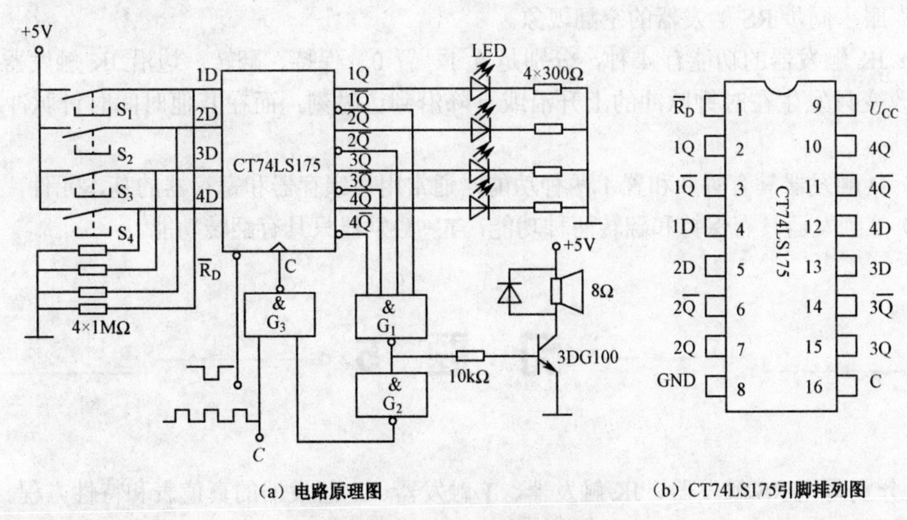

（a）电路原理图　（b）CT74LS175引脚排列图

图 5.4.1 四人智力竞赛抢答器

竞猜前先清零，于是 4 个 D 触发器的输出端 1Q～4Q 均为 0，用于被选中指示的发光二极管都不亮；$1\overline{Q}$～$4\overline{Q}$ 均为 1，“与非”门 G_1 输出为 0，蜂鸣器不响。经“非”门 G_2 反相后输出为 1，打开 G_3门，于是时钟脉冲 C 经 G_3进入各 D 触发器的 C 端。当 S_1～S_4均未按下时，1D～4D 输入均为 0，故触发器状态保持不变，到此四选一电路准备工作完成。

竞猜开始后，若 S_3首先按下，则 3D 输入为 1 和继而 3Q 变为 1，相应的发光二极管 LED3 亮；因 $3\overline{Q}$ 变为 0，“与非”门 G_1 的输出为 1，于是扬声器发出声响，表明该电路选中 S_3。与此同时，通过 G_2门输出为 0 封锁 G_3，使时钟脉冲 C 不能 G_3进入 D 触发器，从而闭锁其他按钮 S_1、S_2、S_4使之失效。在下一次竞猜前，应通过清零使各触发器复位。

若在触发器输出端 1Q～4Q 接晶体管放大电路后，也可驱动继电器，通过触点可控制其他的功率大些的负载，用来指示抢答的结果。

抢答判断完毕后需清零，准备下次抢答。

抢答器是利用触发器实现主持人开关清零、抢答者抢答及屏蔽未抢答成功者的一种仪器，故广泛应用于各种智力抢答比赛中。

本章小结

（1）触发器是一种具有记忆功能的电路，是构成时序逻辑电路的主要部件。对于触发器的内部结构要简单了解，以便把握其动作特点。

（2）触发器的逻辑功能是触发器输出的次态与输出现态及输入信号之间的逻辑关系。了解描述触发器逻辑功能的方法和触发器的分类。

（3）RS 触发器的逻辑功能有 3 种，分别是置 1、置 0、保持。RS 触发器存在着相应的约束条件，基本 RS 触发器随时都可以触发，没有时间的限制；同步 RS 触发器要与时钟脉冲保持同步，但是存在着空翻现象；主从 RS 触发器由两个同步 RS 触发器构成，采用边沿触发，克服了同步 RS 触发器的空翻现象。

（4）JK 触发器的功能有 4 种，分别是置 1、置 0、保持、翻转。边沿 JK 触发器的输出状态的改变只发生在时钟脉冲的上升沿或下降沿到达时刻，而在其他时间时钟脉冲均不起作用。

（5）D 触发器具有置 0 和置 1 两种功能，通常用在锁存器和寄存器的基本元件。

（6）T 触发器具有保持和翻转两种功能，T′ 触发器只具有翻转功能。

习　题　5

1．分别写出 RS 触发器、JK 触发器、T 触发器、D 触发器的真值表和特性方程。

2．画出图 5.1 所示各触发器 Q、$\overline{Q}$端所对应的电压波形。假定触发器的初始状态为 0（Q=0）。

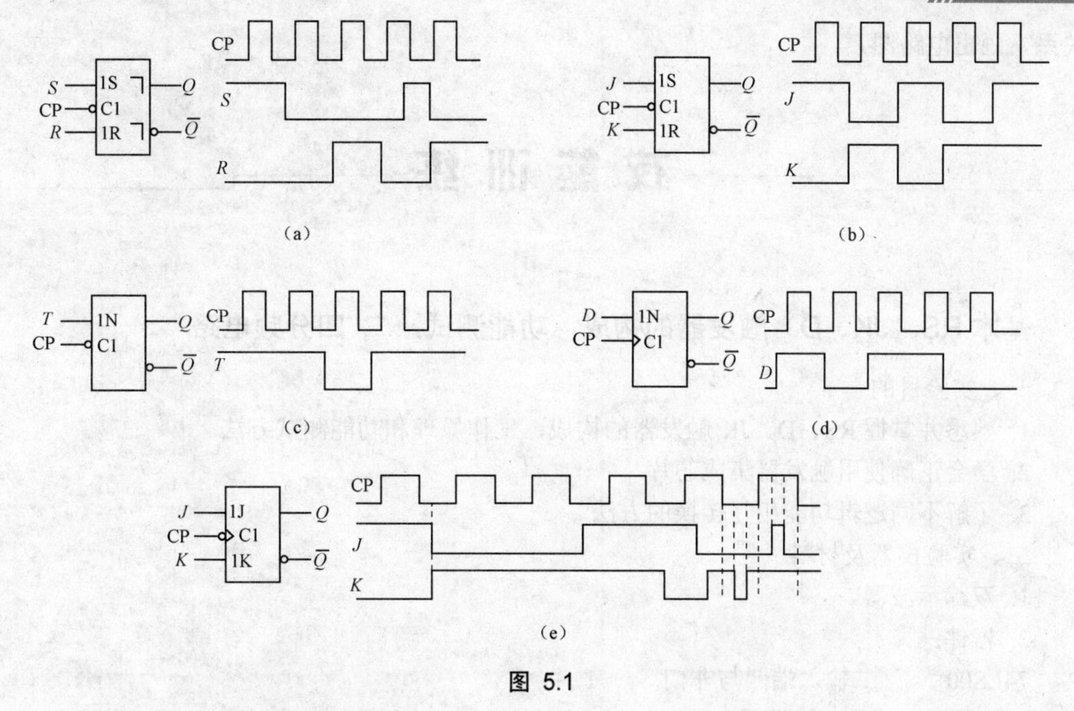

图 5.1

3．主从 JK 触发器的输入端 J、K、CP、$\overline{R_D}$、$\overline{S_D}$ 的电压波形如图 5.2 所示，试画出 Q、$\overline{Q}$ 端所对应的电压波形。

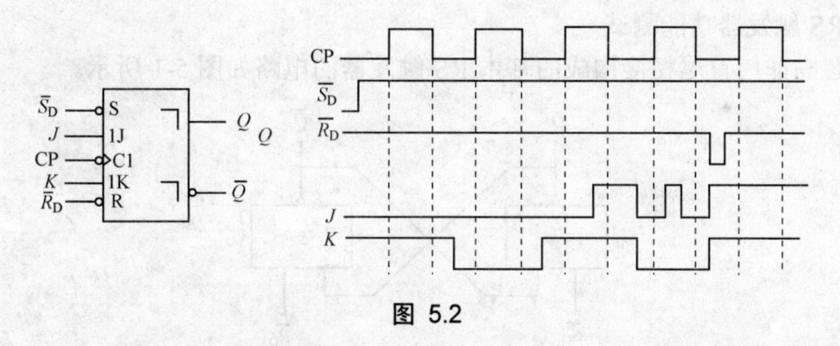

图 5.2

4．边沿 D 触发器和主从 JK 触发器组成如图 5.3（a）所示的电路，输入波形如图 5.3（b）所示。试画出 Q_1、Q_2 的波形。

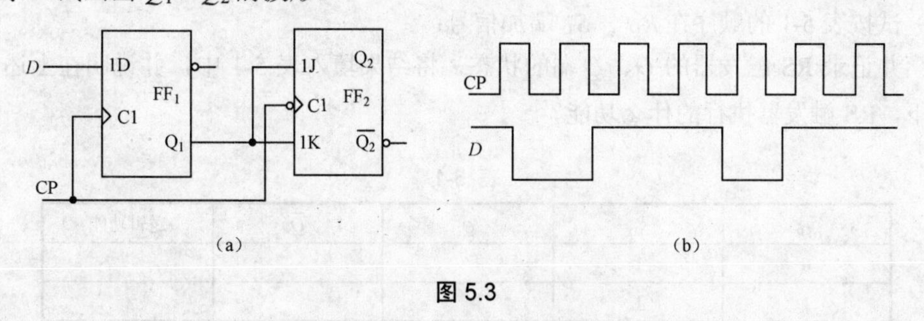

图 5.3

5．将 JK 触发器接成 T'触发器可有 4 种方法，画出电路连线图，不得使用其他任何器件。

6．写出 JK 触发器和 D 触发器的特征方程，并用 JK 触发器构成 D 触发器。写出变换关系，画出电路图。

技能训练

基本 RS（JK、D）触发器的构成，功能测试，二-四分频电路

一、实验目的

1. 熟悉并掌握 RS、D、JK 触发器的构成，工作原理和功能测试方法。
2. 学会正确使用触发器集成芯片。
3. 了解不同逻辑功能相互转换的方法。

二、实验仪器及材料

1. 双踪示波器。
2. 器件：

74LS00　　二输入端四与非门　　1 片
74LS74　　双 D 触发器　　1 片
74LS112　　双 JK 触发器　　1 片

三、实验内容

1. 基本 RS 触发器功能测试

两个 TTL 与非门首尾相接构成的基本 RS 触发器的电路如图 5-1 所示。

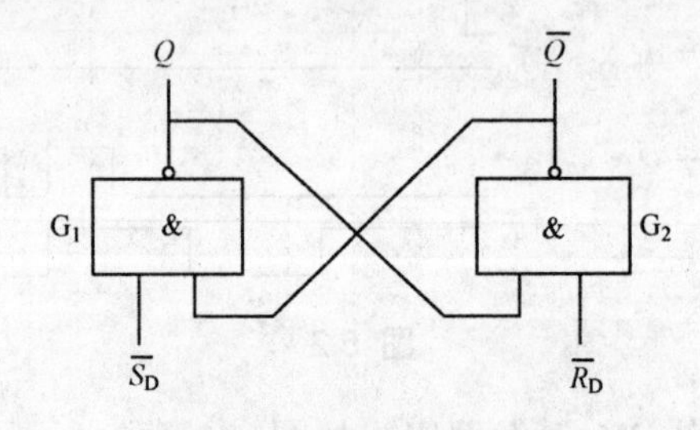

图 5-1　基本 RS 连线图

（1）试按表 5-1 的顺序在 $\overline{R}_D$ 、$\overline{S}_D$ 端加信号：

观察并记录 RS 触发器的 Q、$\overline{Q}$ 端的状态，将结果填入表 5-1 中，并说明在上述各种输入状态下，RS 触发器执行的什么功能？

表 5-1

$\overline{R}_D$	$\overline{S}_D$	Q	$\overline{Q}$	逻辑功能
0	1			
1	1			
1	0			
1	1			

（2）记录并观察后 3 种情况下，Q、$\overline{Q}$端的状态。从中你能否总结出基本 RS 触发器的 Q、$\overline{Q}$端的状态改变和输入端$\overline{R}_D$、$\overline{S}_D$的关系。

（3）当$\overline{R}_D$、$\overline{S}_D$都接低电平时，观察 Q、$\overline{Q}$端的状态。当$\overline{R}_D$、$\overline{S}_D$同时由低电平跳为高电平时，注意观察 Q、$\overline{Q}$端的状态，重复 3～5 次看 Q、$\overline{Q}$端的状态是否相同，以正确理解“不定”状态的含义。

2. 维持-阻塞型 D 触发器功能测试

双 D 型正沿边维持-阻塞型触发器 74LS74 的逻辑符号如图 5-2 所示。

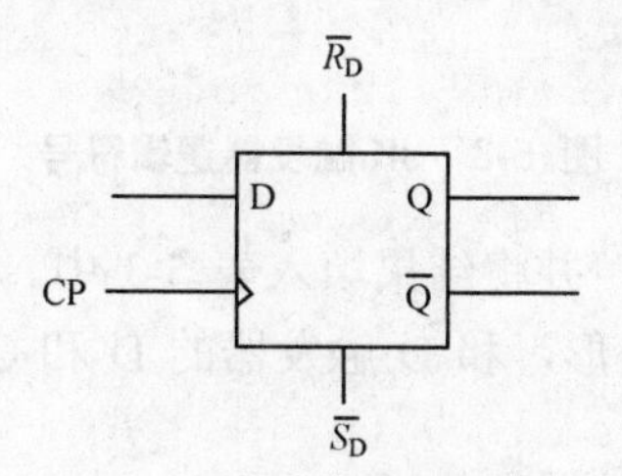

图 5-2 D 触发器逻辑符号

图 5-2 中$\overline{S}_D$、$\overline{R}_D$为异步置位 1 端、置 0 端（或称异步置位、复位端）。CP 为时钟脉冲端。

试按下面步骤做实验：

（1）分别在$\overline{S}_D$、$\overline{R}_D$端加低电平，观察并记录 Q、$\overline{\text{Q}}$端的状态。

（2）令$\overline{S}_D$、$\overline{R}_D$端为高电平，D 端分别接高，低电平，用点动脉冲作为 CP，观察并记录当 CP 为 0、↑、1、↓时 Q 端状态的变化。

（3）当$\overline{S}_D=\overline{R}_D=1$、CP=0（或 CP=1），改变 D 端信号，观察 Q 端的状态是否变化？

整理上述实验数据，将结果填入表 5-2 中。

表 5-2 D 触发器输入输出关系

$\overline{S}_D$	$\overline{R}_D$	CP	D	Q^n	Q^{n+1}
0	0	×	×		
1	0	×	×		
1	1	↓	0		
1	1	↓	1		
1	1	0(1)	×		

（4）$\overline{S}_D=\overline{R}_D=1$，将 D 和 Q 端相连，CP 加连续脉冲，用双踪示波器观察并记录 Q 相对于 CP 的波形。

3. 负边沿 JK 触发器功能测试

双 JK 负边沿触发器 74LS112 芯片的逻辑符号如图 5-3 所示。

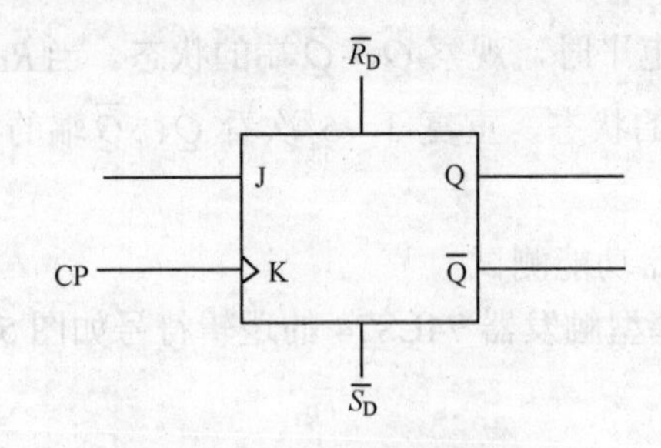

图 5-3 JK 触发器逻辑符号

自拟实验步骤，测试其功能，并将结果填入表 5-3 中。若令 J=K=1 时，CP 端加连续脉冲，用双踪示波器观察 Q—CP 波形，和 D 触发器的 D 和 Q 端相连时观察到的 Q 端的波形相比较，有何异同点？

表 5-3 JK 触发器输入输出关系

$\overline{S}_D$	$\overline{R}_D$	CP	J	K	Q^n	Q^{n+1}
0	1	×	×	×	×	
1	0	×	×	×	×	
1	1	↓	0	×	0	
1	1	↓	1	×	0	
1	1	↓	×	0	1	
1	1	↓	×	1	1	

4. 利用 JK 触发器和 D 触发器实现四分频电路

（1）自行设计电路，实现输出脉冲的频率只有输入脉冲频率的 1/4。

（2）画出波形图，注意翻转时刻。

四、实验报告

1. 整理实验数据、图表并对实验结果进行分析讨论。

2. 写出实验内容 3、4 的实验步骤及表达式。

3. 画出实验内容 4 的电路图及相应表格，并分析电路原理。

4. 总结各类触发器特点。

五、想想做做

设计一块利用 JK 触发器构成的八分频电路，同时，在实现每次八分频的同时输出一个脉冲信号给后续电路。

第 6 章 时序逻辑电路

6.1 时序逻辑电路概述及分析

前面一章主要介绍了触发器，触发器是一种存储二进制信息电路，具有记忆功能，能记住刚才电路的输出状态是 1 态还是 0 态。即能存储二进制数码，两个状态的转换靠触发（激励）信号来实现。

触发器是组成时序逻辑电路的基本单元。

6.1.1 概述

1. 时序逻辑电路的组成

时序逻辑电路——电路任何一个时刻的输出状态不仅取决于当时的输入信号，还与电路的原状态有关。

时序电路中必须含有具有记忆能力的存储器件，存储电路的输出必须反馈到组合逻辑电路的输入端，与输入信号一起共同决定组合电路的输出。最常用的存储器件是触发器。

由触发器作存储器件的时序电路的基本结构框图如图 6.1.1 所示，一般来说，它由组合逻辑电路电路和触发器两部分组成。

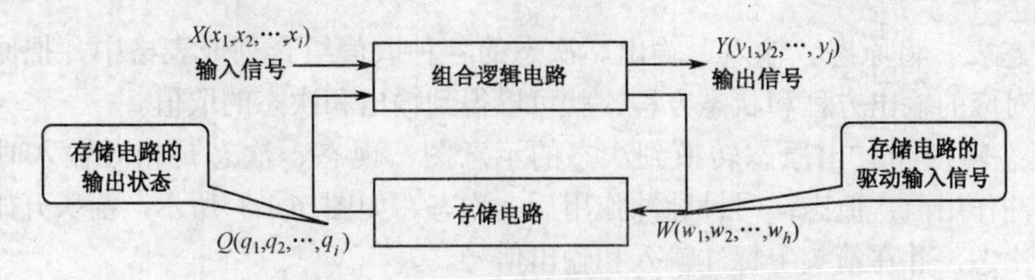

图 6.1.1 时序逻辑电路结构示意图

2. 时序逻辑电路的功能描述

在时序逻辑电路中，对其逻辑功能通常是用 4 个方程组来描述，用于表示不同变量之间的对应关系。下面以图 6.1.2 为例加以说明 4 个方程组的描述方法。

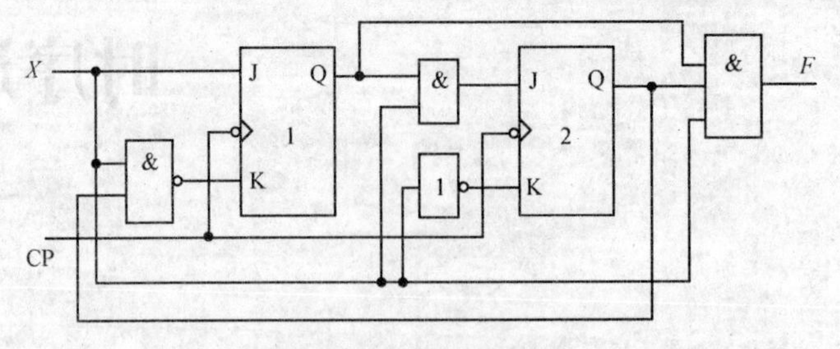

图 6.1.2 时序逻辑电路

（1）输出方程。时序逻辑电路输出逻辑表达式。通常为输出变量与现态、输入信号之间的逻辑关系。如图 6.1.2 所示，输出变量 F 与输入 X、Q_1^n、Q_2^n 有关。其输出方程可以表示为 $F=XQ_1^n\,Q_2^n$。

注意：并不是所有的时序逻辑电路都有输出变量。

（2）驱动方程。各触发器输入端的表达式，如 JK 触发器 J 和 K 的表达式，如图 6.1.2 所示，触发器 1 的驱动方程为：$J_1=X$、$K_1=\overline{XQ_2^n}$；触发器 2 的驱动方程为：$J_2=X\,Q_1^n$、$K_2=\overline{X}$。

（3）特性方程。在上一章触发器时已经学过各个触发器的特性方程，如图 6.1.2 所示，用的都是 JK 触发器，因此特性方程为：$Q_x^{n+1}=JX\overline{Q_x^n}+\overline{K}_xQ_x^n$。对于同一个触发器其下标 x 应保持一致，对于触发器 1，X=1。

（4）状态方程。每一个触发器在相应的驱动信号下其输出次态的表达式，即把驱动方程代入相应的特性方程就可以得到其状态方程。如图 6.1.2 所示，触发器 1 的状态方程为：$Q_1^{n+1}=X\,\overline{Q_1^n}+XQ_2^n\,Q_1^n$。

（5）时钟方程。各触发器输入时钟信号的表达式。同步时序逻辑电路的时钟方程是一致的。如图 6.2.1 所示，$CP_1=CP_2=CP$。异步时序逻辑电路用的不是同一个时钟，因此每一个触发器的时钟方程是不同的，在后面相关例题中再加以介绍。

3. 时序逻辑电路 3 个分析工具

（1）状态表。将原态、输入、输出、次态的各种取值组合列成表格中，把原态、输入信号带入相对应的输出方程和状态方程，就可以得到输出和次态的取值。

（2）状态转换图。由原态转换到次态的示意图，现态、次态是相对输入时钟脉冲而言。时钟脉冲作用前：原态；时钟脉冲作用后：次态。如图 6.1.3 所示，箭头开始为原态，箭头结束为次态，并在箭头上标注输入和输出信号。

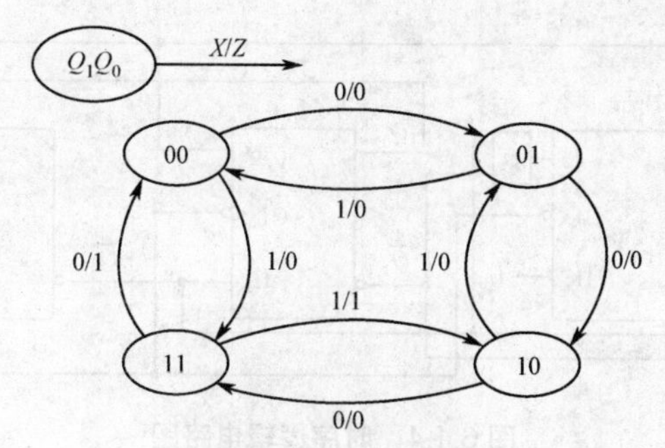

图 6.1.3 状态转换图

（3）时序图。在时钟序列脉冲作用下存储电路的状态和输出状态随时间变化的波形。

4. 时序逻辑电路的分类

时序逻辑电路分为同步时序逻辑电路和异步时序逻辑电路。在同步时序逻辑电路中，触发器的时钟输入端是连在一起的，所有触发器状态的改变与时钟脉冲同步。在异步时序逻辑电路中，各触发器所用时钟脉冲不是统一的，触发器的状态改变与外来时钟信号不完全同步。因此，同步时序逻辑电路的速度要高于异步时序逻辑电路。

6.1.2 时序逻辑电路的分析

在前面学习组合逻辑电路时，学习了组合逻辑电路的分析和设计，同样在时序逻辑电路中学习分析和设计。其分析的目的是为了确定已知电路的逻辑功能，设计的目的是在给定的设计要求和要实现的功能，最终把相应的电路设计出来。

时序逻辑电路的分析步骤大致如下。

（1）分析时序逻辑电路的组成。确定是同步还是异步，确定输出和输入，观察组合逻辑电路部分和存储电路部分。

（2）写方程式。写出存储电路（触发器）的驱动方程和相应的输出方程。对异步电路还要写出各触发器的时钟方程。

（3）求状态方程式。把驱动方程代入相应触发器的特性方程，就可以得到各触发器的状态方程表达式，即各触发器的次态方程。

（4）列状态转换真值表（状态表）。把电路的输入信号和相应存储器现态可能出现的取值组合依次代入状态方程和输出方程进行计算，求出相应的次态和输出。异步电路应注意还要判断触发器对应的时钟条件是否满足，满足可以触发。否则，触发器的状态保持不变。

（5）画状态图或时序波形图。

（6）根据状态图确定电路的功能。

【例 6.1】 分析如图 6.1.4 所示时序逻辑电路的逻辑功能。

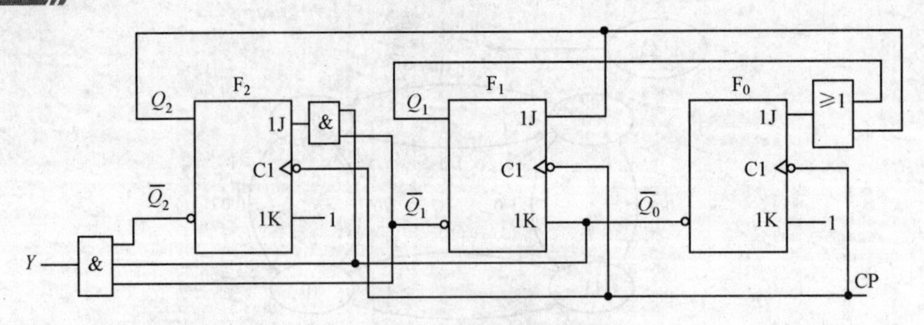

图 6.1.4　时序逻辑电路图

解：（1）分析电路组成。该电路的存储器件是由 3 个 JK 触发器，组合器件是一个与门。无外输入信号，外输出信号为 Y，每个触发器均为下降沿触发。从 3 个触发器共用同一个时钟脉冲 CP 可知，这是一个同步时序逻辑电路。

（2）写驱动方程和输出方程。

$$
\text{驱动方程：}\begin{cases} J_0 = Q_2^n + Q_1^n & K_0 = 1 \\ J_1 = Q_2^n & K_1 = \overline{Q_0^n} \\ J_2 = \overline{Q_0^n} \cdot \overline{Q_1^n} & K_2 = 1 \end{cases}
$$

输出方程：$Y = \overline{Q_2^n} \cdot \overline{Q_1^n} \cdot \overline{Q_0^n}$

（3）求状态方程。把驱动方程代入 JK 触发器的特性方程：$Q_x^{n+1} = J x \overline{Q_x^n} + \overline{K_x} Q_x^n$ 可得：

$$
\text{状态方程：}\begin{cases} Q_0^{n+1} = J_0\overline{Q_0^n} + \overline{K_0}Q_0^n = (Q_2^n + Q_1^n)\overline{Q_0^n} \\ Q_1^{n+1} = J_1\overline{Q_1^n} + \overline{K_1}Q_1^n = \overline{Q_1^n}Q_2^n + Q_1^n Q_0^n \\ Q_2^{n+1} = J_2\overline{Q_2^n} + \overline{K_2}Q_2^n = \overline{Q_2^n} \cdot \overline{Q_1^n} \cdot \overline{Q_0^n} \end{cases}
$$

（4）写状态表。把输入信号和原态的各种组合依次代入状态方程，即得到状态表。一般从 $Q_2^nQ_1^nQ_0^n$=000 开始，一直到 $Q_2^nQ_1^nQ_0^n$=111，如表 6.1.1 所示。

表 6.1.1　状态表

原　态			次　态			输出
Q_2^n	Q_1^n	Q_0^n	Q_2^{n+1}	Q_1^{n+1}	Q_0^{n+1}	Y
0	0	0	1	0	0	1
0	0	1	0	0	0	0
0	1	0	0	0	1	0
0	1	1	0	1	0	0
1	0	0	0	1	1	0
1	0	1	0	1	0	0
1	1	0	0	0	1	0
1	1	1	0	1	0	0

（5）由状态表做出状态图和时序图，如图 6.1.5 所示。

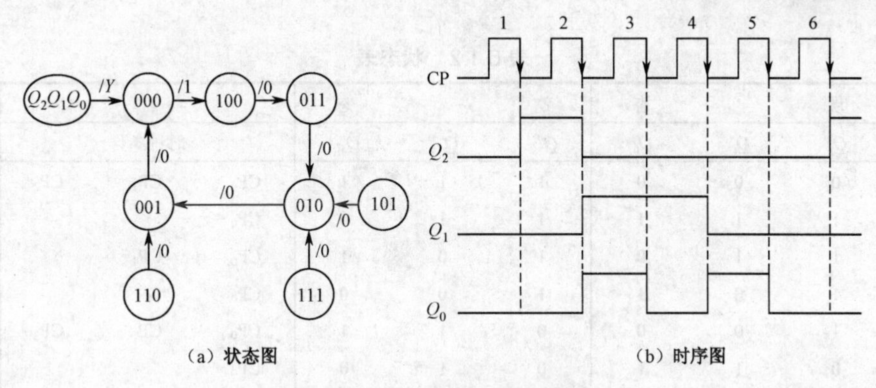

（a）状态图　　（b）时序图

图 6.1.5　例 6.1 状态图和时序图

在图 6.1.5 中，000、100、011、010、001 称为有效状态，110、111、101 称为无效状态。若一个电路的所有无效状态在若干个时钟脉冲 CP 作用下，都能进入有效状态，则该电路具有自启动功能。

（6）描述电路功能。由以上分析可知，该电路是一个同步五进制（模 5）的减法计数器，能够自启动，是借位端。

【例 6.2】分析如图 6.1.6 所示时序逻辑电路的逻辑功能。

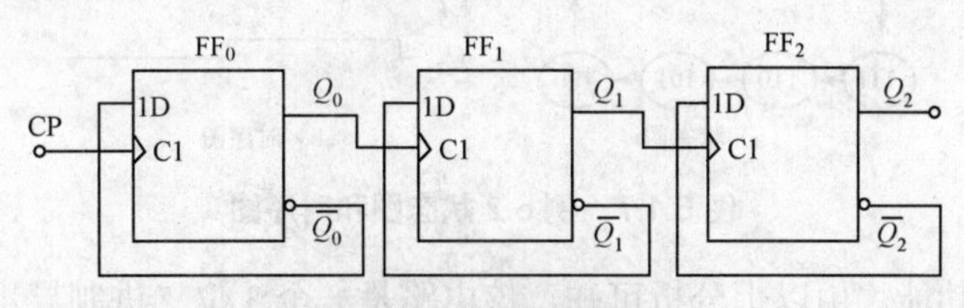

图 6.1.6　时序逻辑电路

解：（1）分析电路组成。该电路的存储器件是由 3 个 D 触发器，每个触发器均为上升沿触发，无外输入信号，无外输出信号，从 3 个触发器没有共用同一个时钟脉冲 CP 可知，这是一个异步时序逻辑电路。

（2）写时钟方程、驱动方程。

时钟方程：　$CP_2 = Q_1$，$CP_1 = Q_0$，$CP_0 = CP$

驱动方程：$D_2 = \bar{Q}_2^n$，$D_1 = \bar{Q}_1^n$，$D_0 = \bar{Q}_0^n$

（3）求状态方程。把驱动方程代入各 D 触发器的特性方程：$Q_x^{n+1} = D_x$ 可得：

$$\text{状态方程：}\begin{cases} Q_2^{n+1} = \bar{Q}_2^n & Q_1\uparrow \\ Q_1^{n+1} = \bar{Q}_1^n & Q_0\uparrow \\ Q_0^{n+1} = \bar{Q}_0^n & CP\uparrow \end{cases}$$

（4）写状态表。把输入信号和原态的各种组合依次代入状态方程，即得到状态表。如表 6.1.2 所示。一般从 $Q_2^nQ_1^nQ_0^n$ =000 开始，一直到 $Q_2^nQ_1^nQ_0^n$ =111。

注意：在写状态表时，只有在相应的时钟脉冲上升沿到来时，该触发器才动作；否则，处于保持状态。

表 6.1.2 状态表

现		态	次		态	注		
Q_2^n	Q_1^n	Q_0^n	Q_2^{n+1}	Q_1^{n+1}	Q_0^{n+1}	时钟条件		
0	0	0	1	1	1	CP_0	CP_1	CP_2
1	1	1	1	1	0	CP_0		
1	1	0	1	0	1	CP_0	CP_1	
1	0	1	1	0	0	CP_0		
1	0	0	0	1	1	CP_0	CP_1	CP_2
0	1	1	0	1	0	CP_0		
0	1	0	0	0	1	CP_0	CP_1	
0	0	1	0	0	0	CP_0		

（5）由状态表做出状态图和时序图，如图 6.1.7 所示。

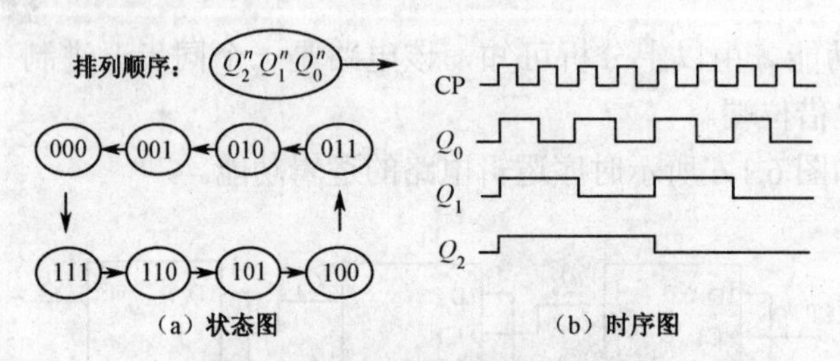

（a）状态图　　（b）时序图

图 6.1.7　例 6.2 状态图和时序图

（6）描述电路功能。由以上分析可知，该电路是一个 3 位二进制异步的减法计数器。

小知识：

在时序逻辑电路的学习中，我们将接触更多类似计数器的电路，被广泛应用于生产流水线上作为计数计件和一些计数定时电路。在分析时序逻辑电路是要牢记掌握时序电路的分析步骤。尤其是在分析异步时序逻辑电路时一定要注意观察时钟信号的变化是否满足对应触发器的触发要求。

6.2 计数器

用于统计输入计数脉冲个数 CP 的电路，称为计数器。计数器通常有触发器和逻辑门电路构成。计数器是数字系统中应用最为广泛的时序逻辑电路之一，除用于统计脉冲个数外，还用作定时、分频、执行数字计数和信号产生等，是数字设备和数字系统中不可缺少的组成部分，与后续的单片机和 PLC 等相关课程联系比较紧密。

计数器累计输入脉冲的最大数目称为计数器的“模”，用 M 表示。如 M=6，称为六进制计数器。

1. 计数器分类

（1）按计数进制分类

① 二进制计数器：按二进制数运算规律进行计数的电路，如常见的有八进制、十六进制、六十四进制计数器等。

② 十进制计数器：按十进制数运算规律进行计数的电路。

③ 任意进制计数器：除二、十进制以外的计数器，如五进制、六十进制计数器。

（2）按计数增减分类

① 加法计数器: 随计数脉冲的输入作递增计数的计数器，常见的有万年历计数。

② 减法计数器：随计数脉冲的输入作递减计数的计数器，常见的有倒计时和红绿灯计时。

③ 加 / 减计数器：又称可逆计数器，在加 / 减控制信号的作用下，可实现递增或递减计数。

（3）按触发是否同步分类

① 异步计数器：触发器用的不是同一个时钟脉冲，有些触发器使用内部的输出作为时钟脉冲，各触发器不会同时触发。

② 同步触发器：各触发器用的是同一个计数脉冲，当计数脉冲到来时，各触发器同时触发，与计数脉冲保持同步。同步计数器比异步计数器计数速度快。

6.2.1 二进制计数器

二进制计数器是按二进制计数进位规律进行计数的，由 n 个触发器组成的二进制计数器称为 n 位二进制计数器，它有 $N=2^n$ 个有效状态，也可以称为 2^n 进制计数器。

1. 同步二进制计数器

如图 6.2.1 所示，该时序逻辑电路是由 JK 触发器组成的 3 位同步二进制加法计数器，用下降沿触发。下面分析一下它的工作原理。

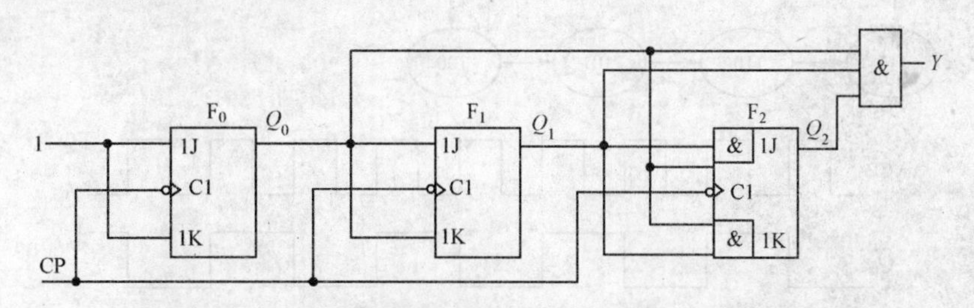

图 6.2.1 JK 触发器构成的 3 位同步二进制加法计数器

该电路的特点是各触发器的时钟端都接同一个 CP 脉冲；最低位触发器接成个 T′ 触发器，其余各级为个 T 触发器。由图 6.2.1 可得：

（1）写出相关方程

驱动方程：

$$J_0 = K_0 = 1$$
$$J_1 = K_1 = Q_0^n$$
$$J_2 = K_2 = Q_1^n Q_0^n$$
$$J_{n-1} = K_{n-1} = Q_{n-2}^n Q_{n-3}^n \cdots Q_1^n Q_0^n$$

输出方程：

$$Y = Q_2^n Q_1^n Q_0^n$$

（2）求出各触发器的状态方程

$$Q_0^{n+1} = \overline{Q_0^n}$$
$$Q_1^{n+1} = Q_0^n \overline{Q_1^n} + \overline{Q_0^n} Q_1^n$$
$$Q_2^{n+1} = Q_1^n Q_0^n \overline{Q_2^n} + \overline{Q_1^n Q_0^n} Q_2^n$$

（3）列出状态转换真值表，如表 6.2.1 所示

表 6.2.1 状态表

原　态	次　态	输　出	原　态	次　态	输　出
$Q_2^n Q_1^n Q_0^n$	$Q_2^{n+1} Q_1^{n+1} Q_0^{n+1}$	Y	$Q_2^n Q_1^n Q_0^n$	$Q_2^{n+1} Q_1^{n+1} Q_0^{n+1}$	Y
0 0 0	0 0 1	0	1 0 0	1 0 1	0
0 0 1	0 1 0	0	1 0 1	1 1 0	0
0 1 0	0 1 1	0	1 1 0	1 1 1	0
0 1 1	1 0 0	0	1 1 1	0 0 0	1

（4）状态图和时序图，如图 6.2.2 所示。

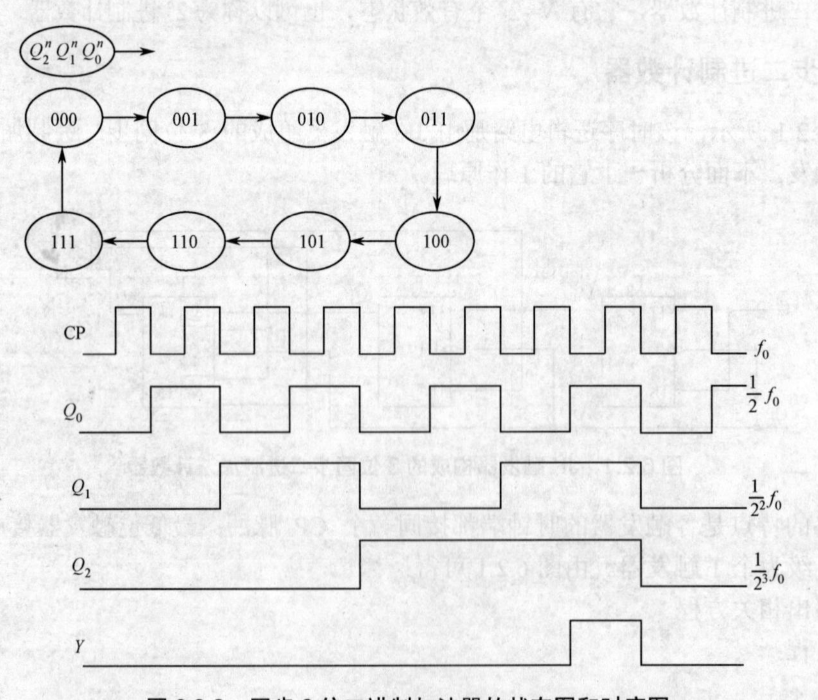

图 6.2.2 同步 3 位二进制加法器的状态图和时序图

（5）功能描述：该电路是一个 3 位二进制加法器。当输入 8 个计数脉冲时 Y 输出为 1；该电路还可以作为分频器，如果 CP 脉冲的频率为 f_0，那么 Q_0 的频率为 $\frac{1}{2}f_0$，Q_1 的频率为 $\frac{1}{4}f_0$，Q_2 的频率为 $\frac{1}{8}f_0$。说明计数器具有分频作用，也叫分频器。n 位二进制计数器最高位输出信号频率为 CP 脉冲频率的 $\frac{1}{2^n}$，即 2^n 分频。

2. 异步二进制计数器

在例题 6.2 中，图 6.1.6 所示时序逻辑电路是由多个触发器组成的，通过对电路进行分析，得知该电路构成异步 3 位二进制（即八进制）减法计数器。图 6.2.1 所示为同步 3 位二进制加法计数器。

对比图 6.1.6 和图 6.2.1 可知，从电路繁简上来看，同步计数器复杂，异步计数器电路简单。从速度的角度来看，同步计数器的计数速度快。例如，在图 6.1.6 所示异步 3 位二进制计数器中，输出从 000 变为 111 时，需要 3 个触发器的延迟时间才能稳定下来；而同步 3 位二进制计数器中的各个触发器只要经过一个触发器的延迟时间就能稳定下来。所以同步计数器的计数速度比异步计数器快得多。

从稳定性上来看，同步计数器较异步计数器稳定，异步计数器在计数过程中存在过渡状态，容易出现因触发器先后翻转而产生的干扰毛刺，造成计数错误。

3. 集成同步二进制计数器 74LS161

集成计数器具有体积小、功耗低、功能灵活等优点，在一些简单小型数字系统中被广泛应用。

下面以集成同步二进制加法计数器 74LS161 为例来叙述一下其功能。

同步十六进制加法计数器 74LS161 的逻辑符号和引脚排列图如图 6.2.3 所示。74LS161 是双列直插 16 个引脚的集成芯片。

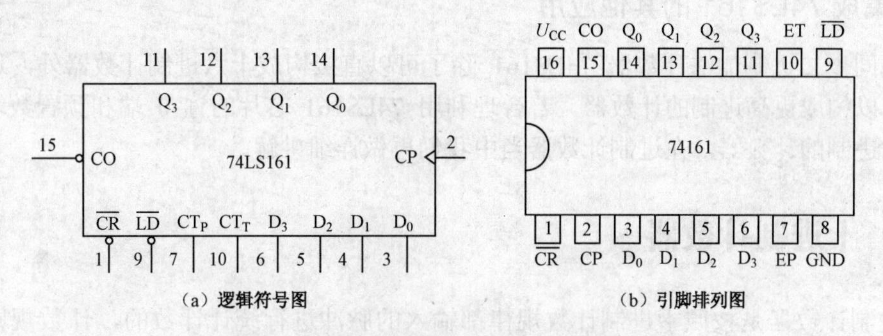

（a）逻辑符号图　　（b）引脚排列图

图 6.2.3　74LS161 的逻辑符号和引脚排列图

74LS161 各个引脚功能说明如下。

$\overline{CR}$ 为清零端，$\overline{LD}$ 是预置数控制端，$D_3 \sim D_0$ 是预置数数据输入端，CT_T 和 CT_P 是计数使能端或控制端。$Q_3 \sim Q_0$ 是计数器输出端，CO 是进位输出端，它的设置为多片集成计数器的级联提供了方便。74LS161 的功能表如表 6.2.2 所示。

表 6.2.2　74LS161 的功能表

$\overline{CR}$	$\overline{LD}$	CT_P	CT_T	CP	$Q_3Q_2Q_1Q_0$	
0	×	×	×	×	0 0 0 0	异步清零
1	0	×	×	↑	$D_3D_2D_1D_0$	同步置数
1	1	0	×	×	$Q_3Q_2Q_1Q_0$	保持
1	1	×	0	×	$Q_3Q_2Q_1Q_0$	保持
1	1	1	1	↑	加法计数	

由表 6.2.2 可知，74LS161 有以下功能。

（1）异步清零。当清零端为低电平时，不论其他输入端的状态如何、时钟信号如何，计数器输出端被直接清零，称为异步清零。

（2）同步并行预置数。当 $\overline{CR}$ 为高电平时，预置端 $\overline{LD}$ 为低电平，且在 CP 的上升沿到来时，预置数数据输入端 $D_3 \sim D_0$ 上的数据被送到输出端 $Q_3 \sim Q_0$ 上。

（3）保持。CT_T 和 CT_P 是计数控制端。只有在两者同时为高电平时，计数器才能处于计数状态。当 $\overline{CR}=\overline{LD}=1$ 时，也就是说清零端和置数端都无效，若 $CT_T \cdot CT_P \neq 1$，则不论有没有 CP 脉冲作用，计数器都保持原来状态不变。

（4）同步计数。集成计数器内部的 4 个触发器的 $Q_3 \sim Q_0$ 状态的更新都是在 CP 脉冲的上升沿发生的。

（5）进位输出。CO 是进位输出端，当计数到 1111 状态时，CO 输出一个高电平。

（6）同步计数功能。当 $\overline{CR}=\overline{LD}=1$、$CT_T \cdot CT_P=1$，且在 CP 接计数脉冲时，该计数器为同步十六进制加法计数器或称为同步 4 位二进制同步加法计数器。

小提示：

二进制计数器的进制与触发器个数（n）是 2^n 的关系。在数字集成芯片中，输入端或控制端若是带有非号，表示低电平有效。若输出端带有非号，表示输出对应反码形式。

4. 集成 74LS161 的其他应用

集成同步二进制加法计数器 74LS161 除了可以直接构成十六进制计数器外，通过多片级联还可以构成更高进制的计数器。若合理利用 74LS161 芯片的置 0 端和预置数端也可以构成任意进制的计数器，在进制计数器当中我们再做详细讲解。

6.2.2 十进制计数器

十进制计数器是按照十进制计数规律都输入的脉冲进行统计计数的，计数规则为“逢十进一”，每十个状态循环一次。

1. 同步十进制计数器

根据对时序逻辑电路的分析步骤，对图 6.2.4 所示同步十进制加法计数器的电路图分析如下。

图 6.2.4 中所有触发器时钟脉冲是同一 CP，所以是同步时序逻辑电路。它们的时钟方

程是相同的，触发器的触发与时钟脉冲是保持同步的。

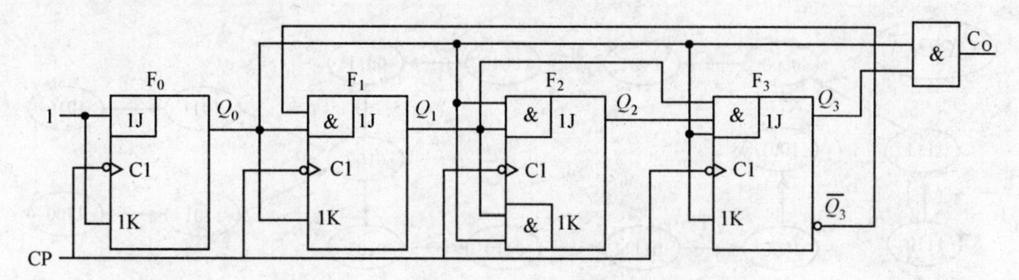

图 6.2.4　同步十进制加法计数器电路图

（1）写出相关方程式

时钟方程：$CP_0 = CP_1 = CP_2 = CP_3 = CP\downarrow$

驱动方程：$J_0 = K_0 = 1, J_1 = \overline{Q_3^n} Q_0^n, K_1 = Q_0^n,$

$J_2 = K_2 = Q_0^n Q_1^n, J_3 = Q_0^n Q_1^n Q_2^n, K_3 = Q_0^n$

输出方程：$C_O = Q_3^n Q_0^n$

（2）求各个触发器的状态方程

将驱动方程代入 JK 触发器的特性方程可以得到相应状态方程如下。

状态方程：

$Q_0^{n+1} = \overline{Q_0^n}$　[CP↓]

$Q_1^{n+1} = Q_0^n \overline{Q_3^n} \, \overline{Q_1^n} + \overline{Q_0^n} Q_1^n$　[CP↓]

$Q_2^{n+1} = (Q_0^n Q_1^n) \oplus Q_2^n$　[CP↓]

$Q_3^{n+1} = Q_0^n Q_1^n Q_2^n \overline{Q_3^n} + \overline{Q_0^n} Q_3^n$　[CP↓]

（3）列出状态转换真值表，如表 6.2.3 所示。

表 6.2.3　同步十进制加法计数器状态表

原	态			次	态			输出	说　明
Q_3^n	Q_2^n	Q_3	Q_0^n	Q_3^{n+1}	Q_2^{n+1}	Q_1^{n+1}	Q_0^{n+1}	C_O	
0	0	0	0	0	0	0	1	0	计数有效循环
0	0	0	1	0	0	1	0	0	
0	0	1	0	0	0	1	1	0	
0	0	1	1	0	1	0	0	0	
0	1	0	0	0	1	0	1	0	
0	1	0	1	0	1	1	0	0	
0	1	1	0	0	1	1	1	0	
0	1	1	1	1	0	0	0	0	
1	0	0	0	1	0	0	1	0	
1	0	0	1	0	0	0	0	1	
1	0	1	0	1	0	1	1	0	无效状态能自启动
1	0	1	1	0	1	0	0	1	
1	1	0	0	1	1	0	1	0	
1	1	0	1	0	1	0	0	1	
1	1	1	0	1	1	1	1	0	
1	1	1	1	0	0	0	0	1	

（4）画出状态转换图和时序图，分别如图 6.2.5 和图 6.2.6 所示。

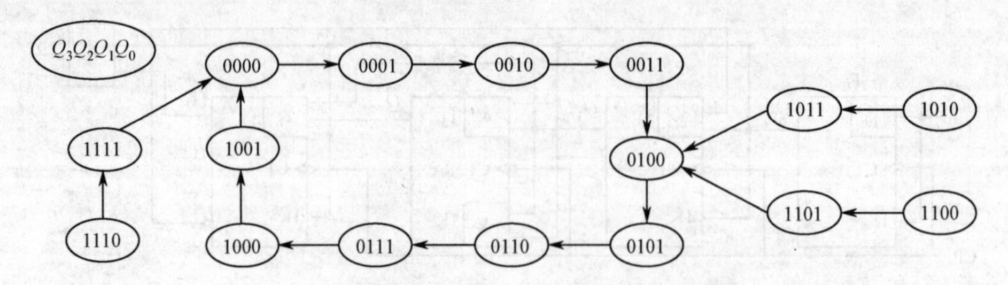

图 6.2.5 同步十进制加法计数器的状态转换图

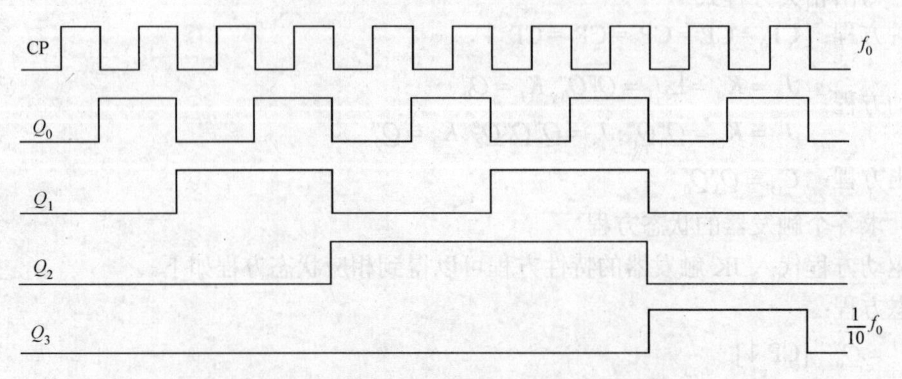

图 6.2.6 同步十进制加法计数器的时序图

（5）功能描述：该电路是一个同步十进制加法计数器，具有自启动功能。十进制计数器最高位输出信号的频率是输入计数脉冲 CP 频率 f_0 的 1/10，所以十进制计数器又称为十分频电路。

2. 集成同步十进制可逆计数器 74LS192

74LS192 的逻辑符号和引脚排列图如图 6.2.7 所示。

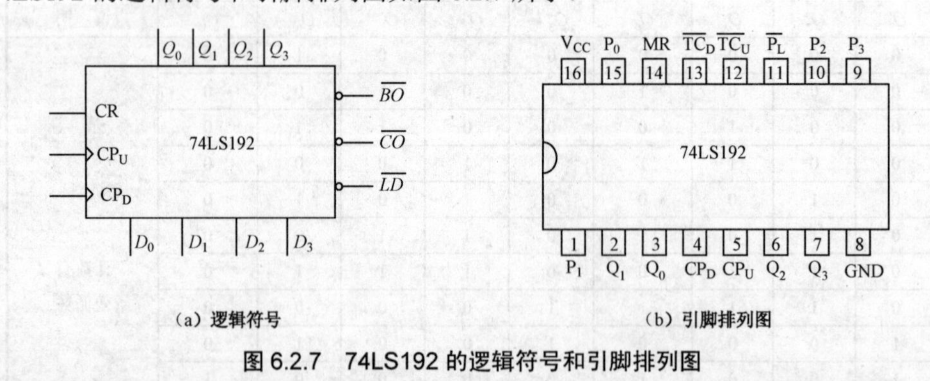

图 6.2.7 74LS192 的逻辑符号和引脚排列图

小知识：

双列直插集成芯片引脚的排列顺序一般具有以下规律：①引脚排列顺序为芯片正面朝上、缺口向左，缺口下方即为 1 引脚，然后逆时针进行编号就可以了。

同步十进制可逆计数器 74LS192 是一片双列直插 16 个引脚的集成芯片，其引脚功能如表 6.2.4 所示。

表 6.2.4 74LS192 引脚功能

CP_U	加法计数时钟脉冲输入	Pn	并行数据输入
CP_D	减法计数时钟脉冲输入	Qn	触发器输出
MR	异步主复位（清除）输入	TC_D	终端倒计时（借）输出
PL	异步并行负载（低电平）输入	TC_U	终端数最多输出

74LS192 的功能表和时序图分别如表 6.2.5 和图 6.2.8 所示。

表 6.2.5 74LS192 的功能表

CR	$\overline{LD}$	CP_U	CP_D	D_3	D_2	D_1	D_0	Q_3 Q_2 Q_1 Q_0
1	×	×	×	×	×	×	×	0 0 0 0
0	0	×	×	d_3	d_2	d_1	d_0	d_3 d_2 d_1 d_0
0	1	↑	1	×	×	×	×	递增计数
0	1	1	↑	×	×	×	×	递减计数
0	1	1	1	×	×	×	×	Q_3^n Q_2^n Q_1^n Q_0^n

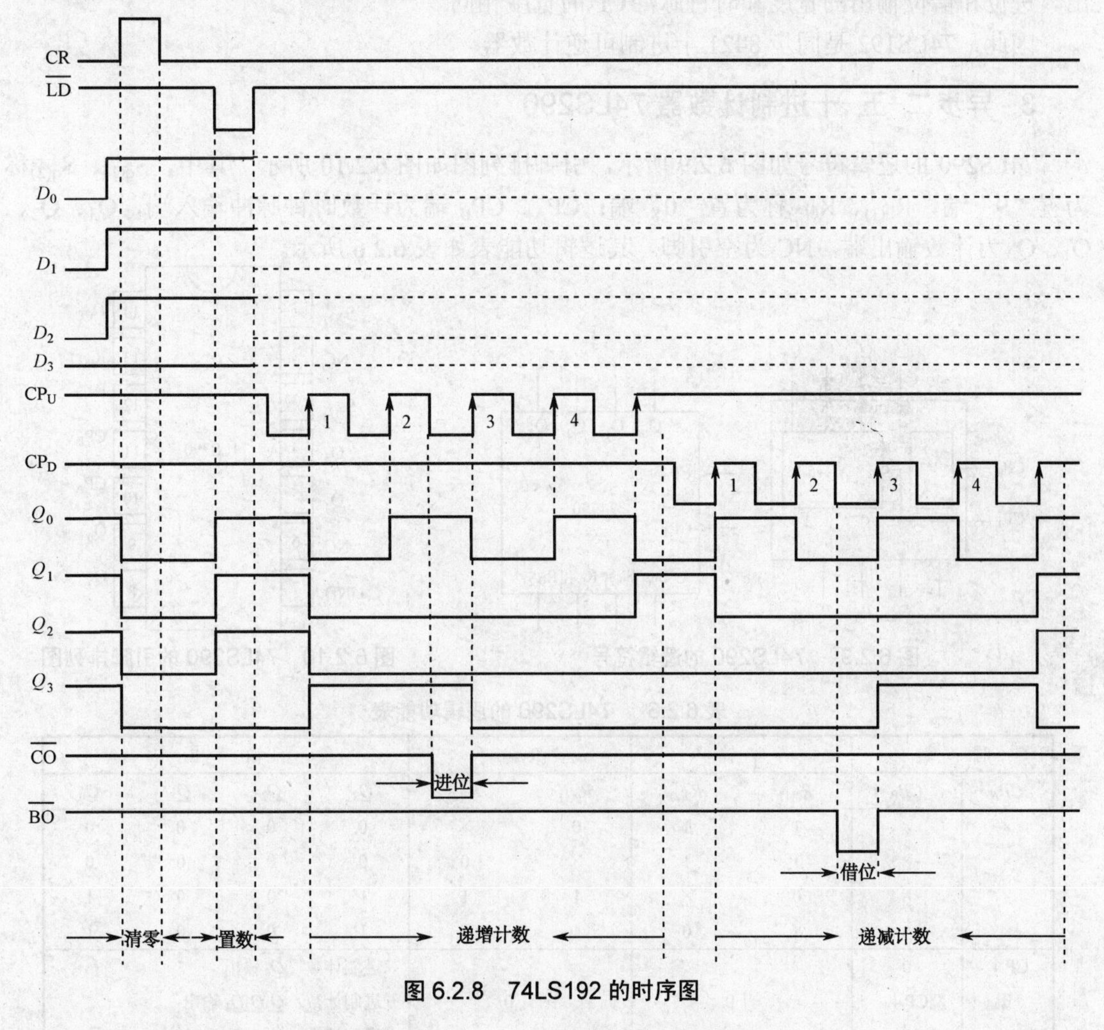

图 6.2.8 74LS192 的时序图

由 74LS192 的功能表和时序图可知，74LS192 有以下功能。

（1）异步清零功能。CR 为异步清零端，高电平有效。CR=1 时，不论有无时钟脉冲 CP 和其他信号输入，计数器被置 0，即 $Q_3\ Q_2\ Q_1\ Q_0$ =0000。

（2）异步置数功能。$\overline{\mathrm{LD}}$ 为异步置数端，低电平有效。当 CR=0 时，只要 $\overline{LD}$=0，不论有无时钟脉冲 CP 输入，并行输入的数据被置入计数器，即 $Q_3\ Q_2\ Q_1\ Q_0 = \mathrm{d}_3\ d_2\ d_1\ d_0$

（3）可逆计数功能。当 CR =0 且 $\overline{LD}$=1 时，74LS192 在 CP 脉冲上升沿作用下进行计数。计数有以下两种情况。

计数器脉冲 CP 由 $\mathrm{CP_U}$ 输入，且 $\mathrm{CP_D}$=1，构成同步 8421 十进制加法计数器。

计数器脉冲 CP 由 $\mathrm{CP_D}$ 输入，且 $\mathrm{CP_U}$=1，构成同步 8421 十进制减法计数器。

（4）保持功能。当 CR=0、$\overline{LD}$=1、$CP_{\mathrm{U}}=CP_{\mathrm{D}}$=1 时。$\overline{BO}=\overline{CO}$=1，计数器保持原来状态不变，这时禁止计数。

（5）进位输出功能。由图 6.2.8 可知，计数器加法计数当 $Q_3\ Q_2\ Q_1\ Q_0$ =1001 时，下一个脉冲上升沿到来时，$Q_3\ Q_2\ Q_1\ Q_0$ =0000，且端有一个进位输出。而减法计数到 $Q_3\ Q_2\ Q_1\ Q_0$ =0000 时，下一个计数脉冲上升沿到来，$Q_3\ Q_2\ Q_1\ Q_0$ =1001，且端有一个借位输出。进位和借位输出的宽度和时钟脉冲 CP 的宽度相同。

因此，74LS192 是同步 8421 十进制可逆计数器。

3. 异步二-五-十进制计数器 74LS290

74LS290 的逻辑符号如图 6.2.9 所示，引脚排列图如图 6.2.10 所示。其中，$\mathrm{S_{q(1)}}$、$\mathrm{S_{q(2)}}$称为置“9”端，$\mathrm{R_{0(1)}}$、$\mathrm{R_{0(2)}}$称为置“0”端；$\mathrm{CP_A}$、$\mathrm{CP_B}$ 端为计数时钟脉冲输入端，$\mathrm{Q_3}$、$\mathrm{Q_2}$、$\mathrm{Q_1}$、$\mathrm{Q_0}$ 为计数输出端，NC 为空引脚。其逻辑功能表如表 6.2.6 所示。

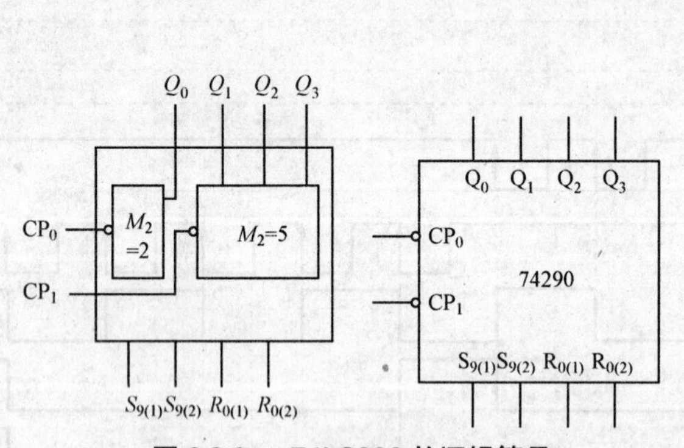

图 6.2.9　74LS290 的逻辑符号

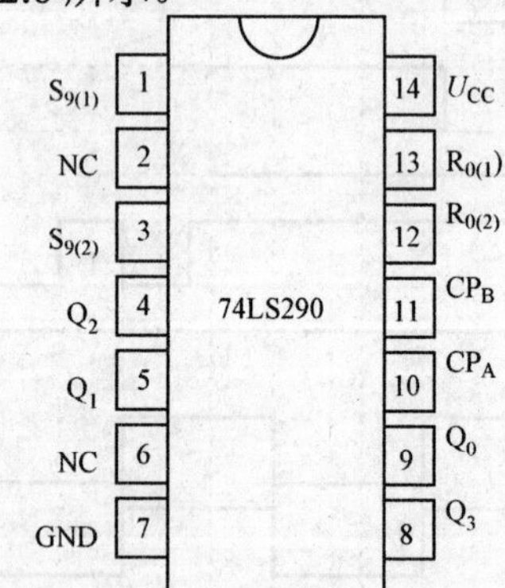

图 6.2.10　74LS290 的引脚排列图

表 6.2.6　74LS290 的逻辑功能表

时钟		清零输入		置 9 输入		输出			
CP_A	CP_B	$R_{0(1)}$	$R_{0(2)}$	$R_{9(1)}$	$R_{9(2)}$	Q_3	Q_2	Q_1	Q_0
×	×	1	1	0	×	0	0	0	0
×	×	1	1	×	0	0	0	0	0
×	×	0	×	1	1	1	0	0	1
×	×	×	0	1	1	1	0	0	1
CP↓	0	有 0		有 0		二进制计数，Q_0 输出			
0	CP↓	有 0		有 0		五进制计数，$Q_3Q_2Q_1$ 输出			
CP↓	Q_0↓	有 0		有 0		十进制计数，$Q_3Q_2Q_1Q_0$ 输出			

从表 6.2.6 可得，74LS290 具有以下功能：

（1）异步置“0”功能。当 $R_{0(1)}=R_{0(2)}=1$，且 $S_{9(1)}=S_{9(2)}=0$ 时，不管时钟信号 CP 的状态如何，计数器输出被直接置“0”，即 $Q_3\ Q_2\ Q_1\ Q_0$ =0000，称为异步置“0”，也称为复位。

（2）异步置“9”功能。当 $S_{9(1)}=S_{9(2)}=1$ 时，不管其他输入端的状态如何（包含时钟信号 CP）计数器输出被直接置“9”，即 $Q_3\ Q_2\ Q_1\ Q_0$ =1001，称为异步置“9”。

（3）计数功能。当 $S_{9(1)}\cdot S_{9(2)}=0$，且 $R_{0(1)}\cdot R_{0(2)}=0$ 时，74LS290 处于计数工作状态，当 CP 脉冲下降沿到来时，进行加法计数。计数有以下四种情况。

① 计数脉冲 CP 由 CP_A 输入，从 Q_0 输出，构成 1 位二进制计数器。

② 计数脉冲 CP 由 CP_B 输入，从 $Q_3\ Q_2\ Q_1$ 输出，构成异步五进制计数器。

③ 将 Q_0 和 CP_B 相连，计数脉冲由 CP_A 输入，从 $Q_3\ Q_2\ Q_1\ Q_0$ 输出时，构成 8421BCD 码异步十进制计数器。

④ 将 Q_3 和 CP_A 相连，计数脉冲由 CP_B 输入，从 $Q_3\ Q_2\ Q_1\ Q_0$ 输出时，构成 5421BCD 码异步十进制计数器。

4. 几种常见的集成计数芯片的功能比较

前面主要学习 3 种典型的计数芯片，其实还有其他功能比较相近的计数芯片，如表 6.2.7 所示。

表 6.2.7　几种常用的集成计数器的主要功能

型　号	主 要 功 能
74161	“异步清零”，“同步置数”的同步模 16 加法计数器
74163	“同步清零”，其余同 74161
74LS191	可“异步置数”的单时钟同步十六进制加/减计数器
74LS193	可“异步清零”，“异步置数”的双时钟同步十六进制加/减计数器
74160	同步模 10 计数器，其余同 74161
74190	同步十进制计数器，其余同 74191
74192	模 10 可逆计数器，其余同 74193
54/74LS196	可“异步清零”，“同步置数”的二-五-十进制同步计数器
74LS290	二-五-十进制异步计数器

6.2.3 *N*进制计数器

N 进制计数器是指除了十进制、二进制以外的其他进制计数器，也称为任意进制计数器。*N* 进制计数器可以在原来学习的十进制、二进制计数芯片的基础上，进行扩展和设置。

利用现有的集成计数器芯片可以构成任意 *N* 进制计数器，方法一般有以下 2 种。

（1）直接选用已有的计数器，若要构成十二进制计数器，可以直接选用十二进制集成计数器 74LS290 来实现。

（2）利用一片或多片集成计数器适当连接，构成所需要的 *N* 进制计数器。

在第（2）种方法中，如果欲实现的 *N* 进制计数器，恰好是某两个计数芯片的进制之积，可以直接将该两个进制的计数器串联实现。如图 6.2.11 所示，将两片 74LS290 级联就构成了 100 进制的加法计数器。

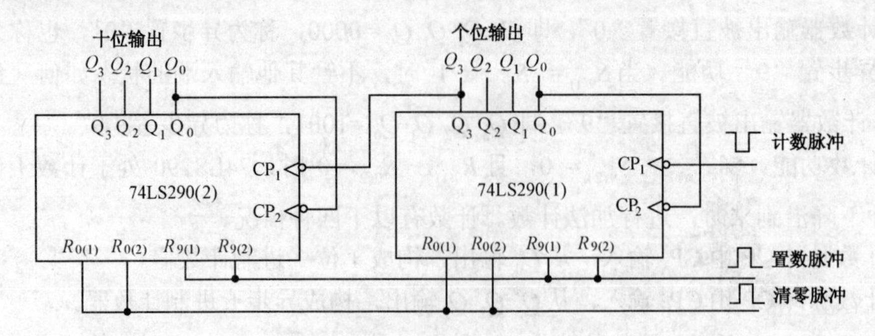

图 6.2.11 74LS290 构成 100 进制计数器

原理描述：采用两片 74LS290 串联构成的 100 进制计数器，分为高位片和低位片。从电路的连接形式来看，把低位片的 Q_3 和 CP_1 相连，Q_3 作为高位片的时钟脉冲，且是下降沿触发，当低位片的 Q_3 Q_2 Q_1 Q_0 有 1001 变为 0000 时，低位片 Q_3 产生一个下降沿，高位片计数递增一次，

还有一种方法则是采用反馈法改变原有计数长度，反馈法有反馈归零法和反馈置数法两种。

1．反馈归零法

反馈归零法主要是利用计数器的清零（置零）端使进制计数器在顺序计数过程中跳过 $M-N$ 个状态提前清零，使计数器模值变为 N。例如，74LS161 的置零端为 $\overline{CR}$，低电平有效；74LS192 的置零端为 CR，高电平有效。两个芯片在反馈清零时，所采用的门电路是有所区别的。

反馈归零法关键是在于清零信号的选择，清零信号的选择与芯片的清零方式有关。取产生清零信号的状态作为识别码 Na。

若是同步清零，Na=N–1，清零识别码所取状态在计数循环内；若是异步清零，Na=N，第 Na 个状态一出现，立即清零，不在计数循环内。

【例 6.3】 分析图 6.2.12 所示电路将构成几进制计数器。74LS192 是 8421BCD 十进制可逆计数器，CR 为异步高电平有效清零端，$\overline{LD}$ 为异步低电平有效置数端。并画出状态转换图。

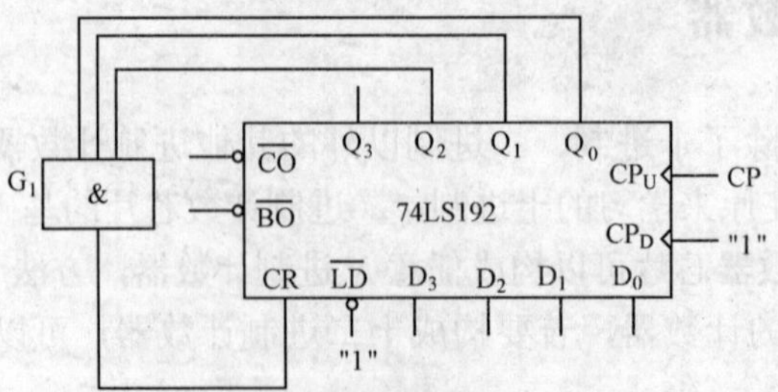

图 6.2.12 例 6.3 电路图

解：从已知条件可得，74LS192 为一个十进制加法计数器，其清零端为异步清零，且高

电平有效，所以计数器输出采用与门电路后接入清零端。

74LS192 用作 8421 十进制加法计数器的状态转换图如图 6.2.13 所示。

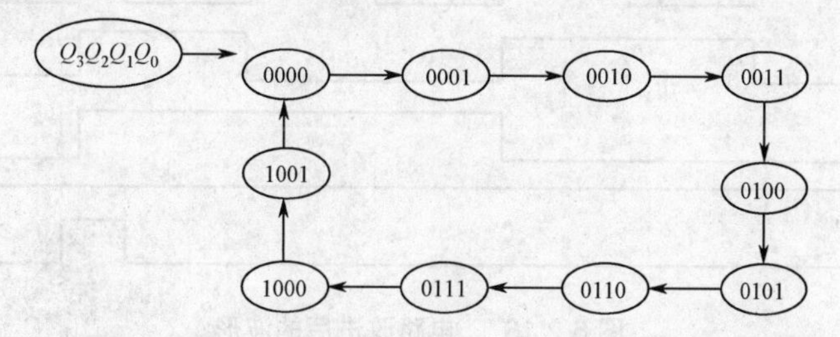

图 6.2.13　74LS192 十进制加法计数器的状态转换图

在图 6.2.12 所示的电路中，当计数器状态 $Q_3\ Q_2\ Q_1\ Q_0$ =0111 时，因 CR = $Q_2\ Q_1\ Q_0$，故与门输出高电平，清零端 CR =1，给出清零信号，由于 74LS192 的 CR 为异步清零端，因此清零信号到来后，不需要时钟信号 CP 的配合，使计数器状态 $Q_3\ Q_2\ Q_1\ Q_0$ 直接置“0”，即 $Q_3\ Q_2\ Q_1\ Q_0$ =0000，此时 CR ≠1，计数器重新开始计数，由此可画出该计数器的状态转换图如图 6.2.14 所示。

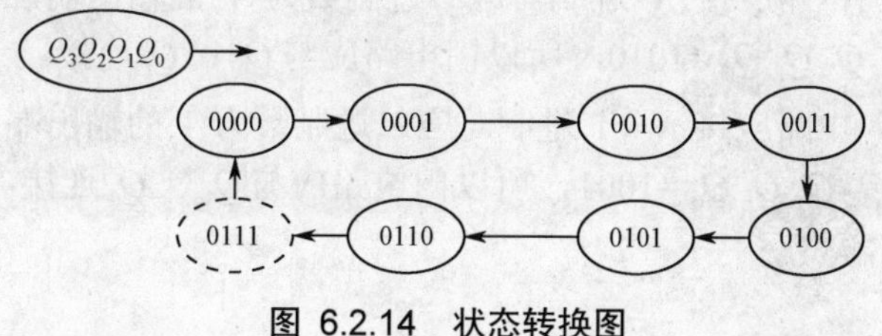

图 6.2.14　状态转换图

从图 6.2.14 可知，该电路每进 7 个计数脉冲循环一次，电路状态递增，所以该电路构成七进制加法计数器。

从上述例子中，利用异步清零端进行反馈。当清零信号到来时，计数器被强迫回到 0 态，开始新的循环。该电路具有两个缺点：一是有过渡状态，如图 6.2.14 中的虚线框中的状态，其出现时间很短暂；二是可靠性问题，由于计数器各触发器复位的速度有快有慢，所以复位快的触发器复位后，清零信号就会消失，使复位慢的触发器来不及变 0，从而造成误动作，使计数器不能可靠清零。改进的方法是加一个基本 RS 触发器，如图 6.2.15 所示；工作波形如图 6.2.16 所示。当计数器计到 $Q_3\ Q_2\ Q_1\ Q_0$ =0111 时，基本 RS 触发器置 1，使 CR 端为 1，该清零信号“1”的宽度和时钟脉冲 CP 高电平的持续时间相同，足以保证计数器可靠置 0。

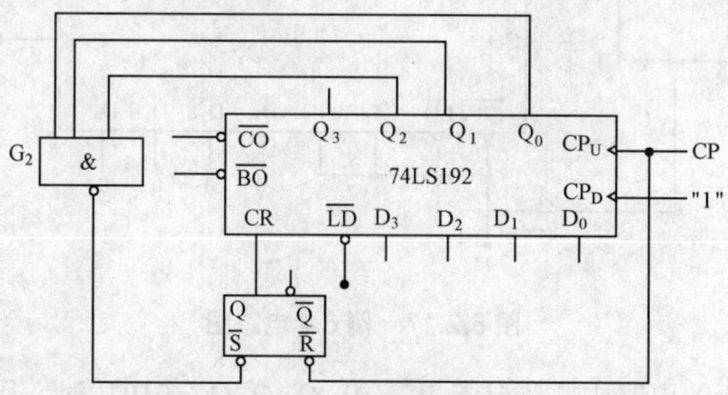

图 6.2.15　74LS192 构成七进制计数器改进电路

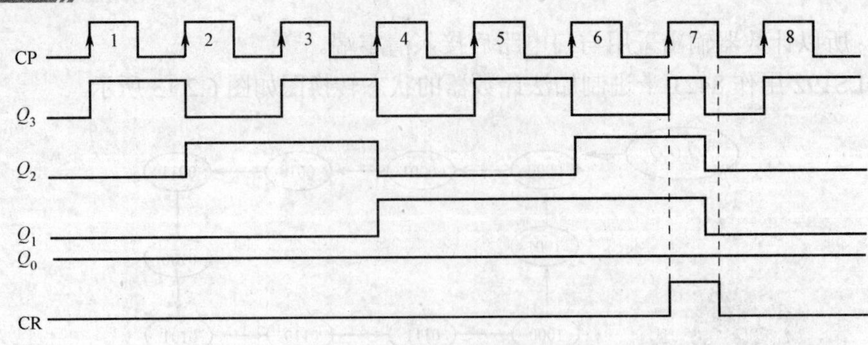

图 6.2.16　电路改进后的波形

小提示：

在构成 N 进制计数器时，也就是每进 N 个计数脉冲循环计数一次，若反馈归零法，主要利用的是计数器的清零端，清零端分为异步清零和同步清零。清零端又分为高电平有效和低电平有效。

若是高电平有效采用与门，低电平有效采用与非门作为逻辑门电路。

若是异步清零，门电路应接 N 进制对应二进制数为 1 的输出端，比如说十进制计数器 10 对应的二进制位 $Q_3\ Q_2\ Q_1\ Q_0$ =1010，所以门电路应与 Q_3、Q_1 连接。

若是同步清零，门电路应接 $N-1$ 进制对应二进制数为 1 的输出端，比如说十进制计数器 9 对应的二进制位 $Q_3\ Q_2\ Q_1\ Q_0$ =1001，所以门电路应与 Q_3、Q_0 连接。

2. 反馈置数法

反馈置数法是利用计数器的置数端置入某数（并行输入），使 M 进制计数器在顺序计数过程中提前返回置数状态，构成 N 进制计数器。

【例 6.4】分析图 6.2.17 所示电路构成几进制计数器，$\overline{CR}$ 为异步低电平有效清零端，$\overline{LD}$ 为同步低电平有效置数端，CT_P、CT_T 为计数控制端，高电平有效。74LS161 是一个同步十六进制加法计数器。并画出该计数器的状态转换图。

解：由已知条件可得，74LS161 为一个同步十六进制加法计数器，逢十六进一。其置数端 $\overline{LD}$ 为同步置数端，且低电平有效，所以计数器输出采用与非门电路后接入置数端。

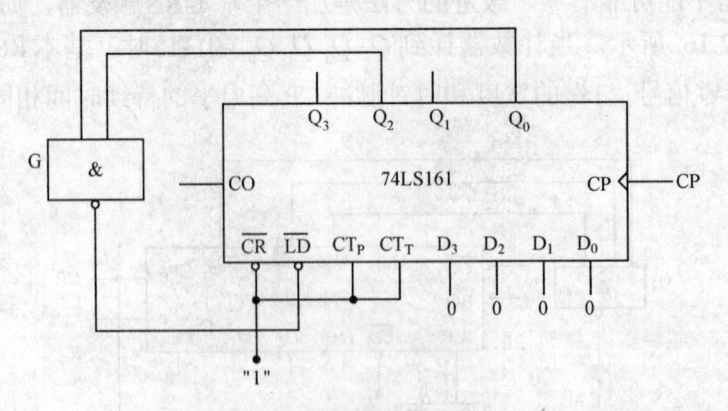

图 6.2.17　例 6.4 电路图

在图 6.2.17 所示的电路中，当计数状态 $Q_3\ Q_2\ Q_1\ Q_0$ =0101 时，因与非门与 Q_2、Q_0 相

连，故与非门输出为低电平，使置数端 $\overline{LD}$ =0，给出置数信号，计数状态 $Q_3\ Q_2\ Q_1\ Q_0 = D_3\ D_2\ D_1\ D_0$ =0000，由于 74LS161 的 $\overline{LD}$ 为同步置数端，因此置数信号到来后，需要时钟信号 CP 的配合，并行数据输入端 $D_3\ D_2\ D_1\ D_0$ 的数据才能置入计数器，即 $Q_3\ Q_2\ Q_1\ Q_0$ =0000，计数器重新开始计数。因此可以画出该计数器的状态转换图，如图 6.2.18 所示。

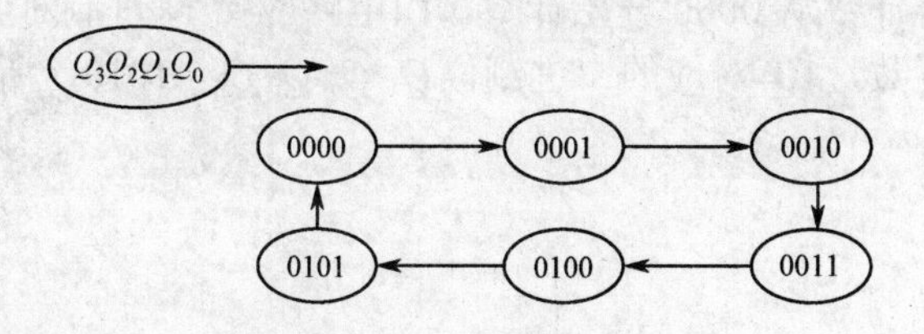

图 6.2.18 状态转换图

从图 6.2.18 可知，该电路每进 6 个计数脉冲循环一次，顺序计数过程中，电路状态递增，所以该电路构成六进制加法计数器。

【例 6.5】 分析图 6.2.19 所示电路构成几进制计数器。

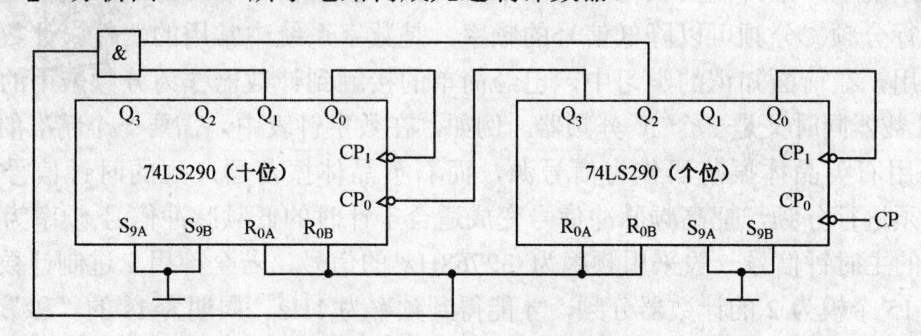

图 6.2.19 例 6.5 的电路图

从图 6.2.19 可知，两片 74LS290 的 Q_0 都和其 CP_1 相连，因此各自构成 8421BCD 码异步十进制加法计数器。两片 74LS290 级联，计数器输出状态为 8 个，即 $Q_3\ Q_2\ Q_1\ Q_0$（高位）$Q_3\ Q_2\ Q_1\ Q_0$（低位）。计数脉冲由低位片 CP_0 输入，高位片的计数脉冲 CP_0 由低位片的 Q_3 输入。

从十进制加法计数器状态转换图可知，低位片每进 10 个脉冲，其 Q_3 状态从“1”变“0”，有一个下降沿，由此可知，低位片每计 10 个脉冲，高位片计“1”。然后低位片又重新计数。

在图 6.2.19 中，当高位片的状态 $Q_3\ Q_2\ Q_1\ Q_0$ =0010 时，计数器计了 20 个脉冲，再计 4 个脉冲，低位片的状态 $Q_3\ Q_2\ Q_1\ Q_0$ =0100。这时与门输出“1”，送到两片 74LS290 的清零端 R_{0A} 和 R_{0B}，又 $S_{9A} \cdot S_{9B}$ =0, 74LS290 为异步清零，所以两片 74LS290 的输出端被直接置“0”，即 $Q_3\ Q_2\ Q_1\ Q_0$（高位）$Q_3\ Q_2\ Q_1\ Q_0$（低位）=00000000，回到初始状态，此时 $R_{0A}\ R_{0B} \neq 1$，计数器重新开始计数。

由以上分析可知，图 6.2.19 所示电路构成二十四进制计数器。

小提示：

在构成 N 进制计数器时，也就是每进 N 个计数脉冲循环计数一次，若反馈置数法，主要利用的是计数器的置数端，置数端分为异步置数和同步置数。置数端又分为高电平有效和低电平有效。

若是高电平有效采用与门，低电平有效采用与非门作为逻辑门电路。

若是异步置数，若计数从 0000 开始计数，门电路应接 N 进制对应二进制数为 1 的输出端。比如十进制异步置数，10 对应的二进制位 $Q_3\ Q_2\ Q_1\ Q_0$ =1010，所以门电路应与 Q_3、Q_1 连接。

6.2.4 计数器的应用

1. 计数器用作分频器

在数字系统中，常常需要获得不同频率的时钟和基准信号。其方法一般都是对系统主时钟信号进行分频。分频可以降低信号的频率，是数字系统中常用的器件。计数器可以作为分频器来用，在前面知识的学习中，已经简单的接触到计数器作为分频来用的实例。一个 N 进制计数器同时又是一个 N 分频器。例如，在数字钟表中，需要一个精准的秒脉冲信号，一般采用石英晶体振荡器作为信号源，而石英晶体振荡器产生的时钟信号频率比较高，所以必须进行分频，把高频脉冲信号变成适合于计时的低频脉冲信号,频率为 1Hz。而目前数字钟的主时钟信号一般采用频率为 32768Hz 的信号，若全部用二进制计数器来实现分频，需要 15 个模为 2 的计数器分频，才能得到频率为 1Hz、周期为 1s 的“秒”信号，如图 6.2.20 所示。

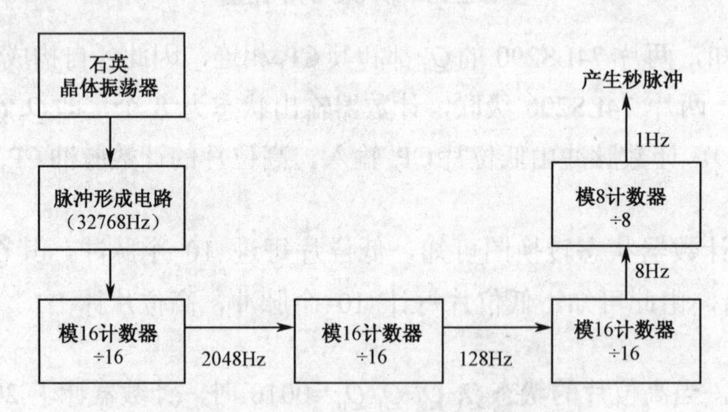

图 6.2.20 数字钟计数器用作分频器

2. 计数器用于测量脉冲频率

将待测频率的脉冲信号和取样信号一起加到与门 G 端，在取样脉冲为 $t_1 \sim t_2$ 期间，与门开启，输出待测频率的脉冲，有计数器计数，计数器值就是 $t_1 \sim t_2$ 期间的脉冲数 N，不难得到待测脉冲频率为 $f = N/(t_2 - t_1)$。

若 $t_1 \sim t_2$ =1s，则译码显示电路显示的值即为待测脉冲的频率值，如图 6.2.21 所示。

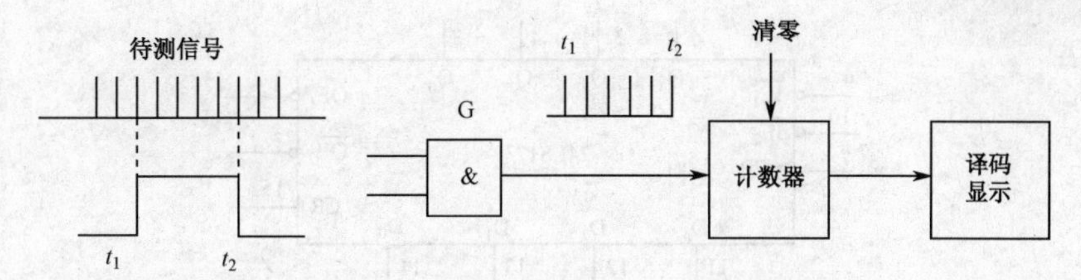

图 6.2.21 测量脉冲频率的框图

6.3 寄存器

寄存器是存放数码、运算结果或指令的电路，移位寄存器不但可以存放数码，而且在移位脉冲作用下，寄存器中数码可以根据要求向左或向右移位。寄存器和移位寄存器是数字系统和计算机中常用的基本逻辑部件，应用广泛。例如，在计算机、单片机和 PLC 中，都要用到寄存器的内容，寄存器常用作数据寄存器、地址寄存器、指令寄存器等存储单元。

寄存器是由触发器构成的，一个触发器可存储 1 位二进制代码。所以一个存储 n 位二进制代码的寄存器需用 n 个触发器来实现。

寄存器有基本寄存器和移位寄存器两种。

6.3.1 基本寄存器

基本寄存器的功能主要是将出现在传输线上的数据存储起来，又称为锁存器。图 6.3.1 所示是由 4 个 D 触发器并联组成的 4 位二进制寄存器。它能接收和存储 4 位二进制数码。

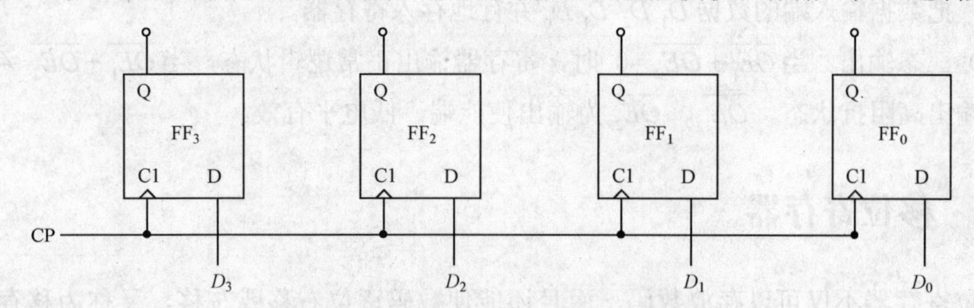

图 6.3.1 4 位二进制数据寄存器

如果要把一个 4 位二进制 1101 寄存到寄存器中，则可将 1101 数据并行加到寄存器 4 个输入端，即 $D_3\ D_2\ D_1\ D_0$ =1101。在 CP 脉冲上升沿作用下，数据 1101 被并行的存入寄存器。在此之后，只要不输入清零脉冲或接收新的数据，寄存器就会一直保持这个状态，如果要从寄存器中取出寄存的数码，只要从各触发器的 Q 端并行输出即可。

集成基本寄存器 74LS173 是 4 位 D 寄存器，其逻辑符号图和功能表分别如图 6.3.2 和表 6.3.1 所示。

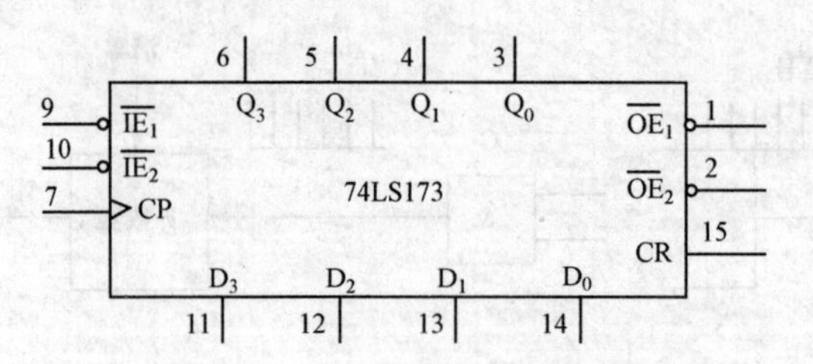

图 6.3.2　74LS173 逻辑符号图

表 6.3.1　74LS173 功能表

CR	CP	$\overline{IE_1}$	$\overline{IE_2}$	D	Q
1	×	×	×	×	0
0	非↑	×	×	×	Q^n
0	↑	1	×	×	Q^n
0	↑	×	1	×	Q^n
0	↑	0	0	0	0
0	↑	0	0	1	1
$\overline{OE_1}$、$\overline{OE_2}$ 数据输出使能端，当 $\overline{OE_1}$ 或 $\overline{OE_2}$ 为高电平时，输出为高阻状态					

由表 6.3.1 可知，74LS173 有以下功能。

（1）异步清零。CR 为异步清零端，高电平有效。当 CR 为高电平时，不管其他信号有无输入，计数器输出直接置零。

（2）保持功能。当 $CR \neq 1$，且 $\overline{IE_1}+\overline{IE_2} \neq 0$ 时或 CP 脉冲上升沿没有到来时，寄存器保持原状态不表。$\overline{IE_1}$ 和 $\overline{IE_2}$ 为数据输入控制端（使能端）低电平有效。全为低电平时才允许寄存。

（3）数据寄存。当 $CR \neq 1$，且 $\overline{IE_1}+\overline{IE_2}=0$ 时且 CP 脉冲上升沿没有到来时，此时满足寄存条件，把数据输入端的数据 $D_3\ D_2\ D_1\ D_0$ 并行地存入寄存器。

（4）三态输出。当 $\overline{OE_1}+\overline{OE_2}=0$ 时，寄存器输出正常逻辑状态，当 $\overline{OE_1}+\overline{OE_2} \neq 0$ 时，寄存器输出高阻抗状态。$\overline{OE_1}$、$\overline{OE_2}$ 为输出使能端，低电平有效。

6.3.2　移位寄存器

移位寄存器不仅可以存放数码，而且还能使数码逐位右移或左移，又称为移存器。移位寄存器又分为单向移位寄存器和双向移位寄存器。

单向移位寄存器可分为左移移位寄存器和右移移位寄存器。把 n 个触发器串联起来，可以构成 n 位移位寄存器。

左移寄存器在每输入一个移位脉冲时，移位寄存器中的数码依次向左移动 1 位。右移寄存器在每输入一个移位脉冲时，移位寄存器中的数码依次向右移动 1 位。

由 4 个触发器构成的 4 位右移移位寄存器逻辑电路如图 6.3.3 所示。数据从串行输入端输入。左边触发器的输出作为右邻触发器的输入。

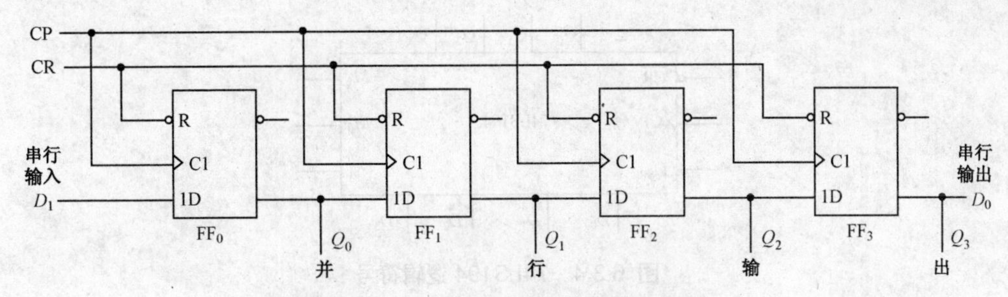

图 6.3.3 4位右移移位寄存器逻辑电路

假设移位寄存器的初始状态为 0000，现将数码 $D_3\ D_2\ D_1\ D_0$=1010 从高位（D_3）至低位依次送到触发器的 D_0 端，经过一个时钟脉冲后，$Q_0 = D_3$=1，$Q_2 = Q_1 = Q_3$=0。经过第二个时钟脉冲后，$Q_3 = Q_2$=0，$Q_1 = D_3$=1，$Q_0 = D_2$=0。以此类推，可得 4 为右移寄存器的状态，如表 6.3.2 所示。由此可知，输入数据依次由低位触发器到高位触发器，作右向移动。经过 4 个时钟脉冲后，4 个触发器的输出状态 $Q_3\ Q_2\ Q_1\ Q_0$ 与输入数码 $D_3\ D_2\ D_1\ D_0$ 相对应。

在第 8 个时钟脉冲作用下，数码从串行输出端的 Q_3 端全部移出寄存器。这说明该寄存器的数码既可以从 $Q_3\ Q_2\ Q_1\ Q_0$ 并行输出，又可以从 Q_3 端串行输出。

表 6.3.2 状态表

CP	输入数据 *D*	右移移位寄存器输出			
		Q_0	Q_1	Q_2	Q_3
0	0	0	0	0	0
1	1	1	0	0	0
2	0	0	1	0	0
3	1	1	0	1	0
4	0	0	1	0	1
5		0	0	1	0
6		0	0	0	1
7		0	0	0	0
8		0	0	0	0

双向移位寄存器可以根据控制端状态的不同将数据左移或右移。集成双向移位寄存器 74LS194 是 4 位双向移位寄存器，其逻辑符号如图 6.3.4 所示，逻辑功能表如表 6.3.3 所示。由表 6.3.3 所示可知，74LS194 具有异步置 0、保持、右移、左移和同步并行置数等功能。功能说明如表 6.3.4 所示。

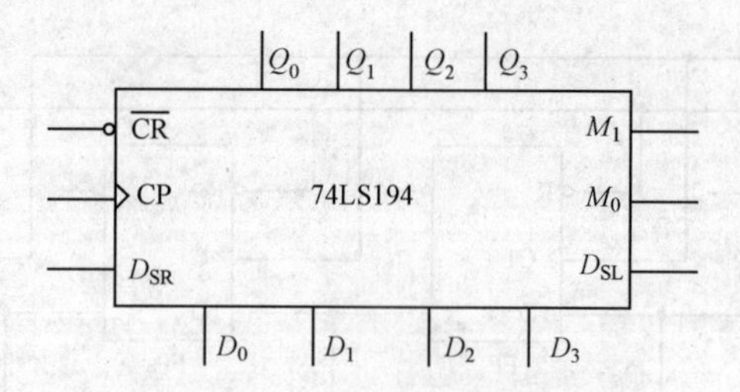

图 6.3.4 74LS194 逻辑符号

如图 6.3.4 所示，CP 为时钟信号输入端，且上升沿有效。$\overline{CR}$ 为异步清零端，低电平有效。M_1、M_0 为功能控制端，具体实现何种功能取决于 $M_1\ M_0$ 的取值，$M_1\ M_0$=00，实现保持功能，$M_1\ M_0$=01 时，实现右移功能，$M_1\ M_0$=10 时，实现左移功能，$M_1\ M_0$=11 时，实现同步并行置数功能。D_{SR} 为右移串行输入端，$M_1\ M_0$=01 且在时钟脉冲的上升沿输入。D_{SL} 为左移串行输入端，$M_1\ M_0$=10 且在时钟脉冲的上升沿输入。$D_3\ D_2\ D_1\ D_0$ 置数并行输入端，$M_1\ M_0$=11 且在时钟脉冲的上升沿完成同步置数功能。$Q_3\ Q_2\ Q_1\ Q_0$ 为数据并行输出端。

表 6.3.3 74LS194 功能表

序号	清零 R_D	输入									输出			
		控制信号		串行输入		时钟	并行输入							
		M_1	M_0	左移 D_{SL}	右移 D_{SR}	CP	D_0	D_1	D_2	D_3	Q_0	Q_1	Q_2	Q_3
1	0	×	×	×	×	×	×	×	×	×	0	0	0	0
2	1	×	×	×	×	1(0)	×	×	×	×	Q_0	Q_1	Q_2	Q_3
3	1	1	1	×	×	↑	D_0	D_1	D_2	D_3	D_0	D_1	D_2	D_3
4	1	1	0	1	×	↑	×	×	×	×	Q_1	Q_2	Q_3	1
5	1	1	0	0	×	↑	×	×	×	×	Q_1	Q_2	Q_3	0
6	1	0	1	×	1	↑	×	×	×	×	1	Q_0	Q_1	Q_2
7	1	0	1	×	0	↑	×	×	×	×	0	Q_0	Q_1	Q_2
8	1	0	0	×	×	×	×	×	×	×	Q_0	Q_1	Q_2	Q_3

表 6.3.4 74LS194 功能说明

控制信号组态		完成的功能
M1	M0	
0	0	保持
0	1	右移
1	0	左移
1	1	并行输入（同步置数）

6.3.3 寄存器的应用

移位寄存器在计算机和其他数字系统中的应用十分广泛，下面介绍移位寄存器在数字电路中的几个典型应用。

1. 实现数据传输方式的转换

在数字电路中，数据的传送方式有并行和串行两种方式，而移位寄存器既可以实现串行到并行的转换，也可实现并行的转换。如图 6.3.5 所示，寄存器 74LS194 可将串行输入转换为并行输出。

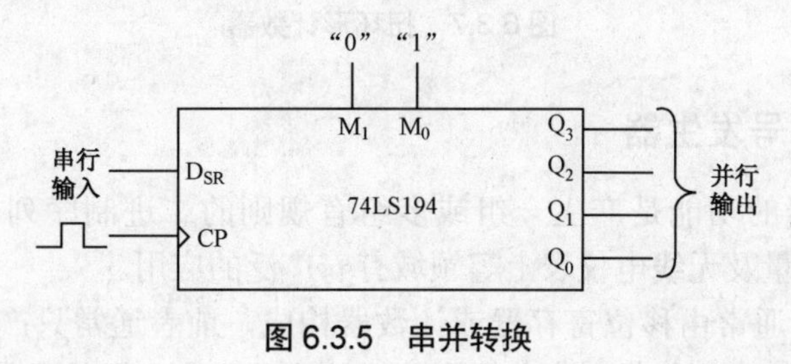

图 6.3.5 串并转换

2. 构成移位型计数器

（1）环形计数器

环形计数器是将单向移位寄存器的串行输入端 D_{SL} 和输出端 Q_0 相连，构成一个闭合的环，如图 6.3.6（a）所示。实现环形技术时，必须设置适当的初始状态，且初始状态不能完全一致（即不能为 1111 或 0000），这种电路才能实现计数。其状态变化如图 6.3.6（b）所示，初始状态为 $Q_3\,Q_2\,Q_1\,Q_0$ =1000。

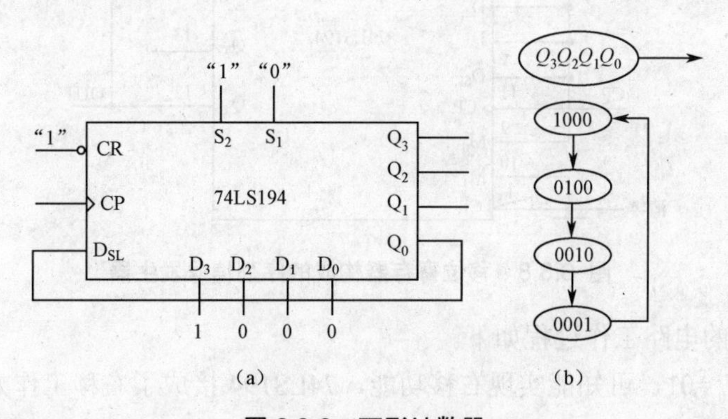

图 6.3.6 环形计数器

（2）扭环形计数器（约翰逊计数器）

扭环形计数器是将单向移位寄存器的串行输入端和输出端的反相相连，构成一个闭合的环，如图 6.3.7（a）所示。

实现扭环形计数器时，不必设置初态。其状态变化如图 6.3.7（b）所示，设初态为 0000，电路状态循环变化，循环过程包括 8 个状态，可以实现八进制计数。此电路可以用于彩灯控制。

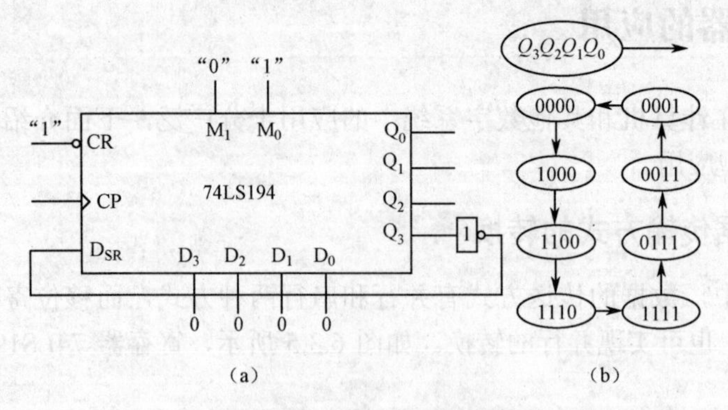

图 6.3.7 扭环形计数器

3. 构成序列信号发生器

序列信号发生器的功能是产生一组或多组有规则的二进制序列信号，它在雷达、通信、遥控和遥测、测量及无线电仪表上等领域有着广泛的应用。

序列信号发生器通常由移位寄存器或计数器构成，前者通常只产生一组序列信号，后者可以产生一组或多组序列信号，在此我们仅讨论由移位寄存器构成的序列信号发生器。

如图 6.3.8 所示，用移位寄存器 74LS194 组成的 8 位序列信号发生器，产生的序列信号每隔 8 位重复一次，序列信号数字为 00001111。

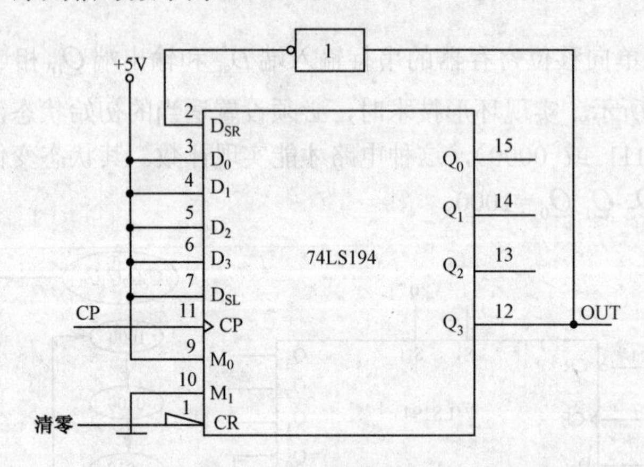

图 6.3.8 移位寄存器构成的序列信号发生器

图 6.3.8 所示的电路工作过程如下。

（1）由 $M_1\ M_0$ =01，可知能实现右移功能，74LS194 接成了右移工作方式，$D_{SR}=\overline{Q_3}$。

（2）首先在清零端输入一个负脉冲使寄存器清零，即 $Q_3^n\ Q_2^n\ Q_1^n\ Q_0^n$ =0000，此时 $D_{SR}=\overline{Q_3^n}$ =1。

（3）在第 1 个 CP 上升沿到来时，数据右移。

$$Q_0^{n+1}\ Q_1^{n+1}\ Q_2^{n+1}\ Q_3^{n+1}=D_{SR}\ Q_0^n\ Q_1^n\ Q_2^n=\overline{Q_3^n}\ Q_0^n\ Q_1^n\ Q_2^n=1000$$

（4）在第 2 个 CP 上升沿到来时，$Q_0^n\ Q_1^n\ Q_2^n\ Q_3^n$ =1000。

按上述原则，第 3～8 个 CP 上升沿到来后，$Q_0^n\ Q_1^n\ Q_2^n\ Q_3^n$ 的状态分别为 1110、1111、

0111、0011、0001、0000。然后重复上述过程，这样从 Q_3^n 端输出的序列信号即为 00001111，其输出波形如图 6.3.9 所示。

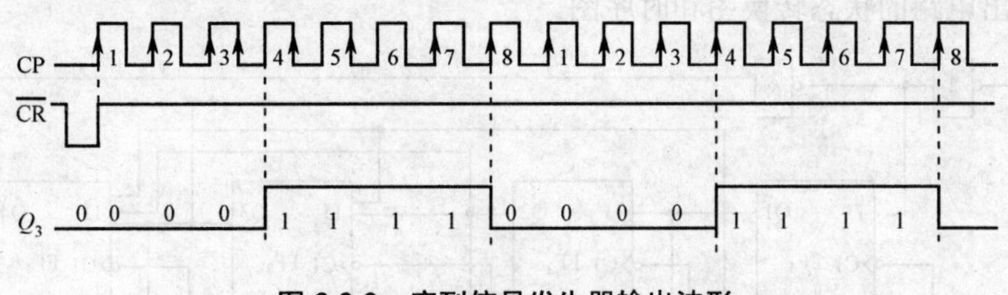

图 6.3.9 序列信号发生器输出波形

本章小结

（1）时序逻辑电路是由触发器和组合逻辑电路组成的，时序逻辑电路的输出不仅和输入有关，而且还与电路原来的状态有关。

（2）描述时序逻辑电路逻辑功能的方法有逻辑图、状态方程、驱动方程、输出方程、状态转换真值表、状态转换图和时序图等。

（3）时序逻辑电路的分析关键是求出状态方程和状态转换真值表，根据状态真值表可以画出状态转换图和时序图，从而得到时序逻辑电路的逻辑功能。

（4）计数器是快速记录输入脉冲个数的部件。

（5）寄存器主要是用以存放数码。移位寄存器不但可存放数码，而且还能对数据进行移位操作。移位寄存器有单向移位寄存器和双向移位寄存器。

习 题 6

1．分析图 6.1 所示电路，画出在 5 个时钟 CP 作用下 Q_1、Q_2 的时序图。根据电路的组成及连接，你能直接判断出电路的功能吗？

2．JK 触发器组成图 6.2 所示的电路。分析该电路为几进制计数器？画出电路的状态转换图。

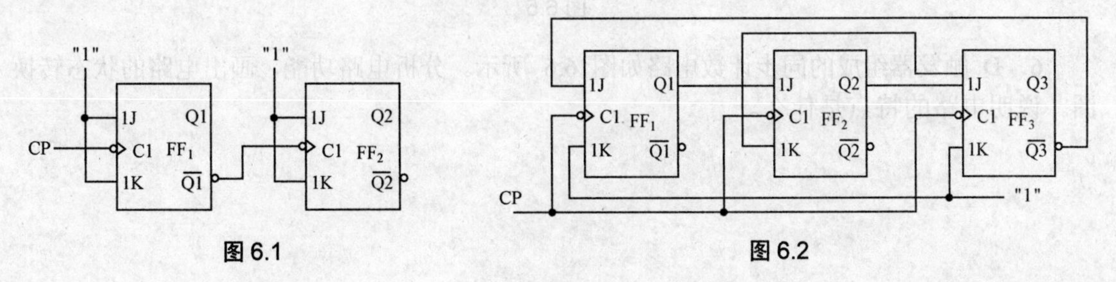

图 6.1　　图 6.2

3．JK 触发器和门组成图 6.3 所示的同步计数电路。

（1）分析电路为几进制计数器。

（2）画出电路的状态转换图和时序图。

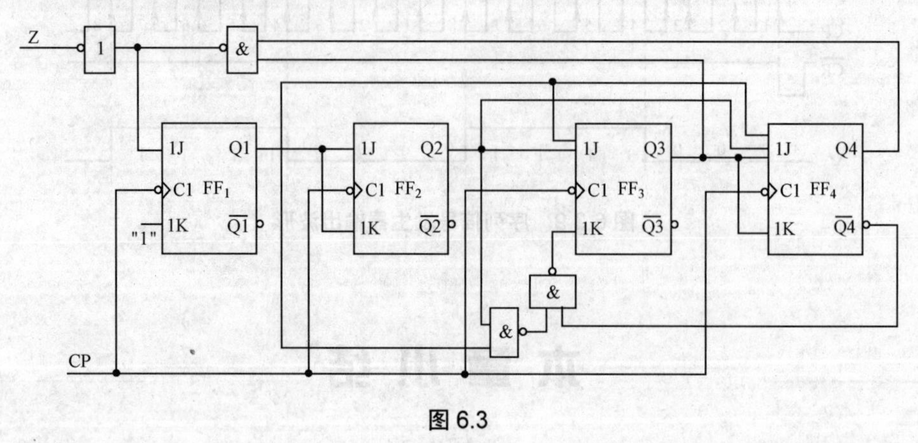

图 6.3

4．JK 触发器组成图 6.4 所示的异步计数电路。分析电路为几进制计数器，画出电路的状态转换图。

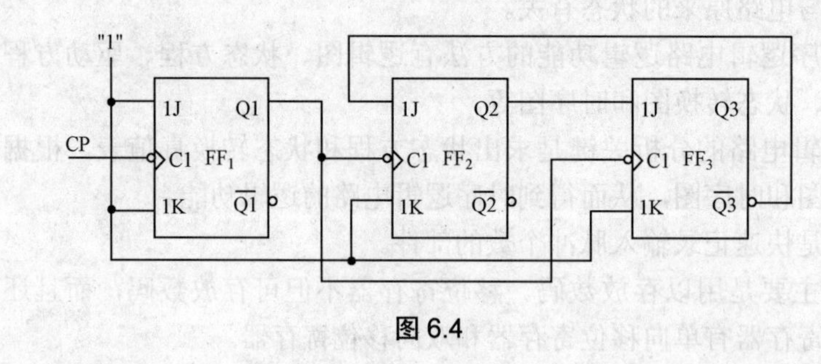

图 6.4

5．分析图 6.5 所示的异步计数电路为几进制计数器，画出电路的状态转换图和时序图。

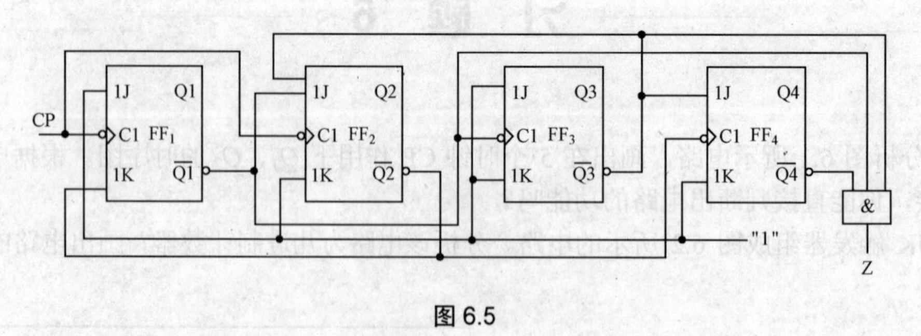

图 6.5

6．D 触发器组成的同步计数电路如图 6.6 所示。分析电路功能，画出电路的状态转换图。说明电路的特点是什么。

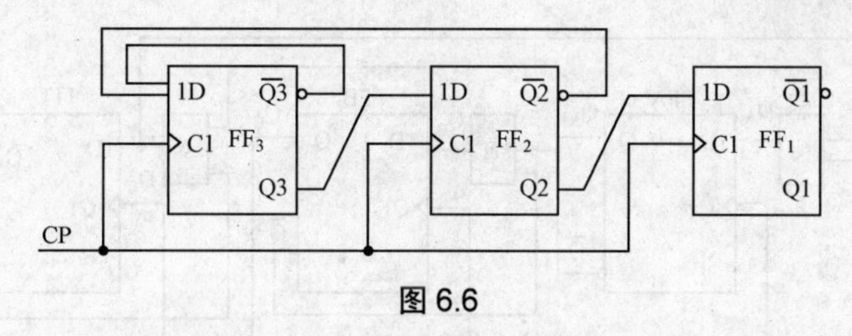

图 6.6

7．分析图 6.7 所示的同步计数电路，画出电路的状态转换图，并检查电路能否自启动。

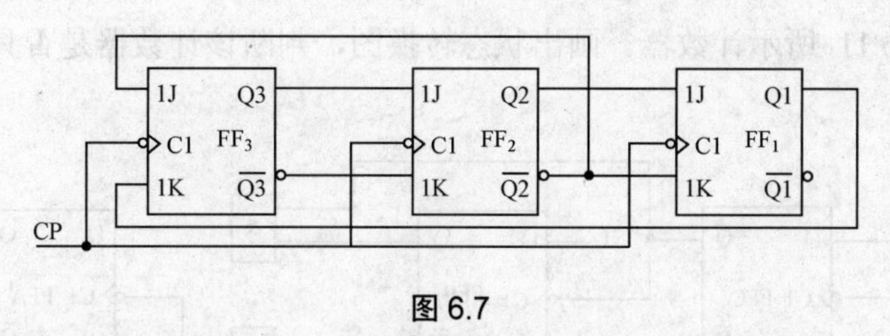

图 6.7

8．分析图 6.8 所示的同步计数电路，画出电路的状态转换图。

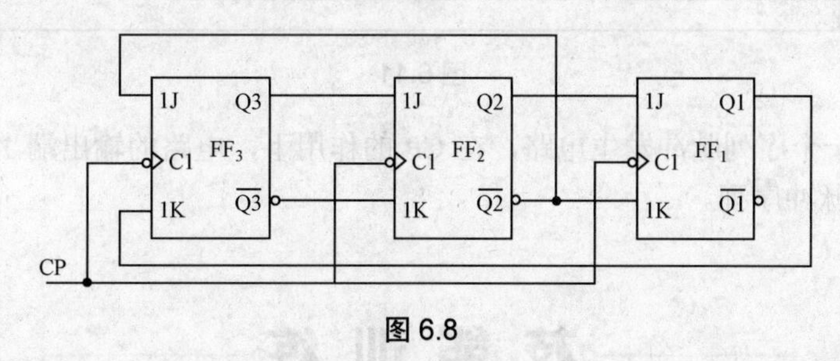

图 6.8

9．时序电路如图 6.9（a）所示。分析电路功能，画出电路的状态转换图。若时钟 CP 和输入 X、Y 波形如图 6.9（b）所示，试画出 Q_1、Z_1 和 Q_2、Z_2 端的波形。

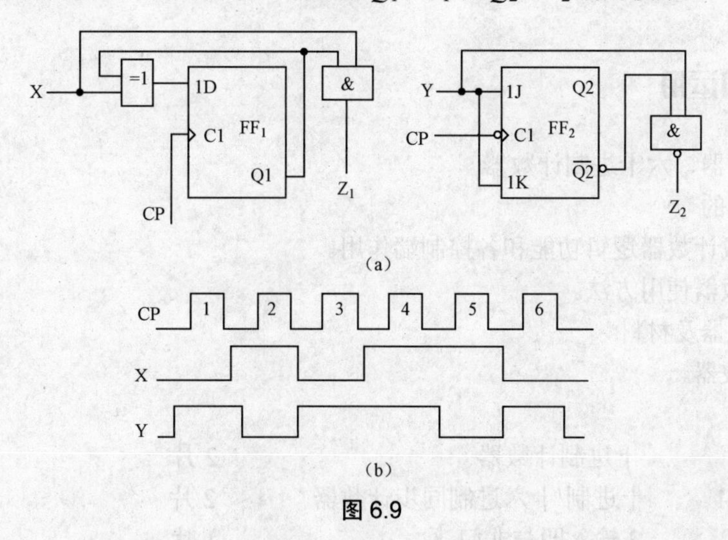

图 6.9

10．分析图 6.10 所示同步时序网络。列出状态转换真值表，并画出状态转换图。（要有分析过程）

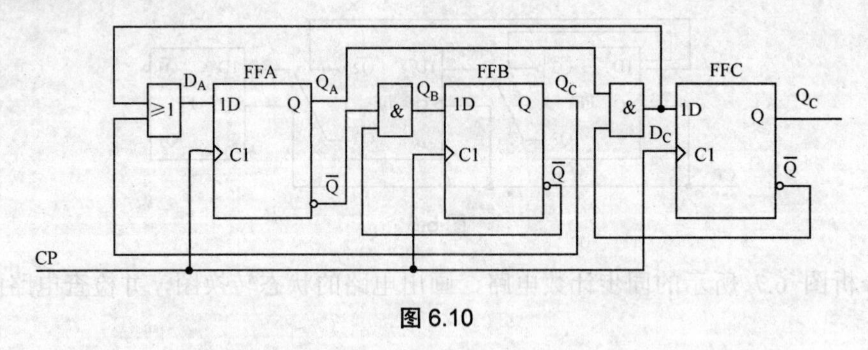

图 6.10

11．分析图 6.11 所示计数器。画出状态转换图，判断该计数器是否具有自启动能力？写出分析过程。

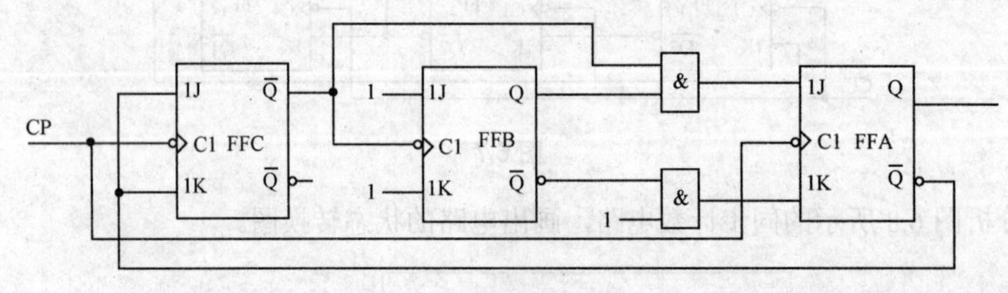

图 6.11

12．试设计一个序列脉冲发生电路，在 CP 的作用下，电路的输出端 Y 能周期性的输出 100100111001 的脉冲序列。

技能训练

移位寄存器的运用

七进制计数器、六十进制计数器

一、实验目的

1. 熟悉集成计数器逻辑功能和各控制端作用。

2. 掌握计数器使用方法。

二、实验仪器及材料

1. 双踪示波器。

2. 器件：

74LS290	十进制计数器	2 片
74LS160/161	十进制/十六进制同步计数器	2 片
74LS00	2 输入四与非门	1 片
74LS20	双输入四与非门	1 片

三、实验内容

1. 集成计数器 74LS290 功能测试

74LS290 是二-五-十进制异步计数器。逻辑简图如图 6-1 所示。

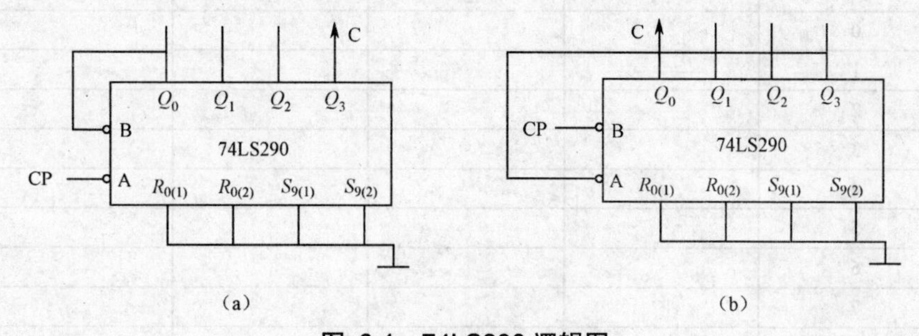

图 6-1 74LS290 逻辑图

74LS290 具有下述功能：

（1）直接置 0（$R_{0(1)} \cdot R_{0(2)}=1$），直接置 9（$S_{9(1)} \cdot S_{9(2)}=1$）。

（2）二进制计数（CP_1 输入 Q_0 输出）。

（3）五进制计数（CP_2 输入 $Q_3Q_2Q_1$ 输出）。

（4）十进制计数（两种接法如图 6-2 所示）。

2. 计数器级联

分别用 2 片 74LS290 计数器级联成二位数五进制、十进制计数器。

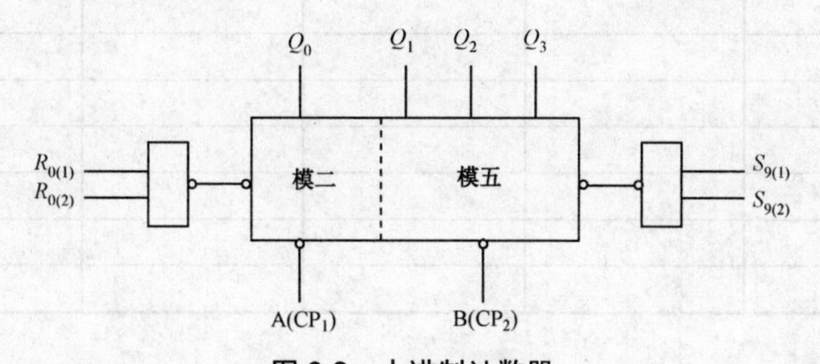

图 6-2 十进制计数器

（1）画出连线电路图。

（2）按图接线，并将输出端接到数码显示器的相应输入端，用单脉冲作为输入脉冲验证设计是否正确。

（3）画出四位计数器连接图并总结多级计数器级联规律。

表 6-1 功能表

$R_{0(1)}$	$R_{0(2)}$	$S_{9(1)}$	$S_{9(2)}$	输 出
H	H	L	X	
H	H	X	H	
X	X	H	H	
X	L	X	L	
L	X	L	X	
L	X	X	L	
X	L	L	X	

表 6-2 十进制

计 数	输 出			
	Q_3	Q_2	Q_1	Q_0
0				
1				
2				
3				
4				
5				
6				
7				
8				
9				

表 6-3 双五进制

计 数	输 出			
	Q_3	Q_2	Q_1	Q_0
0				
1				
2				
3				
4				
5				
6				
7				
8				
9				

3. 任意进制计数器设计方法

采用脉冲反馈法（称复位法或置位法），可用 74LS290 组成任意模（M）计数器。图 6-3 是用 74LS290 实现模 7 计数器的两种方案，图 6-3（a）采用复位法，即计数计到 M 异步清 0，图 6-3（b）采用置位法，即计数计到 M–1 异步置 0。

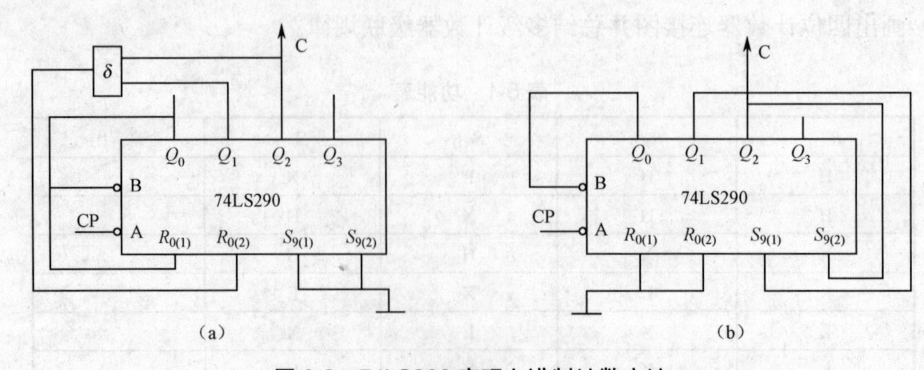

图 6-3 74LS290 实现七进制计数方法

当实现十以上进制的计数器时可将多片级联使用。

图 6-4 是四十五进制计数一种方案，输出为 8421BCD 码。

（1）按图 6-4 接线，并将输出接到显示器上验证。

（2）设计一个六十进制计数器并接线验证。

（3）记录上述实验各级同步波形。

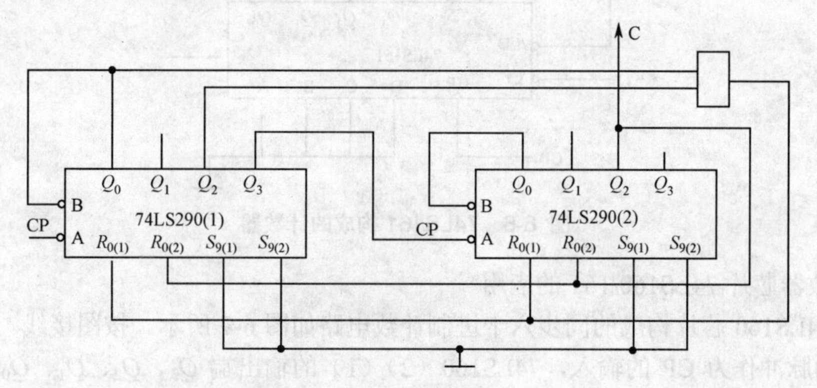

图 6-4 四十五进制的设计方案

4．74LS160/74LS161 的测试

计数器芯片 74LS160/161 功能测试 74LS160 为同步十进制计数器，74LS161 为同步十六进制计数器。

（1）带直接清除端的同步可预置数的计数器 74LS160/161 的逻辑符号，如图 6-5 所示。

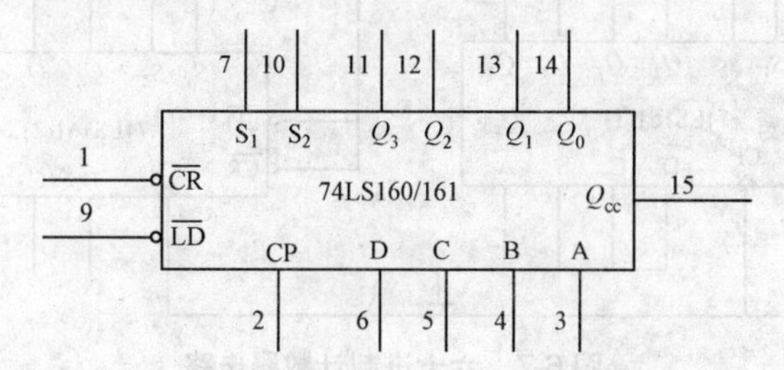

图 6-5 74LS161 逻辑符号

完成芯片的接线，测试 74LS160 或 74LS161 芯片的功能，将结果填入表 6-4 中。

表 6-4 功能表

$\overline{CR}$	S_1	S_2	$\overline{LD}$	CP	芯片功能
0	×	×	×	×	
1	×	×	0	↑	
1	1	1	1	↑	
1	0	1	1	×	
1	×	0	1	×	

（2）74LS161 接成图 6-6 所示的电路。

按图接线，CP 用点动脉冲输入，Q_3、D_2、Q_1、Q_0 接发光二极管显示。

测出芯片的计数的长度，并画出其状态转换图。

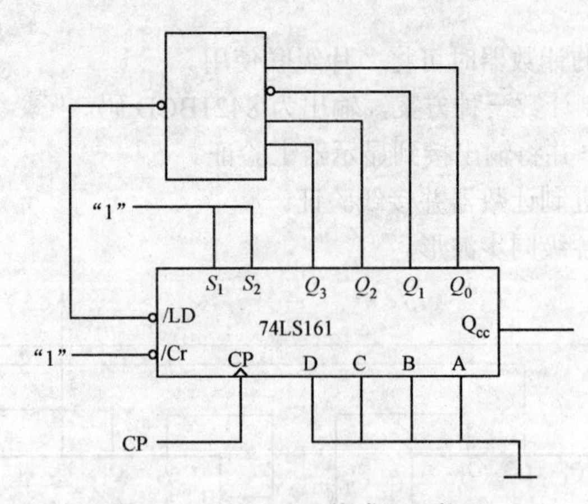

图 6-6 74LS161 构成的计数器

5. 计数器芯片 74LS160/161 的应用

两片 74LS160 芯片构成的同步六十进制计数电路如图 6-7 所示。按图接线。

用点动脉冲作为 CP 的输入，74LS160（2）（1）的输出端 Q_3、Q_2、Q_1、Q_0 分别接学习机上七段 LED 数码管的输入端。观察点动脉冲作用下，Dy、Dx 显示的数字变化。

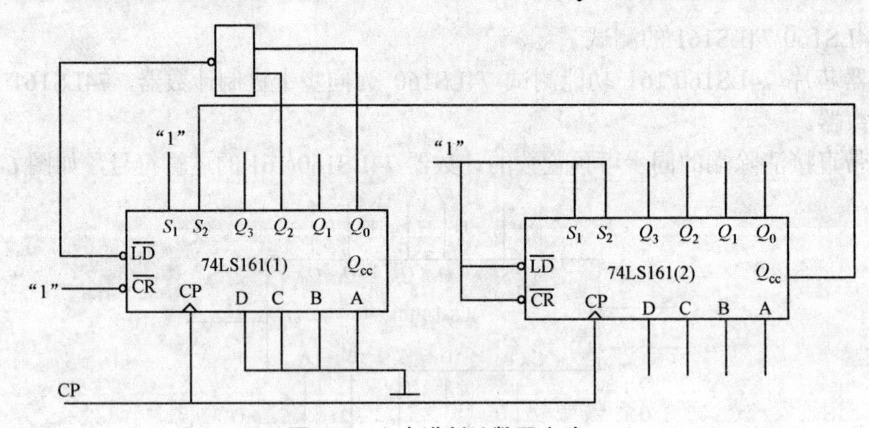

图 6-7 六十进制计数器电路

四、实验报告

1. 整理实验内容和各实验数据。
2. 画出实验内容 1、2 所要求的电路图及波形图。
3. 总结计数器使用特点。
4. 画出用 74LS192 替代 74LS290 构成六十进制的电路，并分析其工作原理。

五、想想做做

1. 用 74290 或 74192 配合七段译码显示电路 4511 以及 LED 显示计数输入脉冲数。
2. 试用计数器 74161 和数据选择器 74151 设计一个 01100011 序列发生器。

第 7 章
555 定时器及其应用

7.1 555 定时器

7.1.1 概述

555 定时器是一种多用途的模拟-数字混合集成电路，利用它能极方便地构成施密特触发器、单稳态触发器和多谐振荡器。

7.1.2 555 定时器的基本结构和逻辑功能

555 定时器的内部电路由分压器、电压比较器 C_1 和 C_2、简单 SR 锁存器、放电三极管 VT 以及缓冲器 G 组成，其内部结构如图 7.1.1 所示。

3 个 5kΩ 的电阻串联组成分压器，为比较器 C_1、C_2 提供参考电压。当控制电压端 u_{IC} 悬空时，比较器 C_1 和 C_2 的基准电压为 $\frac{2}{3}U_{CC}$ 和 $\frac{1}{3}U_{CC}$。图 7.1.1（b）中“4”脚为复位输入端（R_D），当 R_D 为低电平时，不管其他输入端的状态如何，输出 u_O 为低电平。正常工作时，应将其接高电平。“5”脚为电压控制端，当其悬空时，比较器 C_1 和 C_2 的比较电压分别为 $\frac{2}{3}U_{CC}$ 和 $\frac{1}{3}U_{CC}$。“2”脚为触发输入端，“6”脚为阈值输入端，两端的电位高低控制比较器 C_1 和 C_2 的输出，从而控制 RS 触发器，决定输出状态。

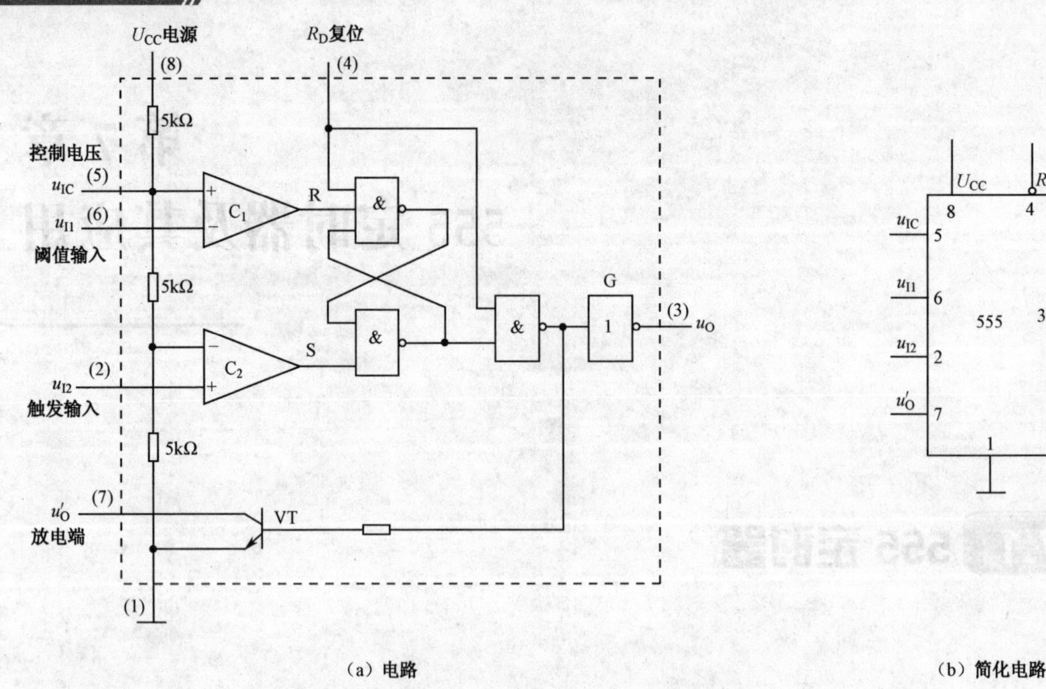

（a）电路

（b）简化电路

图 7.1.1　555 定时器的电路结构

7.2 555 定时器的应用

7.2.1 用 555 定时器组成单稳态触发器

单稳态触发器在数字电路中一般用于定时（产生一定宽度的矩形波）、整形（把不规则的波形转换成宽度、幅度都相等的波形）以及延时（把输入信号延迟一定时间后输出）等。

1. 单稳触发器的特点

单稳态触发器具有以下特点：

（1）电路只有一个稳定的状态，另一个状态是暂稳态，不加触发信号时，它始终处于稳态；

（2）在外加触发脉冲（上升沿或下降沿）作用下，电路才能由稳态进入暂稳态，暂稳态不能长久保持，经过一段时间后能自动返回原来的稳态；

（3）暂稳态持续的时间 t_W 取决于电路本身的参数，与外加触发信号无关。

单稳态电路结构如图 7.2.1 所示。

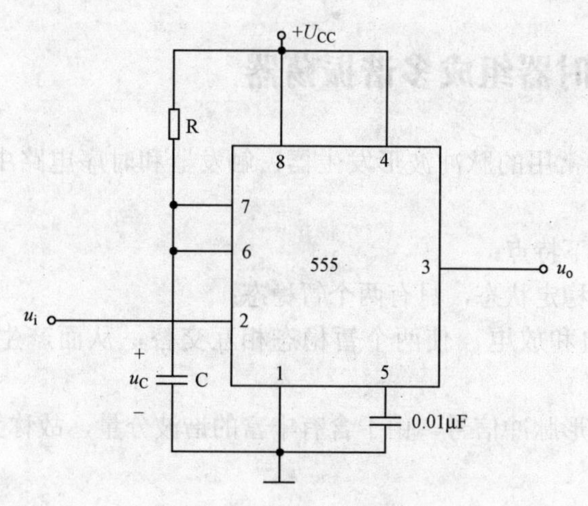

图 7.2.1　单稳态电路结构

2. 工作原理

（1）稳态：接通 U_{CC} 后瞬间，U_{CC} 通过 R 对 C 充电，当 u_C 上升到 $\frac{2}{3}U_{CC}$ 时，"6"管脚为 1，"2"管脚 u_i =1，所以 u_o=0，放电管 VT 导通，C 又通过 VT 放电，使 u_C =0，但 u_i =1，故 u_o=0 不变，电路处于稳态。

（2）触发由稳态进入暂稳态：u_i 负脉冲到来时刻，因 $u_i < \frac{1}{3}U_{CC}$，u_C 仍为 0，所以 u_o 由 0 变为 1，放电管 VT 截止，U_{CC} 经 R 对 C 充电，电路进入暂稳态。

（3）暂稳态自动恢复到稳态：当 u_C 充电到 $\frac{2}{3}U_{CC}$ 为 1 时，u_i 负脉冲已消失 u_i =1，所以输出 u_o=0，VT 导通，C 放电，电路自动恢复到稳态。工作波形如图 7.2.2 所示。

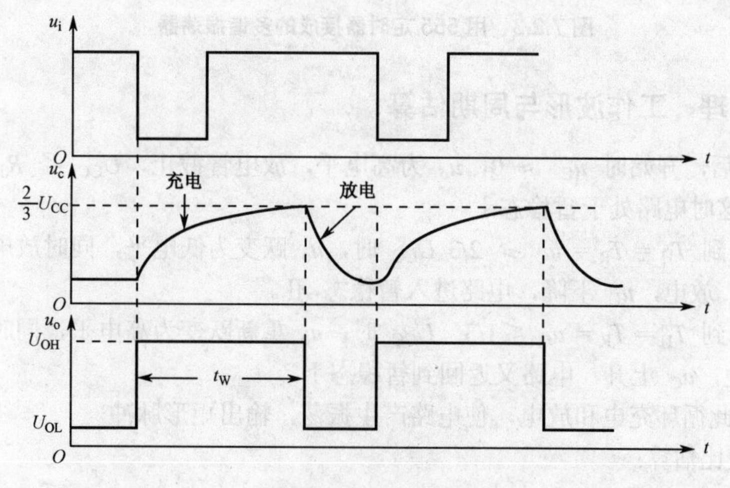

图 7.2.2　工作波形图

7.2.2 用 555 定时器组成多谐振荡器

多谐振荡器是一种常用的脉冲波形发生器，触发器和时序电路中的时钟脉冲一般是由多谐振荡器产生的。

多谐振荡器具有以下特点：

①多谐振荡器没有稳定状态，只有两个暂稳态；

②通过电容的充电和放电，使两个暂稳态相互交替，从而产生自激振荡，无须外触发；

③输出周期性的矩形脉冲信号，由于含有丰富的谐波分量，故称为多谐振荡器。

1. 电路结构

多谐振荡器电路结构如图 7.2.3 所示。

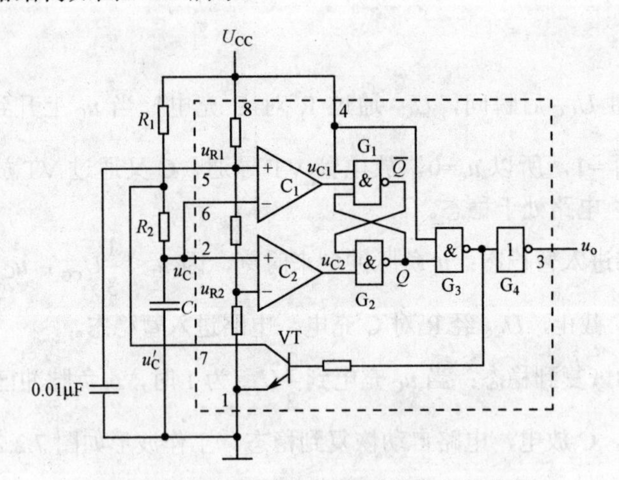

图 7.2.3 用 555 定时器接成的多谐振荡器

2. 工作原理、工作波形与周期估算

接通 U_{CC} 后，开始时 $u_C \approx 0$，u_o 为高电平，放电管截止，U_{CC} 经 R_1、R_2 向 C 充电，u_C 上升，这时电路处于暂稳态Ⅰ。

当 u_C 上升到 $T_H = T_R = u_C \geqslant 2/3\ U_{CC}$ 时，u_o 跃变为低电平，同时放电管 VT 导通，C 经 R_2 和 VT 放电，u_C 下降，电路进入暂稳态 Ⅱ。

当 u_C 下降到 $T_H = T_R = u_C \leqslant 1/3\ U_{CC}$ 时，u_o 重新跃变为高电平，同时放电管 VT 截止，C 又被充电，u_C 上升，电路又返回到暂稳态Ⅰ。

电容 C 如此循环充电和放电，使电路产生振荡，输出矩形脉冲。

周期与占空比估算：

$t_{WH} \approx 0.7\,(R_1 + R_2)C$

$t_{WL} \approx 0.7\,R_2C$

$T = t_{WH} + t_{WL} \approx 0.7\,(R_1 + 2R_2)C$

$$q = \frac{t_{\text{WH}}}{T} = \frac{R_1 + R_2}{R_1 + 2R_2}$$

7.2.3 用 555 定时器组成施密特触发器

施密特触发器：输出和输入电压具有滞后电压传输特性的电路。

施密特触发器具有以下特点：

① 属电平触发，有两个稳定的状态，是双稳态触发电路；

② 对于正向和负向增长的输入信号，电路的触发转换电平不同。

反相输出特性：当输入电压正向增加到正向阀值电压 U_{T+}时，输出由 1 态翻转到 0 态；当输入电压反向减小到负向阀值电压 U_{T-}时，输出由 0 态翻转到 1 态。U_{T+}与 U_{T-}的差值 $\Delta U_T = U_{T+} - U_{T-}$，称为回差电压。

同相输出特性：当输入电压正向增加到正向阀值电压 U_{T+}时，输出由 0 态翻转到 1 态；当输入电压反向减小到负向阀值电压 U_{T-}时，输出由 1 态翻转到 0 态。

1. 电路结构

施密特触发器电路结构如图 7.2.4 所示。

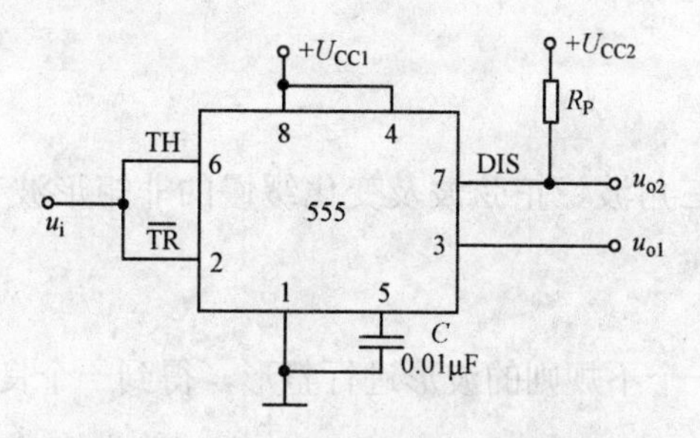

图 7.2.4 555 定时器组成的施密特触发器

施密特触发器电压传输曲线如图 7.2.5 所示。

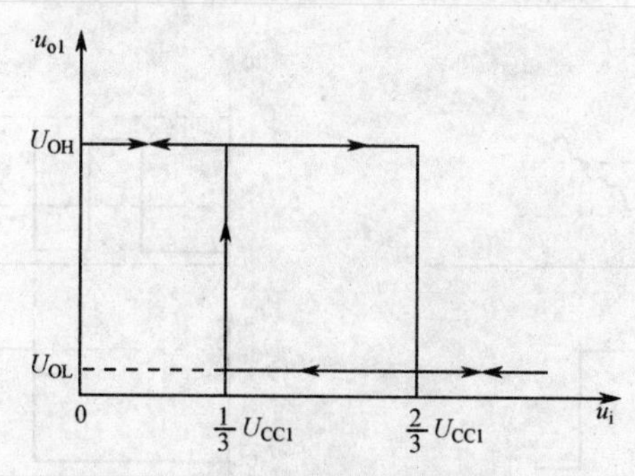

图 7.2.5 施密特触发器电压传输特性

2. 工作原理

（1）当 u_i 正向增长：当 $u_i < \frac{1}{3}U_{CC}$ 时，“6”、“2” 引脚状态为 0、0，继续增大到 $u_i <$

$\frac{2}{3}U_{CC}$时，“6”、“2”引脚状态为 0、1，所以 u_o=1；当 $u_i \geqslant \frac{2}{3}U_{CC}$时，“6”、“2”引脚为 1、1，输出由 1 变为 0，所以 u_o=0

（2）当 u_i 反向减小：当 $u_i < \frac{2}{3}U_{CC}$ 且 $u_i \geqslant \frac{1}{3}U_{CC}$ 时，“6”、“2”引脚 0、1，输出保持不变，所以 u_o=0；$u_i \leqslant \frac{1}{3}U_{CC}$ 时，“6”、“2”管脚为 0、0，所以 u_o=1。

其输出波形图如图 7.2.6 所示。

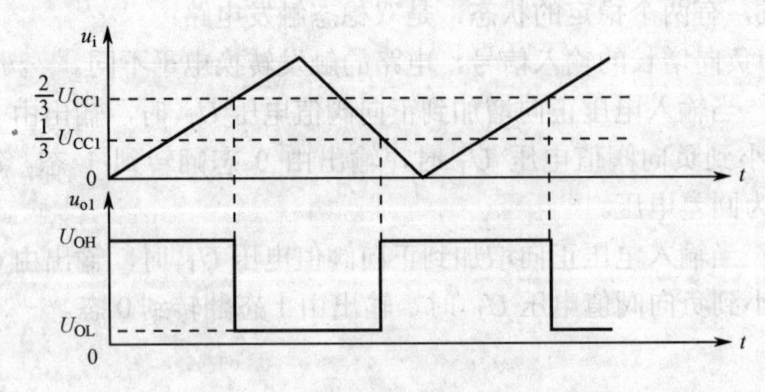

图 7.2.6　施密特触发器工作波形图

3. 应用

（1）波形变换

施密特触发器可以将三角波、正弦波及变化缓慢的非矩形波变换为上升沿和下降沿都很陡峭的矩形波。

（2）脉冲波形整形

施密特触发器可以将一个不规则的波形进行整形，得到一个良好的波形，如图 7.2.7 所示。

（3）脉冲幅度鉴别

施密特触发器可用来将幅度较大的脉冲信号鉴别出来，如图 7.2.8 所示。

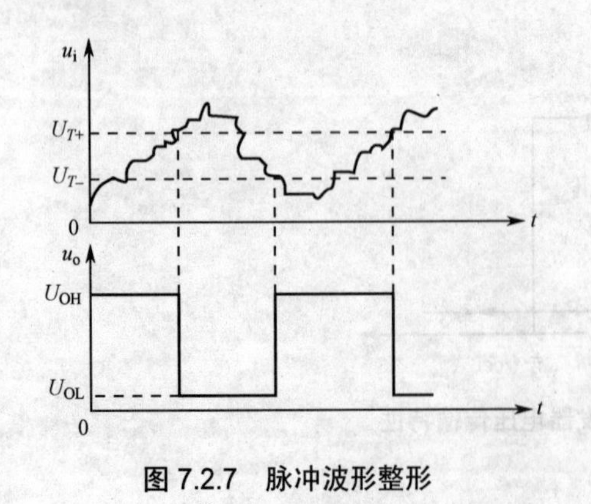

图 7.2.7　脉冲波形整形

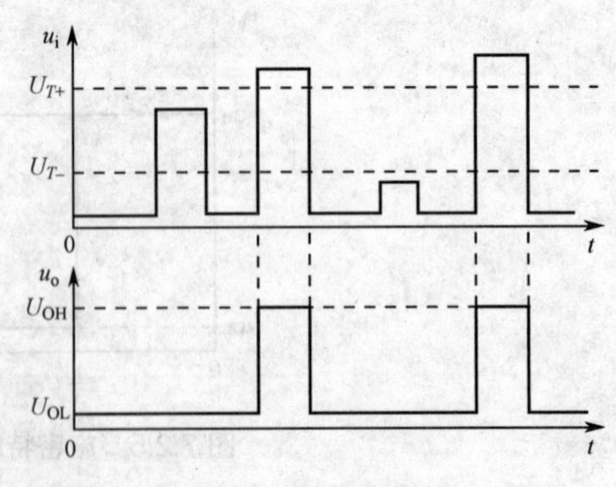

图 7.2.8　脉冲幅度鉴别

本章小结

（1）555 定时器是一种电路结构简单、使用方便灵活、应用非常广泛的模拟与数字电路相结合的中规模集成电路，它具有较强的负载能力和较高的触发灵敏度，因而在自动控制，仪器仪表，家用电器等许多领域都有着广泛的应用。

（2）在 555 定时器外部接少量的阻容元器件可构成单稳态触发器、施密特触发器和多谐振荡器。

（3）单稳态触发器只有一个稳态，在输入触发信号作用下，由稳态进入暂稳态，经一段时间后，自动回到原来的稳态，输出单脉冲信号。单稳态触发器主要用于脉冲整形、定时、脉宽展宽等。

（4）施密特触发器有两个稳态，具有滞后电压传输特性，主要用于波形变换、整形及脉冲幅度的鉴别等。

（5）多谐振荡器是一种自激振荡电路，它无稳态，只有两个暂稳态，接通电源后，无须外加触发脉冲信号，依靠电容的充放电，电路便能在两个暂稳态之间相互翻转，产生矩形脉冲信号。

习 题 7

试画出用 555 定时器组成单稳态触发器。当电源电压 $U_{DD}=12V$ 时，$R=1k\Omega$，$C=0.01MF$。试问：

（1）输出脉冲宽度 t_W=？

（2）电容 C 上的电压最高能有几伏？

（3）输入负触发脉冲的宽度 t_{W1} 应大于、等于还是小于输出脉冲宽度 t_W，为什么？

技能训练

时基电路

一、实验目的

1. 掌握 555 时基电路的结构和工作原理，学会对此芯片的正确使用。
2. 学会分析和测试用 555 时基电路构成的多谐振荡器典型电路。

二、实验仪器及材料

1. 双踪示波器

2. 数字电路实验箱

3. 器件

NE556，(或 LM556，5G556 等) 双时基电路　　1 片

二极管 1N148　　2 只

电位器　　22K、1K　　2 只

电阻、电容　　若干

扬声器　　一只

KD-9300 系列音乐集成块　　一块

小型无锁按键开关

9013 型硅 NPN 三极管，要求$\beta \geqslant 100$。

三、实验内容

1. 555 时基电路功能测试

本实验所用的 555 时基电路芯片为 NE556，同一芯片上集成了二个各自独立的 555 时基电路，图中各管脚的功能简述如下：

TH 高电平触发端：当 TH 端电平大于 $2/3U_{CC}$，输出 OUT 呈低电平，DIS 端导通。

$\overline{TR}$ 低电平触发端：当 $\overline{TR}$ 端电平小于 $1/3U_{CC}$ 时，OUT 端呈现低电平，DIS 端关断。

$\overline{R}$ 复位端：$\overline{R}=0$，OUT 端输出低电平，DIS 端导通。

CV 控制电压端：CV 接不同的电压值可以改变 TH、$\overline{TR}$ 的触发电平值。

DIS 放电端：其导通或关断为 RC 回路提供了放电或充电的通路。

OUT 输出端。

测试接线图如图 7-1 所示。

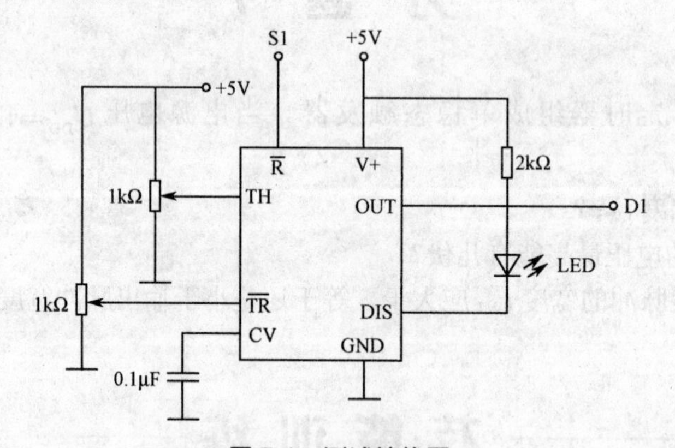

图 7-1　测试接线图

表 7-1　芯片功能表

TH	$\overline{TR}$	$\overline{R}$	OUT	DIS
X	X	L	L	导通
>2/3 U_{CC}	>1/3 U_{CC}	H	L	导通
<2/3 U_{CC}	>1/3 U_{CC}	H	原状态	原状态
<2/3 U_{CC}	<1/3 U_{CC}	H	H	关断

（1）按图 7-1 接线，可调电压取自电位器分压器。

（2）按表 7-1 逐项测试其功能并记录。

2. 555 时基电路构成的多谐振荡器

555 时基电路构成的多谐振荡器电路如图 7-2 所示。

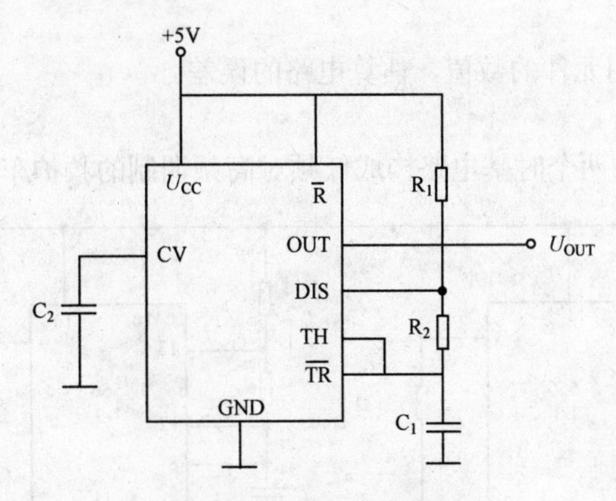

图 7-2　多谐振荡器电路

（1）按图接线。图 7.2 中元件参数如下：

R_1=15kΩ　　R_2=5kΩ

C_1=0.33μF　　C_2=0.047μF

（2）用示波器或指示灯观察并测量 OUT 端波形的频率，并和理论估算值比较，算出频率的相对误差值。

（3）若将电阻值改为 R_1=15kΩ，R_2=10kΩ，电容 C 不变，上述的数据有何变化？

（4）根据上述电路的原理，充电回路的支路是 $R_1R_2C_1$，放电回路的支路是 R_2C_1，将电路略做修改，增加一个电位器 R_W 和两个引导二极管，构成图 7-3 所示的占空比可调的多谐振荡器。

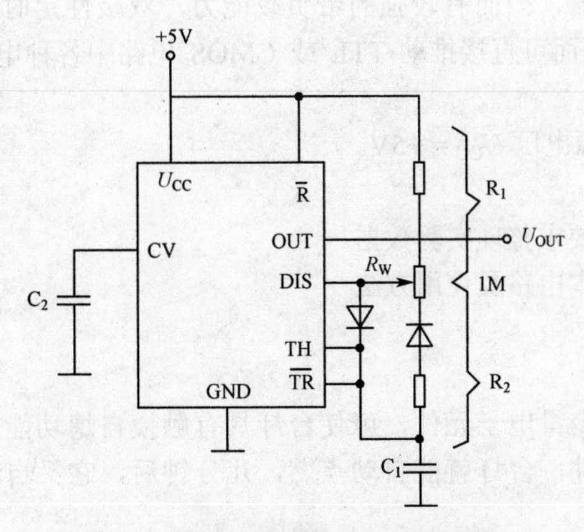

图 7-3　占空比可调的多谐振荡器电路

其占空比 q 为：

$$q = \frac{R_1}{R_1 + R_2}$$

改变 R_W 的位置，可调节 q 值。

合理选择元件参数？（电位器选用 22kΩ），使电路的占空比 q=0.2，且正脉冲宽度为 0.2ms。

调试电路，测出所用元件的数值，估算电路的误差。

3. 应用电路

图 7-4 所示用 556 的两个时基电路构成低频对高频调制的救护车警铃电路。

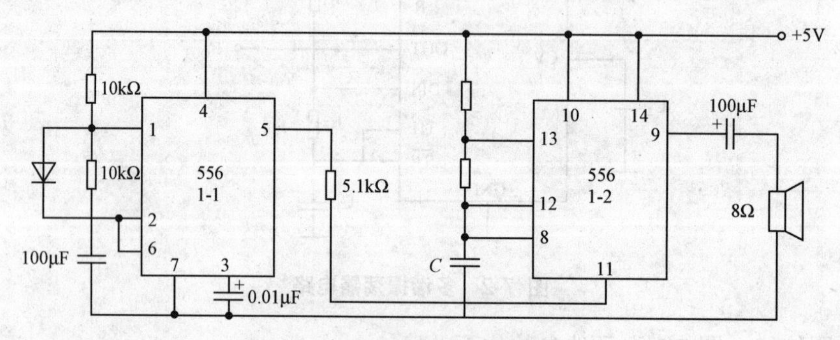

图 7-4　用时基电路组成警铃电路

① 参考实验内容 2 确定图 7-4 中未定元件参数。

② 按图接线，注意扬声器先不接。

③ 用示波器观察输出波形并记录。

④ 接上扬声器，调整参数到声响效果满意。

4. 时基电路使用说明

556 定时器的电源电压范围较宽，可在+5～+16V 范围内使用（若为 CMOS 的 555 芯片则电压范围在+3～+18V 内）。

电路的输出有缓冲器，因而有较强的带负载能力，双极性定时器最大的灌电流和拉电流都在 200mA 左右，因而可直接推动 TTL 或 CMOS 电路中各种电路，包括能直接推动蜂鸣器等器件。

本实验所使用的电源电压 U_{CC} = +5V。

四、实验报告

1. 按实验内容各步要求整理实验数据。

2. 总结时基电路基本电路及使用方法

五、想想做做

触摸自熄电路

在普通台灯上增加少量电子元件，可使台灯具有触摸自熄功能。使用时，只要用手摸一下台灯上的金属装饰件，台灯就能自动点燃，几分钟后，它又自动熄灭。触摸自熄电路如图 7-5 所示。

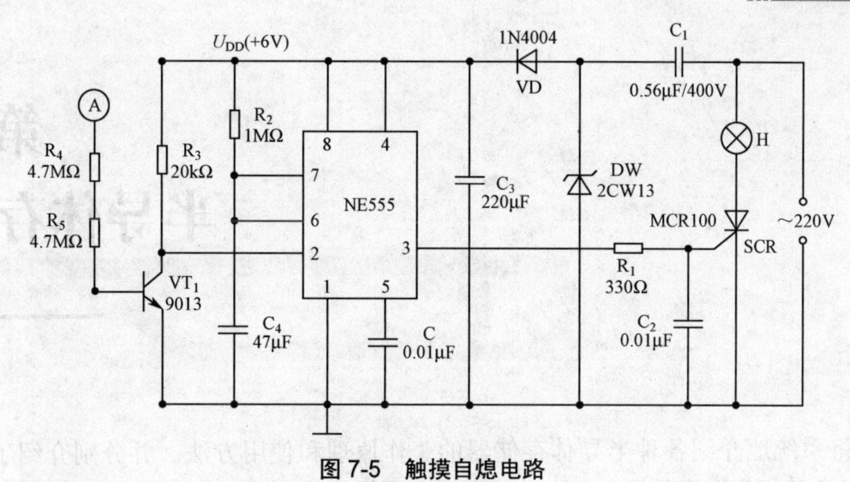

图7-5 触摸自熄电路

（1）工作原理

在电路中，555时基电路接典型的单稳态工作方式，平时电路处于稳定态，“3”引脚输出低电平，可控硅SCR因无触发电压处于关断态，台灯H不亮。需要触摸开关时，只要用手轻轻摸一下电极片A即可，因人体泄漏电流经放大后到集成块的“2”引脚，其信号负半周使电路触发翻转进入暂态，“3”引脚输出高电平，所以有触发电流经R_1流入SCR的控制极，使SCR导通，灯H点亮发光。约经为$t_W \approx 1.1R_2C_4$时间后，暂态结束，电路回复到原先稳定态，“3”引脚输出低电平，SCR控制极失去触发电流交流电过零时即关断，灯熄灭。

（2）元器件选择

为了保证使用者的绝对安全，R_4、R_5采用了高阻值电阻器，最好用RJ-1/4W型金属膜电阻器，R_1、R_2、R_3可用普通RTS-1/8W碳膜电阻器；其他元器件的选择如图7-5所示。

第 8 章
半导体存储器

本章将系统地介绍各种半导体存储器的工作原理和使用方法。并分别介绍了只读存储器（ROM）、随机存取存储器（RAM）、可编程逻辑器件（PLD）的概念和基本应用。

8.1 只读存储器（ROM）

半导体存储器就是能存储大量二值信息（或称二值数据）的半导体器件。它是属于大规模集成电路，由于计算机以及一些数字系统中要存储大量的数据，因此存储器是数字系统中不可缺少的组成部分。

ROM 可分为掩模 ROM、PROM、EPROM、E2PROM、Flash ROM，掩模 ROM 的特点：出厂时已经固定，不能更改，适合大量生产简单，便宜，非易失性。其电路结构简单，而且断电后数据也不会丢失；缺点是只能用于存储一些固定数据的场合。

8.1.1 ROM 的电路结构及工作原理

在采用掩模工艺制作 ROM 时，其中存储的数据是由制作过程中使用的掩模板决定的，此模板是厂家按照用户的要求专门设计的，因此出厂时数据已经“固化”在里面了。

1. ROM 的组成：

ROM 电路结构包含存储矩阵、地址译码器和输出缓冲器 3 个部分，其框图如图 8.1.1 所示。

（1）存储矩阵

存储矩阵是由许多存储单元排列而成。存储单元可以是二极管、双极型三极管或 MOS 管，每个单元能存放 1 位二值代码（0 或 1），而每一个或一组存储单元有一个相应的地址代码。

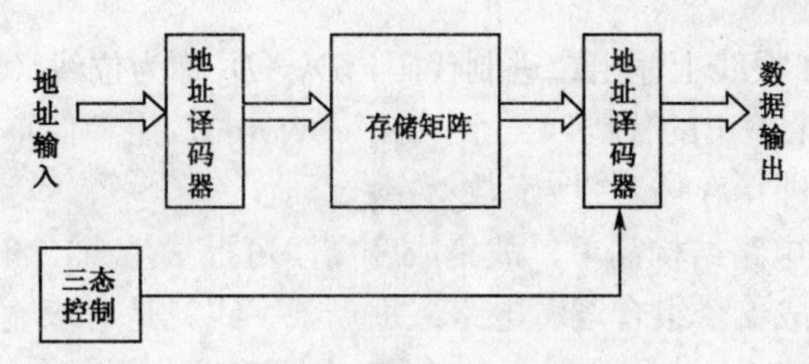

图 8.1.1　ROM 的电路结构图

（2）地址译码器

地址译码器是将输入的地址代码译成相应的控制信号，利用这个控制信号从存储矩阵中把指定的单元选出，并把其中的数据送到输出缓冲器。

（3）输出缓冲器

输出缓冲器的作用提高存储器的带负载能力，另外是实现对输出状态的三态控制，以便与系统的总线相联。

2. 掩模 ROM 的工作原理

图 8.1.2 具有 2 位地址输入码和 4 位数据输出的 ROM 电路。其地址译码器是由 4 个二极管与门构成的，存储矩阵是由二极管或门构成的，输出是由三态门组成的。

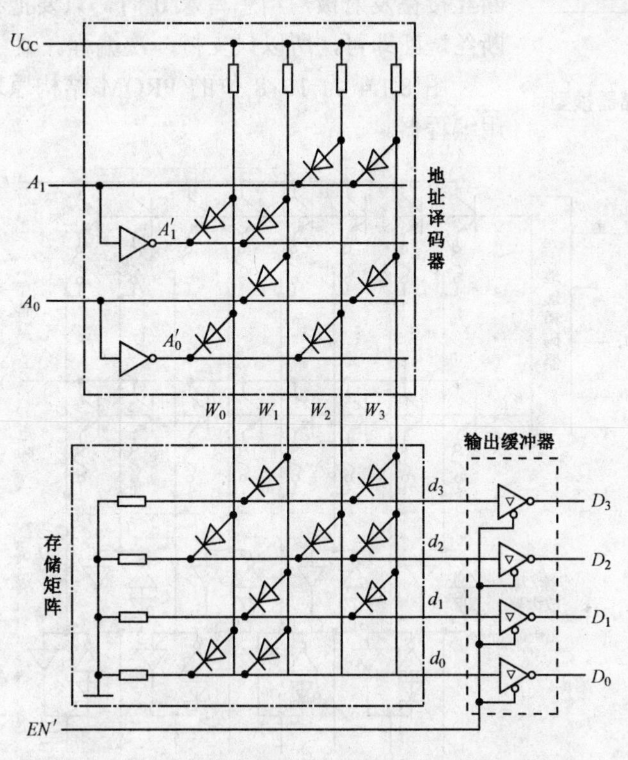

图 8.1.2　2 位地址输入码 4 位数据输出的 ROM 电路

其中：地址译码器是由 4 个二极管与门组成的，A1、A0 称为地址线，译码器将 4 个地址码译成 W_0～W_3 上 4 根线的高电平信号。W_0～W_3 称为字线。

存储矩阵是由 4 个二极管或门组成的编码器，当 W_0～W_3 每根线分别给出高电平信号时，都会在 D_0～D_3 这 4 根线上输出二进制代码，D_0～D_3 称为位线（或数据线）。

注： a. 通常将每个输出的代码叫一个“字”（Word），用存储单元的数目表示存储器的存储量（或称为容量）即：存储容量=字数×位数。

b. 二极管 ROM 的电路结构简单，故集成度高，可批量生产，价格便宜。

c. ROM 的可以看成一个组合逻辑电路，每一条字线就是对应输入变量的最小项，而位线是最小项的或，故 ROM 可实现逻辑函数的与-或标准式。

8.1.2 可编程只读存储器（PROM）

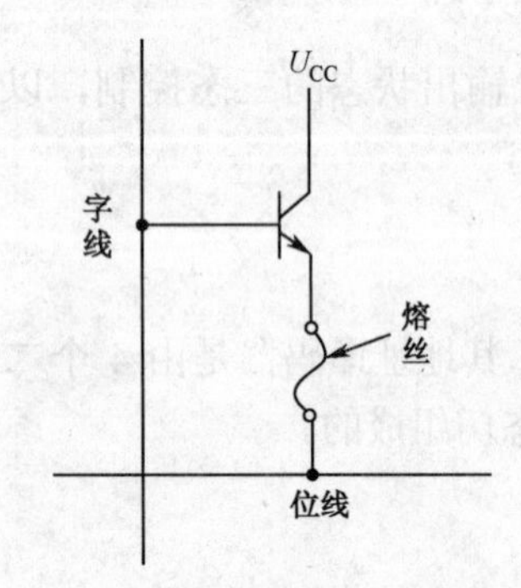

图 8.1.3 三极管存储器模型

在对数字电路产品开发的工作过程中以及小批量生产某产品时，由于需要的 ROM 数量有限，设计人员会经常按自己的想法写入所需要内容的 ROM。这就出现了 PROM（可编程只读存储器）。

PROM 的整体结构和掩模 ROM 一样，也有地址译码器、存储矩阵和输出电路组成。在图 8.1.3 中，三极管的 BE 结接在字线和位线之间，相当于字线和位线之间的二极管。快速熔断丝接在发射极，当想写入 0 时，只要把相应的存储单元的熔断丝烧断即可，所以只支持一次编程。

图 8.1.4 为 16×8 位的 PROM 结构原理图。写入时，要使用编程器。

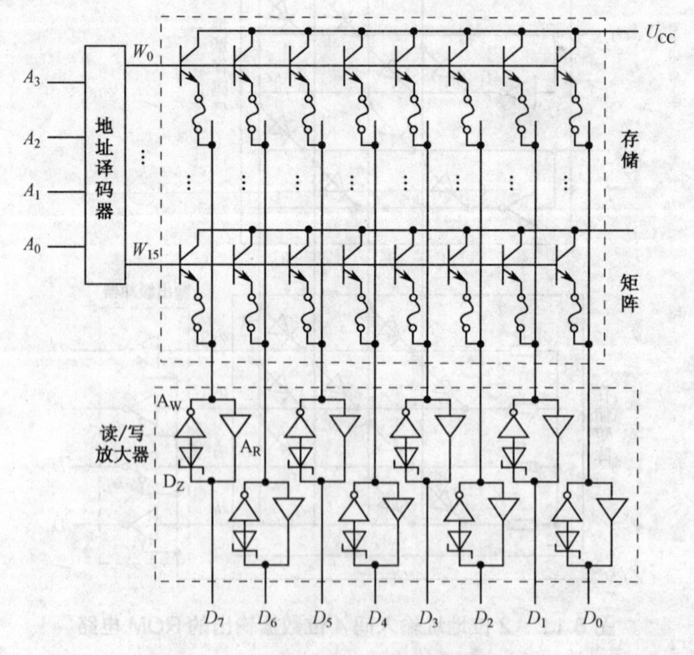

图 8.1.4 16×8 位的 PROM 电路结构图

可见 PROM 的内容一旦写入则无法更改，只可以写一次，但在实际应用中会经常修改存储的内容，以满足设计的要求，因此需要能多次修改的 ROM，其后出现了可擦除重写的

ROM。这种擦除分为紫外线擦除（EPROM）和电擦除 E^2PROM，及快闪存储器（Flash Memory）。

8.2 随机存储器（RAM）

随机存储器在正常工作状态下可以随时向存储器里写入/读出数据。根据采用的存储单元工作原理不同随机存储器又可分为静态存储器（Static Random Access Memory，SRAM）和动态存储器（Dynamic Random Access Memory，DRAM）。

SRAM 的特点是数据由触发器记忆，只要不断电，数据就能永久保存。但 SRAM 存储单元所用的管子数量多、功耗大、集成度受到限制，为了克服这些缺点，则产生了 DRAM。它的集成度要比 SRAM 高得多，缺点是速度不如 SRAM。

RAM 使用灵活方便，可以随时从其中任一指定地址读出（取出）或写入（存入）数据，缺点是具有数据的易失性，即一旦失电，所存储的数据立即丢失。

从制造工艺上存储器可分为双极型和单极型（CMOS 型），由于 MOS 电路（特别是 CMOS 电路），具有功耗低、集成度高的优点，所以目前大容量的存储器都是采用 MOS 工艺制作的。

8.2.1 RAM 的结构和工作原理

1. RAM 的结构

RAM 电路一般由存储矩阵、地址译码器和读/写控制电路（也叫输入/输出电路）三部分组成，如图 8.2.1 所示。

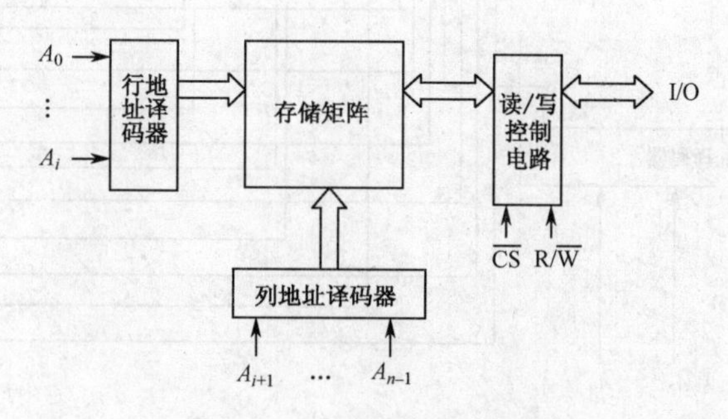

图 8.2.1 RAM 电路结构图

（1）存储矩阵

由多个存储单元排列而成，每个存储单元都能存储 1 位二值数据（1 或 0），在译码器和读/写电路的控制下，即可写入/读出数据。

（2）地址译码器

一般分为行地址译码器和列地址译码器两部分。行地址译码器将输入的地址代码 A_0～

A_i 译成某一条字线的输出高、低电平信号，从存储矩阵中选中一行存储单元；列地址译码器将输入地址代码的其余几位 A_{i+1}～A_{n-1} 译成某一根输出线上的高、低电平信号，从字线选中的一行存储单元中再选 1 位（或几位），使这些被选中的单元经读/写控制电路与输入/输出接通，以便对这些单元进行读/写操作。

（3）读/写控制电路

用于对电路的工作状态进行控制。当读/写控制信号 $R/\overline{W}=1$ 时，执行读操作，将存储单元里的数据送到输入/输出端上；当 $R/\overline{W}=0$ 时，执行写操作，加到输入/输出端上的数据被写入存储单元中。另设片选输入端 $\overline{CS}$。当 $\overline{CS}=0$ 时，RAM 为正常工作状态；当 $\overline{CS}=1$ 时，所有的输入/输出端均为高阻态，不能对 RAM 进行读/写操作。

2. 工作原理

如图 8.2.2 所示，下面介绍一下 1024×4 位的 RAM 的工作原理。

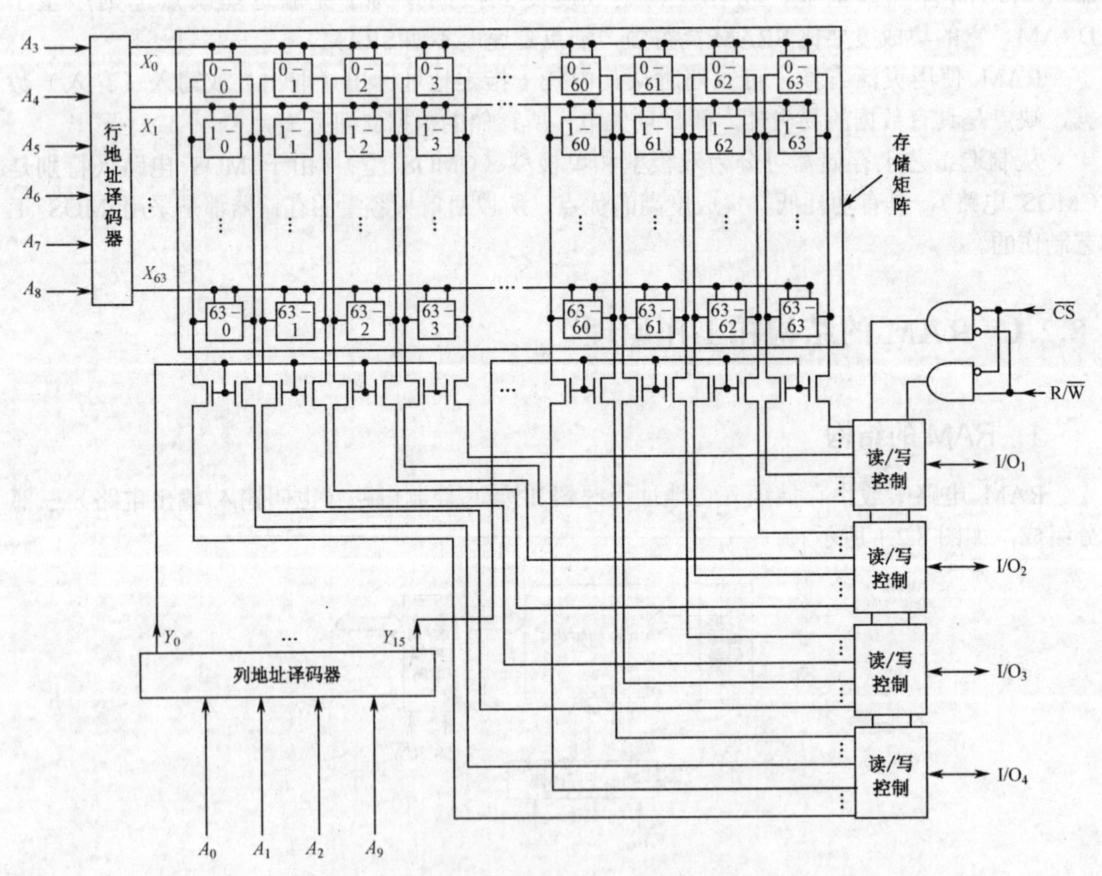

图 8.2.2　1024×4 位的 RAM2114 的工作原理图

存储单元：64×64=4096，排列成 64 行和 64 列的矩阵

地址译码器：10 根地址线 A_0～A_9，分 2 组，6 根行地址输入线 A_8～A_3 加到行地址译码器上，其输出为 $2^6=64$ 根行地址输出线 X_0～X_{63}；4 根列地址输入线 A_2～A_0、A_9 加到列地址译码器上，译出 $2^4=16$ 列地址输出线，其输出信号从已选中一行里挑出要读写的 4 个存储单元，即每个字线包含 4 位 I/O_1～ I/O_4。

I/O_1～I/O_4：数据输入端也是数据读出端。读/写操作是由 $R/\overline{W}$ 和 $\overline{CS}$ 控制的。

读/写控制：当 $\overline{CS}=0$、$R/\overline{W}=1$ 时，为读出状态，存储矩阵的数据被读出，数据从 I/O_1～I/O_4 输出。当 $\overline{CS}=0$、$R/\overline{W}=0$ 时，执行写入操作，I/O_1～ I/O_4 上的数据写入到存储矩阵中。

若 $\overline{CS}=1$，则所有的 I/O 端都处于禁止状态，将存储器内部电路与外部连线隔离，此时可以直接把 I/O_1～I/O_4 与系统总线相连，或将多片 2114 的输入/输出端并联使用。

存储矩阵：2114 中有 64 行×（16×4）列=4096 个存储单元，每个存储单元都由 6 个 NMOS 管组成。

8.2.2 RAM 的存储单元

静态存储单元是在静态触发器的基础上附加门控管而成，它是靠触发器的自保持功能存储数据的。

如图 8.2.3 由六只 N 型沟道增强型 MOS 管组成的静态存储单元。

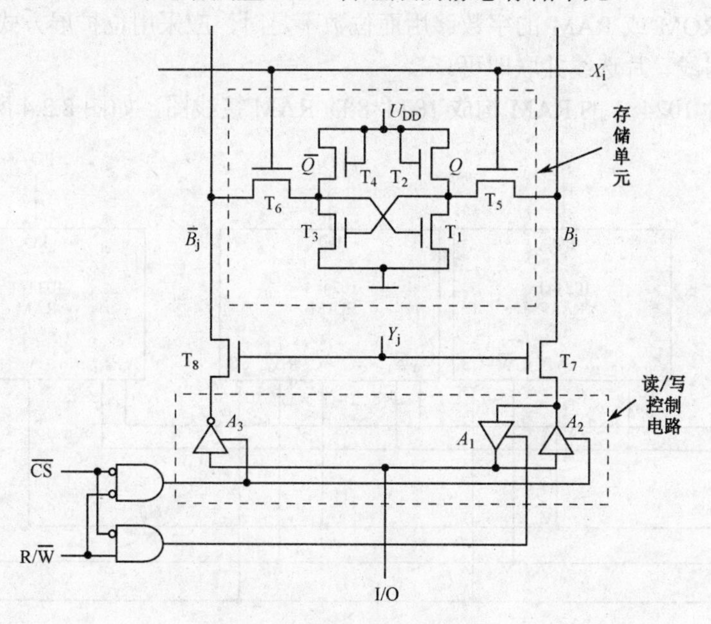

图 8.2.3 SRAM 的存储单元

其中：

T_1～T_4：组成基本 SR 锁存器，用于记忆一位二值代码。

T_5、T_6：是门控管，作模拟开关使用，用来控制触发器的 Q、Q'，和位线 B_j、B_j'之间的联系。

T_5、T_6 的开关状态是由字线 X_i 决定的，当 $X_i=1$ 时，T_5、T_6 导通，锁存器的输出和位线接通；当 $X_i=0$ 时，T_5、T_6 截止，锁存器与位线断开。

T_7、T_8：是每一列存储单元公用的两个门控管，用于和读/写缓冲放大器之间的连接。

T_7、T_8 是由列地址译码器的输出端 Y_j 来控制的。当 $Y_j=1$ 时，所在的列被选中，T_7、T_8 导通，这时第 i 行第 j 列的单元与缓冲器相连；当 $Y_j=0$ 时，T_7、T_8 截止。

工作原理：当存储单元所在的一行和一列同时被选中以后，即 X_i=1，Y_j=1，T_5、T_6 、T_7、T_8 均处于导通状态，Q、$\overline{Q}$和 B_j、$\overline{B}_j$之间接通。若这时$\overline{CS}$=0、R/$\overline{W}$=1，则读/写缓冲放大器的 A_1 接通，A_2、A_3 不通，Q 的状态经 A_1 送到 I/O 端，实现数据读出。若这时$\overline{CS}$=0、R/$\overline{W}$=0，则 A_1 不通，A_2、A_3 通，加到 I/O 的数据被写入存储单元。

注：由于 CMOS 电路的功耗极低，虽然制造工艺比较复杂，但大容量的静态存储器几乎全部采用 CMOS 存储单元。

8.2.3 RAM 的扩展

当使用一片 ROM 或 RAM 器件不能满足对存储容量的需求时，则需要将若干片 ROM 或 RAM 组合起来，构成更大容量的存储器。存储容量的扩展方式有两种：位扩展方式和字扩展方式。

1. 位扩展方式

若每一片 ROM 或 RAM 的字数够用而位数不足时，应采用位扩展方式。接法：将各片的地址线、读写线、片选线并联即可。

（1）用 8 片 1024×1 的 RAM 构成 1024×8 的 RAM 接线图，如图 8.2.4 所示。

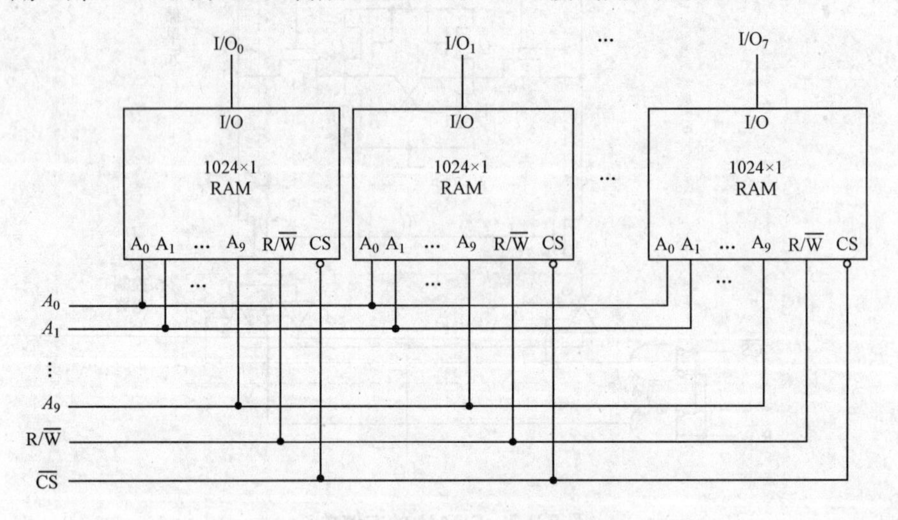

图 8.2.4　1024×8 的 RAM 接线图

（2）由两片 2114 扩展成 1024×8 位的 RAM 电路连线图，如图 8.2.5 所示。

2. 字扩展方式

若每一片存储器（ROM 或 RAM）的数据位数够而字数不够时，则需要采用字扩展方式，以扩大整个存储器的字数，得到字数更多的存储器。

用 4 片 256×8 位的 RAM 接成一个 1024×8 位的 RAM 接线图，如图 8.2.6 所示。

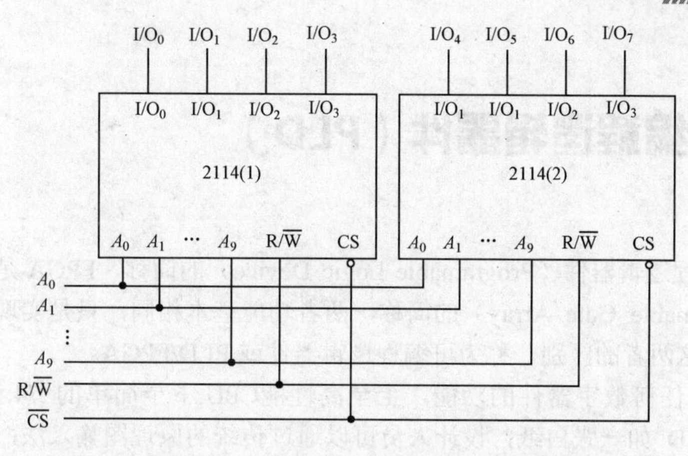

图 8.2.5 两片 2114 扩展成 1024×8 位的 RAM 电路连线图

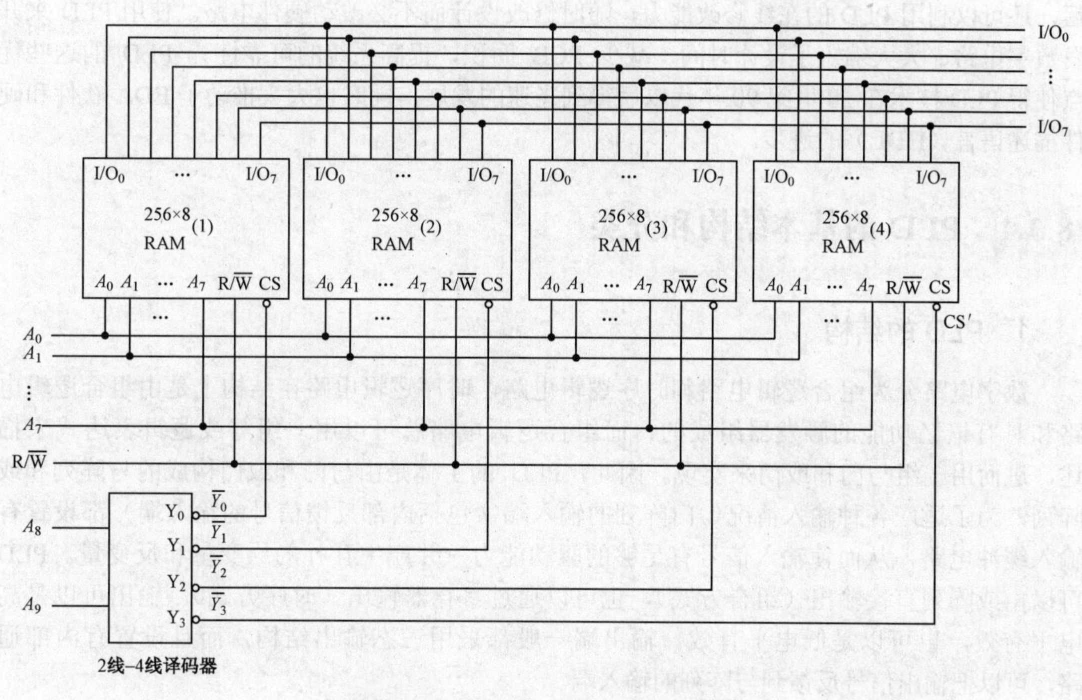

图 8.2.6 4 片 256×8 位 RAM 接线图

其各片 RAM 电路的地址分配如表 8.2.1 所示。

表 8.2.1 各片 RAM 电路的地址分配

器件编号	A_9 A_8	$\overline{Y}_0$ $\overline{Y}_1$ $\overline{Y}_2$ $\overline{Y}_3$	地址范围 A_9～A_0（等效十进制数）
RAM(1)	0 0	0 1 1 1	0000000000～0011111111(0～255)
RAM(2)	0 1	1 0 1 1	0100000000～0111111111(256～511)
RAM(3)	1 0	1 1 0 1	1000000000～1011111111(512～767)
RAM(4)	1 1	1 1 1 0	1100000000～1111111111(768～1023)

8.3 可编程逻辑器件（PLD）

PLD 是可编程逻辑器件（Programable Logic Device）的简称，FPGA 是现场可编程门阵列（Field Programable Gate Array）的简称，两者功能基本相同，只是实现原理不同，在使用中有时能忽略这两者的区别，称为可编程逻辑器件或 PLD/FPGA。

PLD 能完成任何数字器件的功能，上至高性能CPU,下至简单的 74 电路，都可以用 PLD 来实现。PLD 如一张白纸，设计人员可以通过传统的原理图输入法，或是硬件描述语言自由的设计一个数字系统。通过软件仿真，我们可以先验证设计的正确性。在PCB完成以后，还可以利用 PLD 的在线修改能力，随时修改设计而不必改动硬件电路。使用 PLD 来开发数字电路，大大缩短了设计时间，减少 PCB 面积，提高系统的可靠性。PLD 的这些优点使得 PLD 技术在 20 世纪 90 年代以后得到飞速的发展，同时也大大推动了 EDA 软件和硬件描述语言（HDL）的进步。

8.3.1 PLD 的基本结构和分类

1. PLD 的结构

数字电路分为组合逻辑电路和时序逻辑电路，时序逻辑电路在结构上是由组合逻辑电路和具有记忆功能的触发器组成的，而组合逻辑电路总可以用一组与或逻辑表达式来描述，进而用一组与门和或门来实现。因此，PLD 的主体是由与门和或门构成的与阵列和或阵列，为了适应各种输入情况，门阵列的输入端（包括内部反馈信号的输入端）都设置有输入缓冲电路，从而使输入信号有足够的驱动能力，并产生互补的原变量和反变量。PLD 可以由或阵列直接输出（组合方式），也可以通过寄存器输出（时序方式）。输出可以是高电平有效，也可以是低电平有效。输出端一般都采用三态输出结构，而且设置有内部通路，可以把输出信号反馈到与阵列的输入端。

2. PLD 内部电路的表示方法

由于 PLD 的阵列连接规模十分庞大，为方便起见，在绘制 PLD 的逻辑图时常采用如图 8.3.1 所示的简化画法。

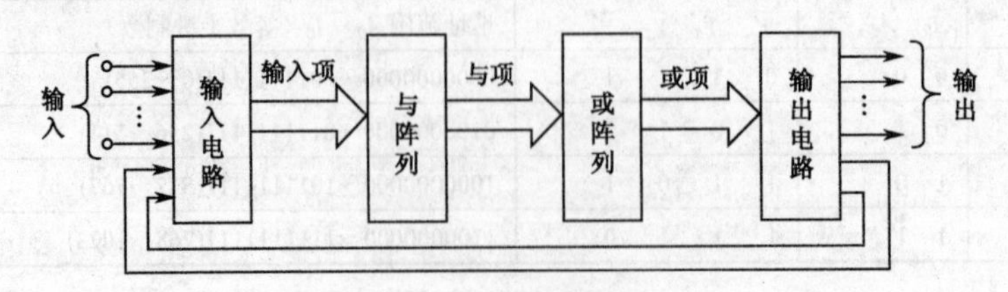

图 8.3.1 PLD 的逻辑电路图

3. PLD 的分类

PLD 内部通常只有一部分或某些部分是可编程的。根据可编程情况，可以把 PLD 分成可编程只读存储器（PROM）、可编程逻辑阵列（简称 PLA）、可编程阵列逻辑（简称 PAL）和通用阵列逻辑（简称 GAL），其中，PROM 和 PLA 属于组合逻辑电路，PAL 既有组合逻辑电路又有时序逻辑电路，GAL 则为时序逻辑电路，当然也可以用 GAL 实现组合逻辑函数。PLD 分类如表 8.3.1 所示。

表 8.3.1　PLD 的分类表

分类	与阵列	或阵列	输出电路	编程方式
PROM	固定	可编程	固定	熔丝
PLA	可编程	可编程	固定	熔丝
PAL	可编程	固定	固定	熔丝
GAL	可编程	固定	可组态	电可擦除

PROM 的或阵列是可编程，与阵列是固定的。PROM 除用来制作函数表电路和显示译码电路外，一般只作存储器用。PLA 的与阵列和或阵列都是可编程的，可以实现逻辑函数的最简与或表达式，但缺少支持软件和编程工具，价格较贵。PAL 的或阵列固定，与阵列可编程。PAL 速度高、价格低，其输出电路结构有好几种形式，可以借助编程器进行现场编程。但其输出方式固定而不能重新组态，编程是一次性的。GAL 的阵列结构与 PAL 相同，但其输出电路采用了逻辑宏单元结构，输出方式用户可以根据需要自行组态。

8.3.2　可编程阵列逻辑器件（PLA）简介

20 世纪 70 年代出现的可编程逻辑 PLA，它的结构也是由与门阵列和或门阵列组成，两者都是可编程的，它的译码器是一个非完全译码器，译码器的输出字线是一个任意与项，不需要产生全部最小项。所以使用 PLA 可以根据逻辑函数的最简与或式，由所需的与项来实现相应的电路组合。

以代码转换为例，来说明用 PLA 实现组合电路的过程。先根据表 8.3.2 所示，用卡诺图将输出化简成最简式。

表 8.3.2　代码转换

二进制码 $B_3\,B_2\,B_1\,B_0$	译码输出	格雷码 $G_3\,G_2\,G_1\,G_0$
0000	M_0	0000
0001	M_1	0001
0010	M_2	0011
0011	M_3	0010
0100	M_4	0110
0101	M_5	0111
0110	M_6	0101
0111	M_7	0100

续表

二进制码 $B_3\,B_2\,B_1\,B_0$	译码输出	格雷码 $G_3\,G_2\,G_1\,G_0$
1000	M_8	1100
1001	M_9	1101
1010	M_{10}	1111
1011	M_{11}	1110
1100	M_{12}	1010
1101	M_{13}	1011
1110	M_{14}	1001
1111	M_{15}	1000

$$G_3=B_3 \qquad G_2=B_3\overline{B}_2+\overline{B}_3B_2$$

$$G_1=B_2\overline{B}_1+\overline{B}_2B_1 \qquad G_0=B_1\overline{B}_0+\overline{B}_1B_0$$

根据所得的最简与或式中的与项，列出 PLA 的与阵列；然后根据表达式中的或关系，列出 PLA 的或阵列，得到图 8.3.2 所示的 PLA 阵列逻辑图。由此可见，完成同样的功能用 PLA 比 PROM 结构要简单。

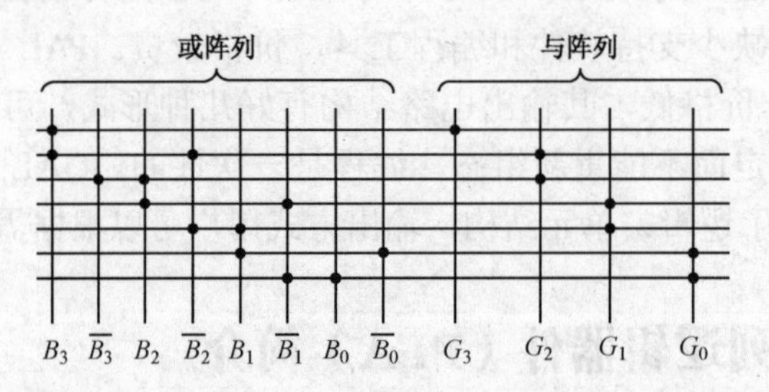

图 8.3.2 二进制码—各类码转换的 PLA 阵列逻辑图

8.3.3 可编程通用阵列逻辑器件（GAL）简介

在 20 世纪 80 年代推出的通用阵列逻辑（GAL），它的基本结构与 PAL 基本类似。不同之处是 GAL 采用了一种电可擦除 CMOS 工艺，即采用了 E2CoMC 制造工艺的大规模专用数字集成电路，是专用集成电路 ASIC 的一个重要开支。使用户可以用电气的方法在数秒内完成芯片的擦除和编程操作。GAL 器件具有低耗、高速、反复编程及结构灵活等特点，是一种新型的数字逻辑器件。另外，GAL 的输出结构采用的输出逻辑宏单元是可编程的，用户可以自行定义所需的输出结构和功能。

1．分类

GAL 产品可分为普通型、通用型、异步型、FPLA 型和在线可编程型 5 个系列。

普通型有 GALl6V8、GALl6V8A、GAL20V8A、GAL16V8B、GAL20V8BTFFU。通用型有 OAL18V10、OAL26CVl2 等，GAL20RAl0 为异步型。GAL6001 为 FPLA 型，其与陈列和或阵列都可编程。ISP GAL16Z8 为在线可编程型。

2. 特点

（1）功能强，使用灵活，具有通用性。

（2）集成度高，功耗低。

本章小结

存储器是存储信息的器件，用来存放二进制数据、程序等信息，是数字系统中不可缺少的部件。存储器按功能可分为：只读存储器 ROM 和随机存储器 RAM。

ROM 的电路结构主要包括三部分：输入缓冲器、地址译码器、存储矩阵和输出缓冲器。掩膜 ROM 的内容出厂时已按要求固定，用户不能修改；PROM 可写入一次；其后又出现了紫外线擦除的存储器 EPROM，电写入电擦除的存储器 EEPROM 或 E^2PROM。

RAM 随机存储器的特点是在工作过程中数据可以随时写入和读出，使用方便灵活，但所存数据在断电后会丢失。按工作原理可分为静态随机存储器 SRAM 和动态随机存储器 DRAM。

一个芯片的存储容量不能满足需要，可以通过增加字长（位数）或字数来把多个存储器芯片连在一起扩展存储容量。

可编程逻辑器件经历了 PROM、PLA、PAL、GAL、EPLD、FPGA、CPLD 的发展过程，在结构、功能、集成度、工艺、速度和灵活性方面都有很大的改进和提高。

习 题 8

一、选择题

1. 存储容量为 4K×8 位的 ROM 存储器，其地址线为（　　）条。

   A. 8　　B. 12　　C. 13　　D. 14

2. 要构成容量为 1K×8 的 RAM，需要（　）片容量为 256×4 的 RAM。

   A. 2　　B. 4　　C. 8　　D. 32

3. PAL 是一种的（　　）可编程逻辑器件。

   A. 与阵列可编程，或阵列固定

   B. 与阵列列固定，或阵可编程

   C. 与阵列、或阵列固定

   D. 与阵列、或阵列可编程

4. 一个容量为 512×1 的静态 RAM 具有（　　）。

   A. 地址线 9 根，数据线 1 根　　B. 地址线 1 根，数据线 9 根

C. 地址线 512 根，数据线 9 根　　　D. 地址线 9 根，数据线 512 根

5．PROM 的与阵列（地址译码器）是（　　）。

A. 全译码可编程阵列　　　B. 全译码不可编程阵列

C. 非全译码可编程阵列　　　D. 非全译码不可编程阵列

二、判断题（正确打√，错误的打×）

1．RAM 由若干位存储单元组成，每个存储单元可存放一位二进制信息。（　　）

2．动态随机存取存储器需要不断地刷新，以防止电容上存储的信息丢失。（　　）

3．所有的半导体存储器在运行时都具有读和写的功能。（　　）

4．存储器字数的扩展可以利用外加译码器控制数个芯片的片选输入端来实现。（　　）

5．ROM 的每个与项（地址译码器的输出）都一定是最小项。（　　）

三、填空题

1．存储器的________和________是反映系统性能的两个重要指标。

2. 随机读写存储器根据存储单元的工作原理，可分为________和________两种。

3. ROM 用于存储固定数据信息，一般由__________、__________和__________三部分组成。

4. PROM 和 ROM 的区别在于它的或阵列是________的。

技能训练

霓虹灯控制电路

一、实验目的

（1）理解存储器各引脚的功能。掌握集成电路 2864 的使用方法。

（2）了解简易手写存储器程序的方法。

（3）掌握存储器的有关地址、数据和信号传送等概念。

二、实验仪器及材料

8K×8 位 E^2PROM　2864　（或 2K×8 位 E^2PROM　2816）（一块）

内含振荡器的 14 位串行二进制计数器 4060　　　（一块）

按键开关　　　（1 个）

电容　1μF（1 个）　0.01μF（1 个）

电阻　470Ω（8 个）　1kΩ（2 个）　10kΩ（2 个）　1MΩ（1 个）

三、实验内容

图 8-1 是霓虹灯控制电路的电路图。2864 的片选端接地，此芯片接通电源可以进入正常的读出状态。

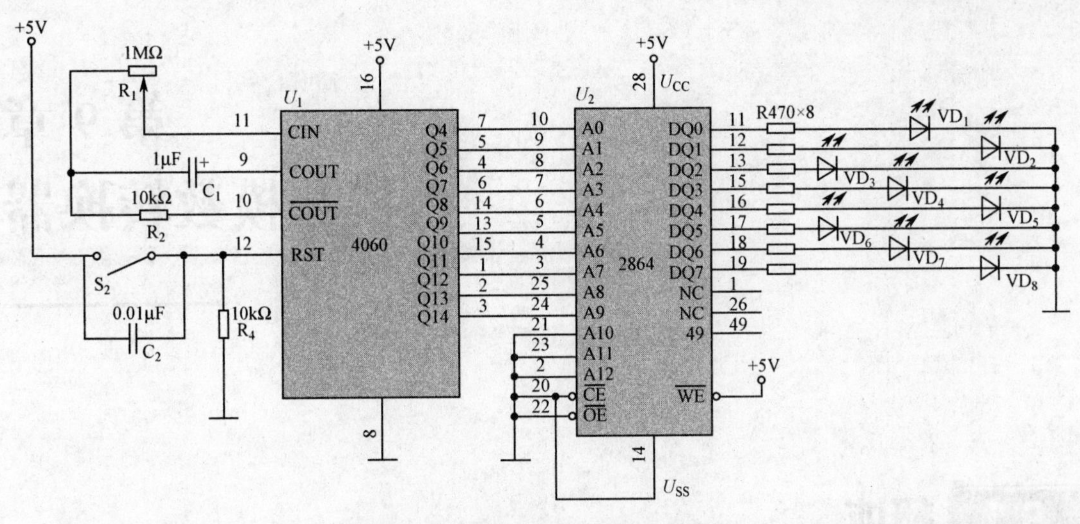

图 8-1 霓虹灯控制电路的电路图

4060 是带振荡器的 14 位二进制计数器。CIN 为时钟输入，COUT 为时钟输出，时钟信号经非门后输出，它们与 R_1、R_2 和 C_1 构成振荡器，振荡出来的频率分频后输入作为存储器的地址数据。当断开 R_1 和 C_1 时，它单纯起 14 位二进制计数器运用，对 CP 输入脉冲进行计数。

本课程的利用专用编程器编程后写入到存储器中，然后安装到电路中。电路工作时只进行读出不写入。指示灯的变化规律由老师和学生一起约定，然后利用编程器编程，再写入 2864 之中。写好程序的芯片插入到电路相应位置的底座上，加上电源。电路即开始工作。

四、实验报告

1．如果使用 2816，应如何接线？

2．说明 S2 的作用。

3．说明此实验电路的工作原理和实验的现象。

4．若希望此电路长时间循环发光，编程时要注意什么。想想可以对此电路进行何种方法改进？

五、想想做做

如果要设计一个用点阵显示“欢迎您来到郑州电力职业技术学院”的电路，需要什么集成电路，各个芯片应该怎样连接？在制作过程中，如何分级进行以减少电路的各级的错误，顺利完成电路？

第 9 章 数模和模数转换器

9.1 概述

随着数字电子技术的发展和数字测量仪表，数字通信和遥测、遥控，计算机的广泛应用，使得模拟量和数字量之间的转换具有十分重要的意义。

把模拟信号转换成数字信号称为模/数转换或 A/D 转换，把实现 A/D 转换的电路称为 A/D 转换器或 ADC；把数字信号转换成模拟信号称为数/模转换或 D/A 转换，把实现 D/A 转换的电路称为 D/A 转换器或 DAC。ADC 和 DAC 是数字设备和控制对象之间的接口电路，是微机用于工业控制的关键部件。

为了保证数据处理的准确性，A/D 转换器和 D/A 转换器必须有很高的转换精度。同时，为了适应快速过程的控制和检测的需要，A/D 转换器和 D/A 转换器必须有很高的速度。因此，转换精度和转换速度是衡量 A/D 转换器和 D/A 转换器性能的主要标志。

9.2 D/A 转换器

9.2.1 倒 T 形电阻网络 D/A 转换器

1. 电路组成

倒 T 形电阻网络 D/A 转换器如图 9.2.1 所示。

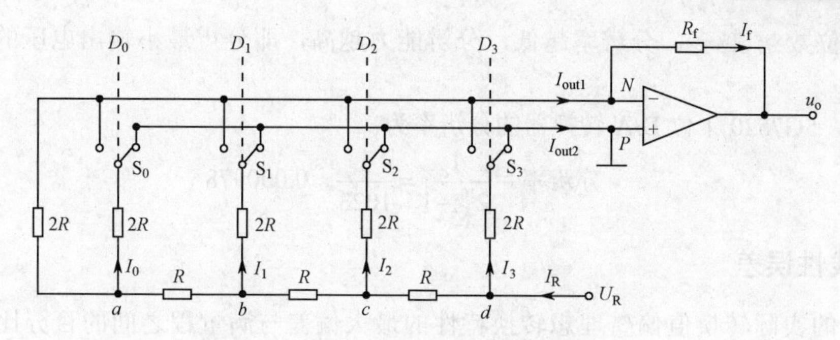

图 9.2.1 倒 T 形电阻网络 D/A 转换器

2. 工作原理

D/A 转换器的组成有多种：脉冲调幅、调宽、梯形电阻式。采用最多的是 R-$2R$ 梯形网络 D/A 转换器。这种 D/A 转换器原理是由电阻网络、开关及基准电源等部分组成，有些 D/A 芯片内有锁存器。在这种网络中，有一个基准电源 U_R，二进制数的每一位对应一个电阻 $2R$，一个由该位二进制数值控制的双向电子开关，二进制数位数的增加或减少，电阻网络和开关的数量也相应地增加或减少。

图 9.2.1 是梯形电阻网络原理图。根据此图可计算出运算放大器的输出电压为：

$$U_o = -\frac{R_f}{2R} U_R$$

倒 T 形电阻网络也只用了 R 和 $2R$ 两种阻值的电阻，但和 T 形电阻网络相比较，由于各支路电流始终存在且恒定不变，所以各支路电流到运放的反相输入端不存在传输时间，因此具有较高的转换速度。

倒 T 形电阻网络 D/A 转换器具有以下特点：

（1）模拟电子开关在地与地之间转换，不论开关状态如何，各支路的电流保持不变，故不需要电流建立时间；

（2）各支路电流直接输入运放的输入端，不存在传输时间差，因而提高了转换速度，并减少了动态过程中输出电压的尖峰脉冲。

9.2.2 D/A 转换器的主要技术指标

1. 分辨率

分辨率是说明 D/A 转换器输出最小电压的能力。它是指 D/A 转换器模拟输出所产生的最小输出电压 U_{LSB}（对应的输入数字量仅最低位为 1）与最大输出电压 U_{FSR}（对应的输入数字量各有效位全为 1）之比。

$$分辨率 = \frac{U_{LSB}}{U_{MSB}} = \frac{-\dfrac{U_R}{2^n}}{-\dfrac{U_R}{2^n}(2^n-1)} = \frac{1}{2^n-1}$$

式中，n 表示输入数字量的位数。可见，分辨率与 D/A 转换器的位数有关，输入数字

化代码的位数 n 越多，分辨率越低，分辨能力越高，即分辨最小输出电压的能力也就越强。

例如，5G7520 十位 D/A 转换器的分辨率为：

$$分辨率=\frac{1}{2^{10}-1}=\frac{1}{1023}\approx 0.000978$$

2. 线性误差

D/A 的实际转换值偏离理想转换特性的最大偏差与满量程之间的百分比称为线性误差。

3. 建立时间

这是 D/A 的一个重要性能参数，定义为：在数字输入端发生满量程码的变化以后，D/A 的模拟输出稳定到最终值±1/2LSB 时所需要的时间。

根据建立时间的长短把 D/A 转换器分成以下 5 档。

（1）超高速：＜1μs

（2）高速：1μs～10μs

（3）中速：10～100μs

（4）低速：≥100μs

4. 温度灵敏度

它是指数字输入不变的情况下，模拟输出信号随温度的变化。一般 D/A 转换器的温度灵敏度为±50PPM/℃。PPM 为百万分之一。

5. 输出电平

不同型号的 D/A 转换器的输出电平相差较大，一般为 5～10V，有的高压输出型的输出电平高达 24～30V。

6. 转换精度

转换精度是实际输出值与理论计算值之差。这种差值越小，转换精度越高。

转换过程中存在各种误差，包括静态误差和温度误差。

9.2.3 集成 D/A 转换器及应用实例

集成 D/A 转换器品种多，从内部结构看，有只含电阻网络和电子模拟开关的基本 D/A 转换器，也有基准电压源、求和运放等集成在一块芯片上的完整 D/A 转制器，还有在内部增加了数据锁存器并具有选控制和数据输入控制端的 D/A 转换器，其接口形式有两类：一类不带锁存器，另一类则带锁存器。对于不带锁存器的 D/A 转换器，在应用中为保存单片机的转换数据，在接口处要加锁存器。

由于 DAC 的转换位数和转换速度不同，集成 D/A 转换芯片有多种型号，如：DAC0830、DAC0831、DAC0832、ADC7524 等。

1. DAC0832 的内部结构及引脚

DAC0832 是分辨率为 8 位的 D/A 转换器。DAC0832 的结构及引脚框图如图 9.2.2 所示。其内部由 8 位输入寄存器、8 位 DAC 寄存器、8 位 D/A 转换器三部分电路组成。

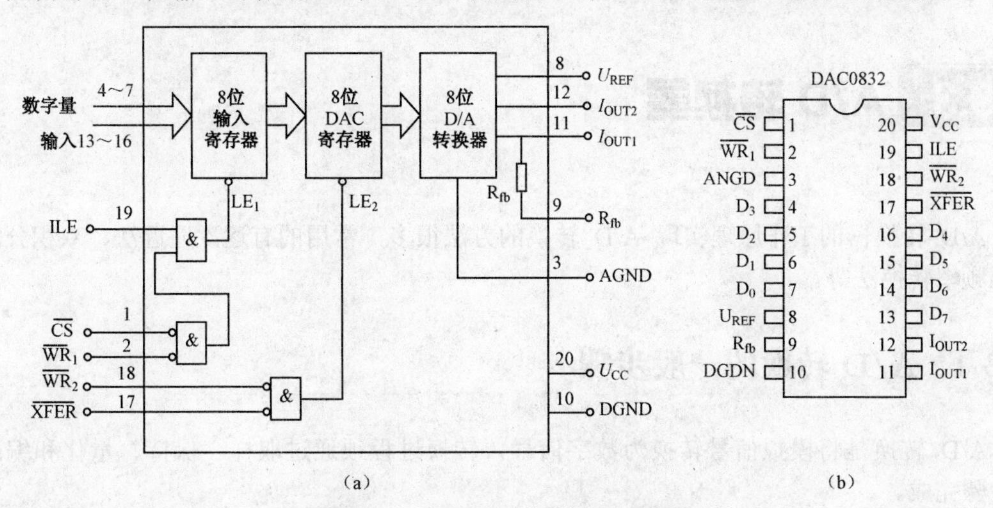

图 9.2.2 DAC0832 的结构及引脚图

DAC0832 可工作在三种不同的工作模式：

（1）直通方式；

（2）单缓冲方式；

（3）双缓冲方式。

2. 应用实例

例如，利用 DAC0832 产生锯齿波，采用直通方式，波形范围为 0～5 V。

分析：

（1）由于采用直通方式，即 DAC0832 的 8 位输入寄存器、8 位 DAC 寄存器一直处于直通状态，因此要求控制端 ILE 接高电平，CS、WR1、WR2、XFER 接地。

（2）本题采用将 DAC0832 数据输入端连接到 8255A 的 A 口，通过 8255A 的 A 口将来自 CPU 的数据锁存，如图 9.2.3 所示。

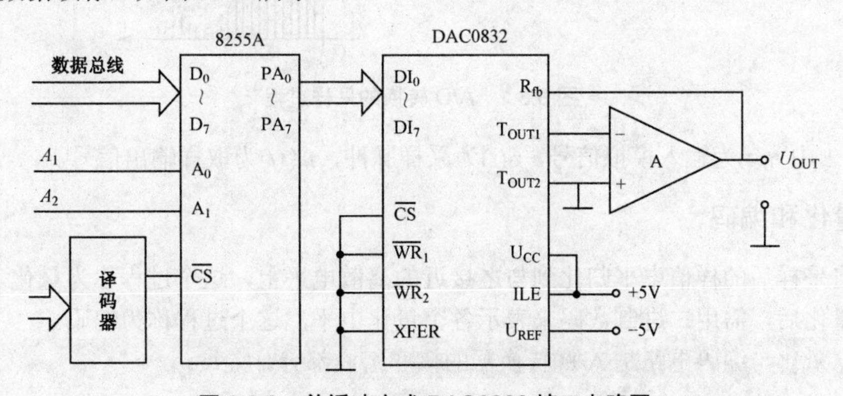

图 9.2.3 单缓冲方式 DAC0832 接口电路图

（3）波形范围为 0～5V，单极性输出。

（4）锯齿波上升部分，采用数据值加 1 的方法，使输出数据由 00H 变化到 FFH。在下降时由 FFH 突变到 00H，不用采用重新赋 00H 的方法，FFH 加 1 自动变为 00H。

9.3 A/D 转换器

A/D 转换器的工作原理实现 A/D 转换的方法很多，常用的有逐次逼近法、双积分法及电压频率转换法等。

9.3.1 A/D 转换的一般步骤

A/D 转换是将模拟信号转换为数字信号，转换过程须通过取样、保持、量化和编码 4 个步骤完成。

1．采样和保持

采样（也称取样）是将时间上连续变化的信号转换为时间上离散的信号，即将时间上连续变化的模拟量转换为一系列等间隔的脉冲，脉冲的幅度取决于输入模拟量，其过程如图 9.3.1 所示。

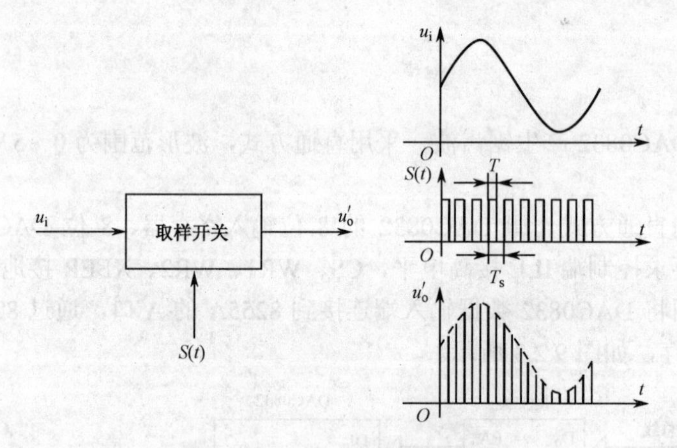

图 9.3.1　A/D 转换的采样过程

图 9.3.1 中 $u_i(t)$为输入模拟信号，$S(t)$为采样脉冲，$u'_o(t)$为取样输出信号。

2．量化和编码

（1）将采样后的样值电平归化到与之接近的离散电平上，这个过程称为量化。

（2）量化后，需用二进制数码来表示各个量化电平，这个过程称为编码。

注意：量化与编码电路是 A/D 转换器的核心组成部分。

9.3.2 并行比较型 A/D 转换器

并行 A/D 转换器是一种直接型 A/D 转换器，图 9.3.2 所示为 3 位的并行比较型 A/D 转换器的原理图。

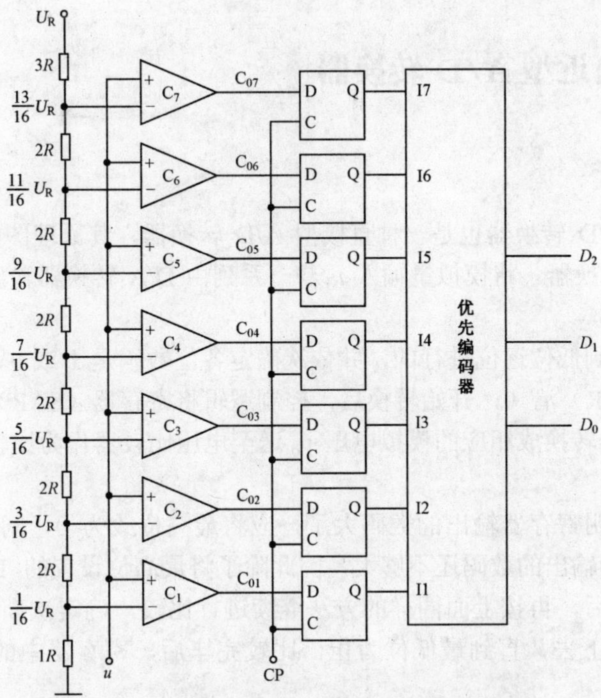

图 9.3.2 三位并行比较型 A/D 转换器的原理图

它由电压比较器、寄存器和编码器三部分构成。模拟量输入与比较器的状态及输出数字量的关系如表 9.3.1 所示。

表 9.3.1 并行比较型 A/D 转换器的输入与输出关系

模 拟 量 输 入	比较器的输入状态 C_{07} C_{06} C_{05} C_{04} C_{03} C_{02} C_{01}	数字量输出 $D_2\,D_1\,D_0$
$0 \leqslant u_1 \leqslant \frac{1}{16}U_R$	0 0 0 0 0 0 0	0 0 0
$\frac{1}{16}U_R \leqslant u_1 \leqslant \frac{3}{16}U_R$	0 0 0 0 0 0 1	0 0 1
$\frac{3}{16}U_R \leqslant u_1 \leqslant \frac{5}{16}U_R$	0 0 0 0 0 1 1	0 1 0
$\frac{5}{16}U_R \leqslant u_1 \leqslant \frac{7}{16}U_R$	0 0 0 0 1 1 1	0 1 1
$\frac{7}{16}U_R \leqslant u_1 \leqslant \frac{9}{16}U_R$	0 0 0 1 1 1 1	1 0 0
$\frac{9}{16}U_R \leqslant u_1 \leqslant \frac{11}{16}U_R$	0 0 1 1 1 1 1	1 0 1
$\frac{11}{16}U_R \leqslant u_1 \leqslant \frac{13}{16}U_R$	0 1 1 1 1 1 1	1 1 0
$\frac{13}{16}U_R \leqslant u_1 \leqslant U_R$	1 1 1 1 1 1 1	1 1 1

在上述 A/D 转换中，输入模拟量同时加到所有比较器的同相输入端，从模拟量输入到数字量稳定输出的经历的时间为比较器、D 触发器和编码器的延迟时间之和。在不考虑各器件延迟时间的误差，可认为 3 位数字量输出是同时获得的，因此，称上述 A/D 转换器为并行 A/D 转换器。

并行 A/D 转换器的转换时间仅取决于各器件的延迟时间和时钟脉冲宽度。

9.3.3 逐次逼近型 A/D 转换器

1. 转换原理

逐次逼近型 A/D 转换器也是一种直接型 A/D 转换器，其原理图如图 9.3.3 所示，其内部包含一个 D/A 转换器。将模拟量输入 u_I 与一系列由 D/A 转换器输出的基准电压进行比较获得。

比较是从高位到低位逐位进行的，并依次确定各位数码是 1 或 0。转换开始前，先将逐次逼近寄存器（SAR）清 0，开始转换后，控制逻辑将寄存器（SAR）的最高位置 1，这个数码被 D/A 转换器转换成相应的模拟电压 u_o 送至电压比较器作为比较基准，与模拟量输入 v_I 进行比较。

若 $u_o > v_I$，说明寄存器输出的数码大了，应将最高位改为 0，同时将次高位置 1,；若 $u_o \leqslant v_I$，说明寄存器输出的数码还不够大，因此除了将最高位设置的 1 保留外，还需将次高位也设置为 1。然后，再按上面同样的方法继续进行比较，确定次高位的 1 是去码还是加码。这样逐位比较下去，直到最低位为止，比较完毕后，寄存器中的状态就是转化后的数字输出。

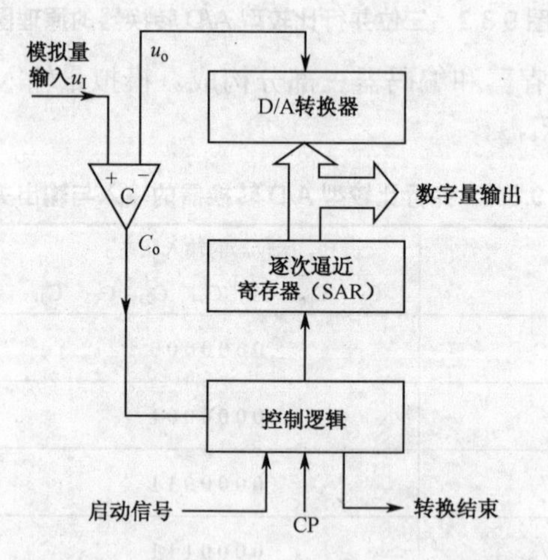

图 9.3.3　逐次逼近 A/D 转换器的工作原理

2. 转换电路

图 9.3.4 就是一个 4 位逐次逼近型 A/D 转换器的逻辑原理图。

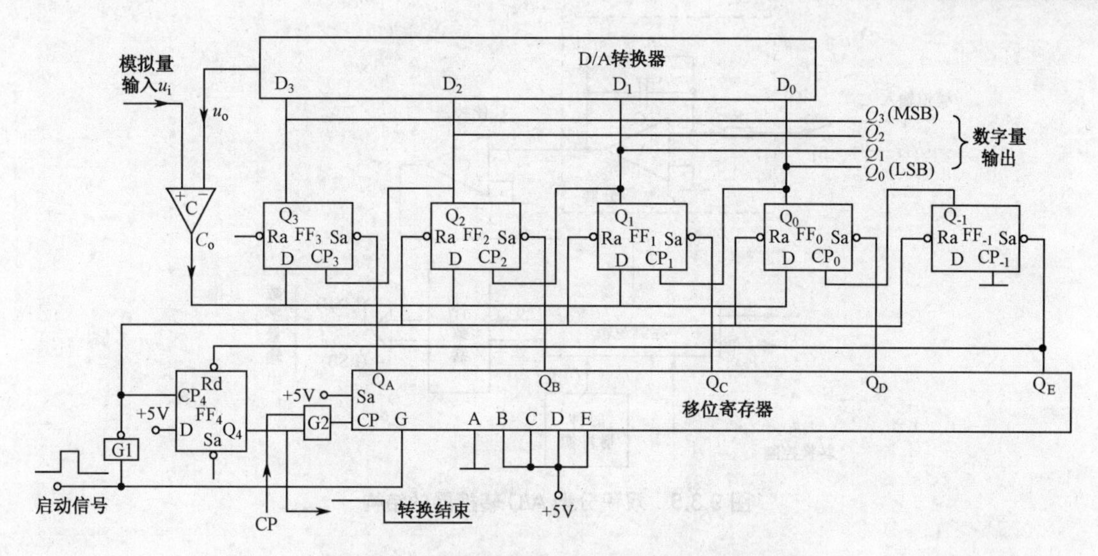

图 9.3.4 逐次逼近型 A/D 转换器的逻辑原理图

图 9.3.4 中每一位触发器的 CP 端都是和低一位的输出端相连，这样，每一位都只是在低一位由 0 置 1 时，才有一次接收数据的机会。

逐次逼近型 A/D 转换器的转换速度快、精度高、转换时间固定，与微机接口方便。常见的 ADC0809 就属于这种 A/D 转换器。它们的优点是转换速度快，但转换精度受分压电阻、基准电压及比较器阈值电压等精度的影响，精度较差，因此，对精度要求较高时可使用双积分型 A/D 转换器，它是一种间接型 A/D 转换器。

9.3.4 双积分型 A/D 转换器

1. 转换原理

双积分型 A/D 转换器属于间接 A/D 转换器，双积分型简称为 V−T 变换型，它首先把输入的模拟电压信号转换成与之成正比的时间宽度信号，然后在这个时间宽度里对固定频率的时钟脉冲计数，计数的结果就是正比于输入模拟电压的数字信号。最常用的间接 A/D 转换器还有电压－频率变换型（简称 V−F 变换型）。

V−F 变换型 A/D 转换器首先是把输入的模拟电压信号转换成与之成正比的频率信号，然后在一个固定的时间间隔里对得到的频率信号计数，计数的结果就是正比于输入模拟电压的数字信号。

双积分型 A/D 转换器包含积分器、比较器、计数器、逻辑控制和时钟信号源几部分，如图 9.3.5 所示。

转换开始前（转换控制信号 u_L=0）先将计数器清零，并接通开关 S_0，使电容完全放电。

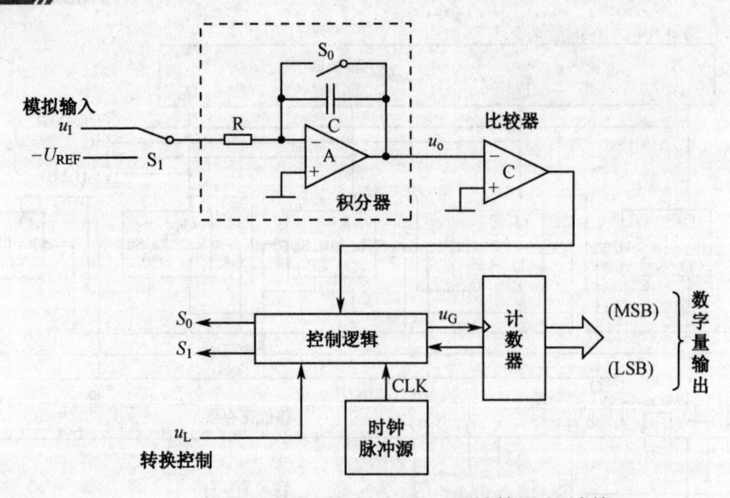

图 9.3.5 双积分型 A/D 转换器的结构

2. 转换电路

该电路是由 n 位计数器（异步）、附加触发器 FFA、模拟开关 S_0 和 S_1 的驱动电路 L_0、L_1、控制门 G 组成的，如图 9.3.6 所示。

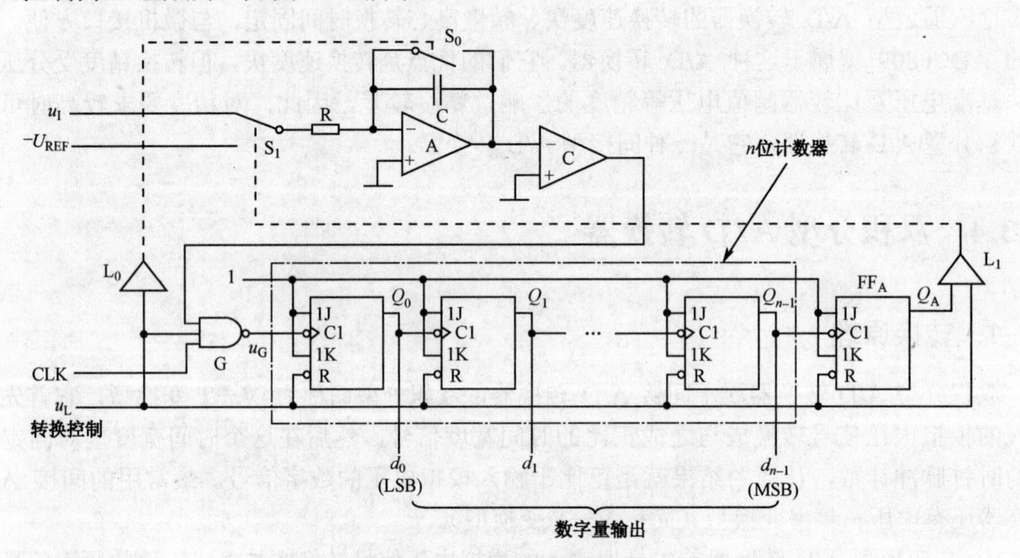

图 9.3.6 双积分型 A/D 转换器的转换电路

控制过程如下。

（1）转换开始前：转换控制信号 u_L=0，门 G 输出为 1,触发器被置 0，同时，S_0 被关闭，C 完全放电。

（2）转换开始：转换控制信号 u_L=1，S_0 断开，S_1 接到输入信号 u_I 一侧，积分器开始对输入电压 u_I 进行积分。由于积分器 A 输出为负电压，故比较器 C 输出为高电平，门 G 打开，计数器对 u_G 端的脉冲计数。

（3）当计数器计满 2^n 个脉冲（T_1 时间）后，自动返回全 0 状态，同时给 FF_A 一个进位信号，使 FF_A 置 1。L_1 动作使得 S_1 转接到 $-U_{REF}$ 一侧，开始反向积分。当积分器的输出到 0 时，比较器输出为低电平，将门 G 封锁，一次转换结束。

9.3.5 A/D 转换器的主要指标

1. 分辨率

它表明 A/D 对模拟信号的分辨能力，由它确定能被 A/D 辨别的最小模拟量变化。一般来说，A/D 转换器的位数越多，其分辨率则越高。

2. 转换误差

转换误差是指实际的转换点偏离理想特性的误差，一般用最低有效位来表示。在实际使用中当使用环境发生变化时，转换误差也将发生变化。

3. 转换时间和转换速度

转换时间是指完成一次 A/D 转换所需的时间，转换时间是从接到转换启动信号开始，到输出端获得稳定的数字信号所经过的时间。转换时间越短，A/D 转换器的转换速度越快。

9.3.6 集成 A/D 转换器及应用实例

1. ADC0809 的内部结构与引脚图

ADC0809 的内部结构与引脚图分别如图 9.3.7 和图 9.3.8 所示。

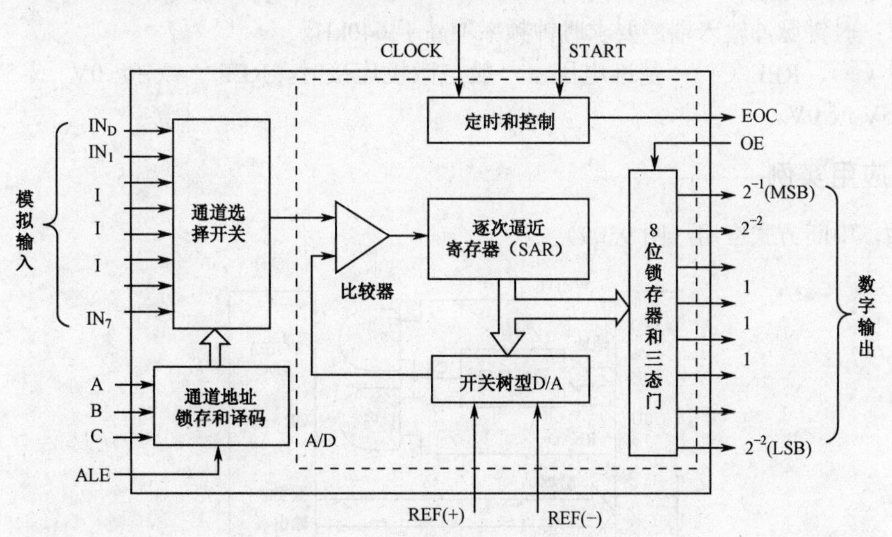

图 9.3.7 ADC0809 的内部结构

图 9.3.7 中 ADC0809 内部各单元的功能如下。

（1）通道选择开关

八选一模拟开关，实现分时采样 8 路模拟信号。

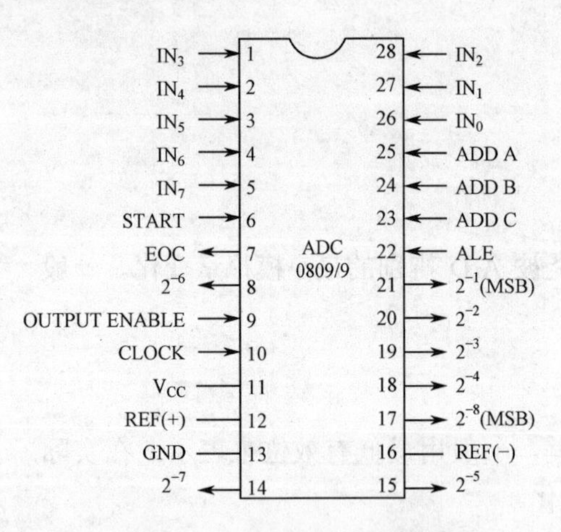

图 9.3.8 ADC0809 的引脚图

（2）通道地址锁存和译码

通过 ADDA、ADDB、ADDC 3 个地址选择端及译码作用控制通道选择开关。

（3）逐次逼近 A/D 转换器

它包括比较器、8 位开关树型 D/A 转换器、逐次逼近寄存器。转换的数据从逐次逼近寄存器传送到 8 位锁存器后经三态门输出。

（4） 8 位锁存器和三态门

当输入允许信号 OE 有效时，打开三态门，将锁存器中的数字量经数据总线送到 CPU。由于 ADC0809 具有三态输出，因而数据线可直接挂在 CPU 数据总线上。

图 9.3.8 中 ADC0809 转换器的引脚功能如下。

IN_0～IN_7：8 路模拟输入通道。

D_0～D_7：8 位数字量输出端。

START：启动转换命令输入端，由 1→0 时启动 A/D 转换，要求信号宽度>100ns。

OE：输出使能端，高电平有效。

ADDA、ADDB、ADDC：地址输入线，用于选通 8 路模拟输入中的一路进入 A/D 转换。其中 ADDA 是 LSB 位，这 3 个引脚上所加电平的编码为 000～111，分别对应 IN_0～IN_7。

ALE：地址锁存允许信号，用于将 ADDA～ADDC 3 条地址线送入地址锁存器中。

EOC：转换结束信号输出，转换完成时，EOC 的正跳变可用于向 CPU 申请中断，其高电平也可供 CPU 查询。

CLK：时钟脉冲输入端，要求时钟频率不高于 640kHz。

REF（+）、REF（−）：基准电压，一般与微机连接时，REF（−）接 0V 或-5V，REF（+）接+5V 或 0V。

2．应用实例

例如，中断方式应用（图 9.3.9）

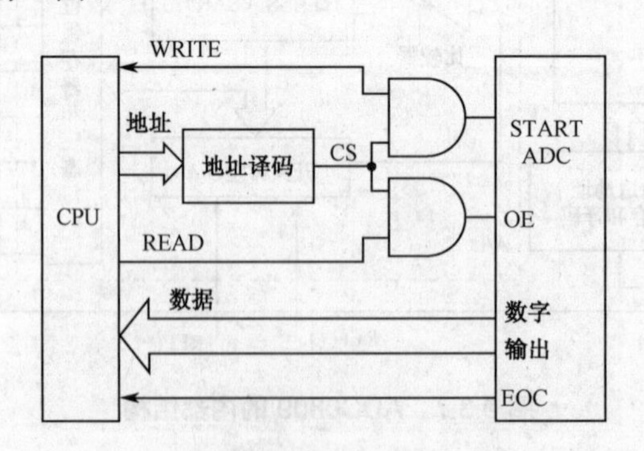

图 9.3.9 中断响应法 A/D 与 CPU 接口

微处理器按 A/D 所占用的接口地址执行一条输出指令。启动 A/D 转换以后，在等待转换完成期间，微处理器可以继续执行其他任务。当转换完成时，A/D 产生的状态信号 EOC

向微处理器申请中断。微处理器响应中断，在中断服务程序中对 A/D 占用的接口地址执行一条输入指令以获得转换的结果数据。

中断响应法的特点是 A/D 转换完成后微处理器能立即得到通知，且不需花费等待时间，接口硬件简单，一般来讲程序会稍复杂些。

使用中断方法，可提高 CPU 的利用率。每当 ADC 转换结束时，由 EOC 信号向 CPU 发出中断请求，CPU 响应中断在中断服务子程序中读取转换结果。图 9.3.10 为中断法 ADC 的接口电路。

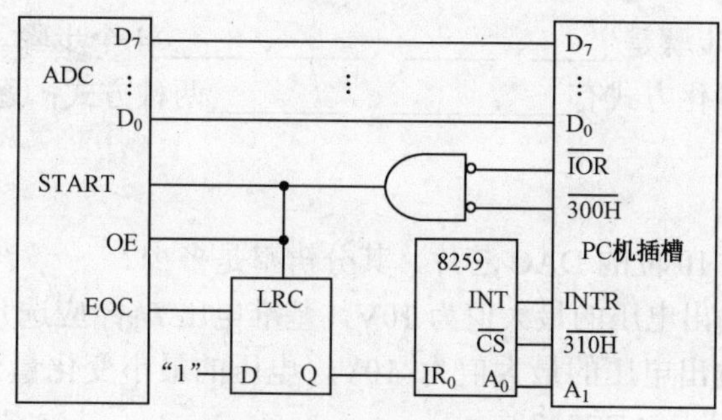

图 9.3.10 中断法 ADC 接口

本章小结

（1）A/D 和 D/A 转换器是现代数字系统中的重要组成部分，应用日益广泛。

（2）D/A 转换器根据工作原理可分为权电阻网络 D/A 转换 R-2R T 形电阻网络和 R-2R 倒 T 形电阻网络 D/A 转换。由于 R-2R 倒 T 形电阻网络 D/A 转换器转换速度快、性能好，且只要求两种阻值的电阻，适合于集成工艺制造，因此在集成 D/A 转换器中得到了广泛的应用。

D/A 转换器的分辨率和转换精度均与转换器的位数有关，位数越多，分辨率和转换精度均越低。

（3）A/D 转换按工作原理主要分为并行 A/D、逐次逼近型 A/D 及双积分型 A/D 等。不同的 A/D 转换方式具有各自的特点。在要求速度高的情况下，可以采用并联 ADC，但受到位数的限制，精度不高；在低速时，可以采用双积分型 ADC，它精度高且抗干扰能力强；逐次逼近型 ADC 在一定程度上兼顾了以上两种转换器的优点。速度、精度和价格都比较好接受，应用比较广泛。

（4）常用的集成 ADC 和 DAC 种类很多，其发展趋势是高速度、高分辨率、易与计算机接口，以满足各个领域对信息处理的要求。

习 题 9

一、填空题

1. 输入二进制数的 n 位 D/A 转换器的 n 越大，分辨率越_____，D/A 转换器的电路的基本结构主要包含____、____、____三部分。

2. D/A 转换器电压型 R-2R T 形电阻网络的特点是从每个结点向左、右、下 3 个方向看去，等效电阻是____；当输入数码 a_i 等于 1 时，相对应的电子开关 S_i 接上____；在 I 结点的等效电压是____，向求和电路每传送一个结点后等效电压为____。

3. 在 D/A 转换器电流型倒 T 形电阻网络中，当输入数码 a_i 等于 1 时，相对应的电子开关 S_i 接上____；流向电阻网络的总电流在到达求和电路反相输入端时，每经过一个结点，电流就要____。

4. A/D 转换的基本步骤是____、____、____、____4 个步骤。

5. A/D 转换器的量化方式有________、_______两种方式；逐次逼近型 A/D 转换器只能采用____方式。

二、简答题

1. AD7533 是一个 10 位的 DAC 芯片，其分辨率是多少？

2. 如果要求模拟输出电压的最大值为 10V，基准电压 U_{REF} 应选几伏？

3. 如果要求模拟输出电压的最大值为 10V，电压的最小变化量为 50mV，应选几位的 DAC 芯片？DAC0832 还是 AD7533？

4. 如果输出电压的最大值为 10V，要求转换误差为 25mV，DAC 芯片的线形度误差应优于多少？

5. 如果 DAC 芯片的建立时间 $t_{SET}=1\mu s$，外接运算放大器的电压变化率 $S_R = 2V/\mu s$，在最大输出电压为 10V 时转换时间大约需要多少时间？

三、计算题

1. 图 9.1 所示电路是倒 T 形电阻网络 D/A 转换器。已知 $R=10k\Omega$，$U_{REF}=8V$，当某位数 D_i=0 时，对应的开关 S_i 接地，当 D_i=1 时，开关 S_i 接运放反相端。试求：

（1）u_o 的输出范围；

（2）当 $D_3D_2D_1D_0$=0111 时，u_o=?

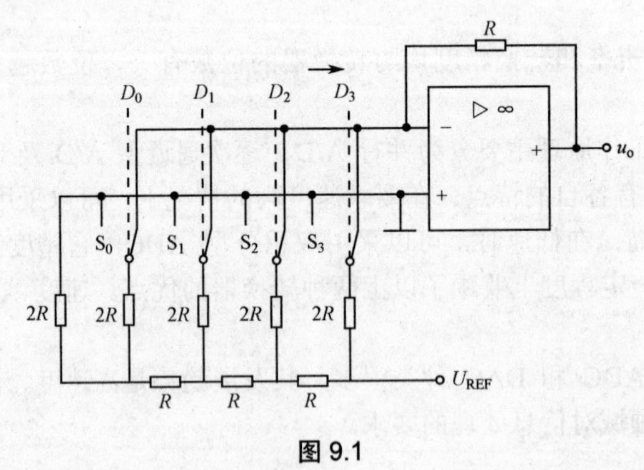

图 9.1

2. 已知双积分型 A/D 转换器中计数器是 8 位，时钟脉冲频率 $f_{CP}=100kHz$，求完成一次转换所需的最长时间是多少？

技能训练

D/A、A/D 转换

一、实验目的

1. 进一步理解 D/A、A/D 转换的原理，转换的方式及各自的特点。

2. 了解 D/A、A/D 集成芯片的结构、功能测试及应用。

二、实验仪器及材料

1. 仪器：　　示波器

2. 数字电子实验箱

3. 材料：

DAC0832	8bit	D/A 转换	1片
ADC0809	8bit	逐次逼近型 A/D 转换器	1片
LM324	通用运算放大器		1片
74LS74	双 D 触发器		1片
74LS02	四或非门		1片

电阻：10kΩ（2个）按钮开关

三、实验内容

1. D/A 转换器实验

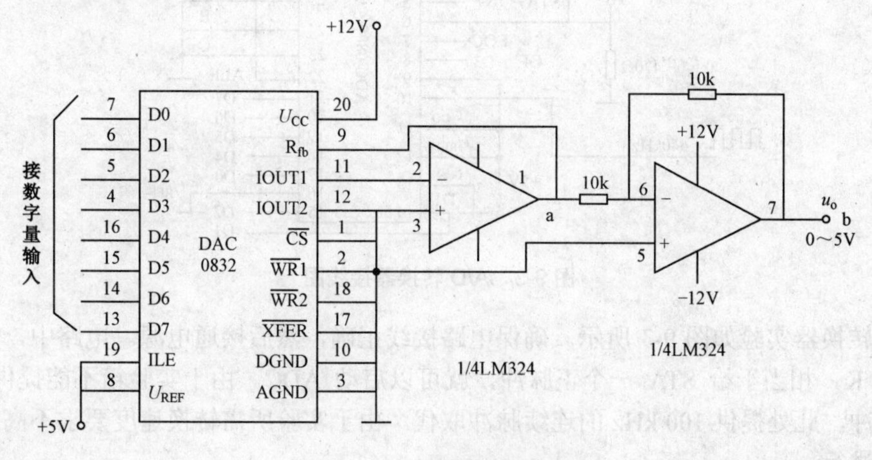

图 9-1　D/A 转换器接线图

LM324 工作时，VCC 接+12V，GND 接-12V。D/A 转换器实验电路如图 9-1 所示。按图接好线，检查电路准确无误后接通电源。按表 9-1 在 DAC0832 的信号输入端 D0～D7，利用电平输出器输入相应的电路状态，分别用电压表测量各输入情况下对应的模拟输出电压 u_o，并将测试结果填入表 9-1 中。然后将输出电压按序号填入图 9-2 所示的波形图中。

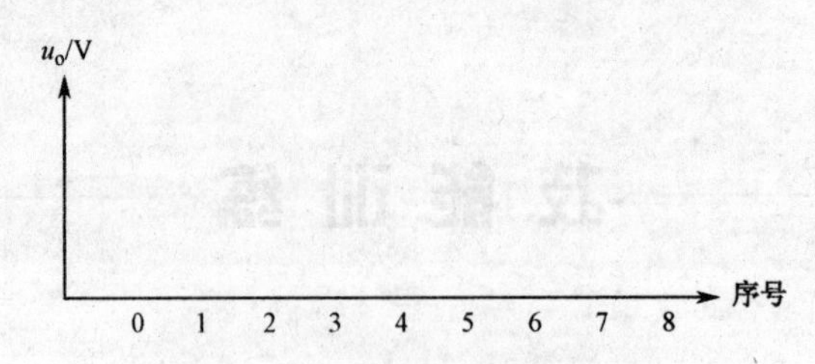

图 9-2 D/A 转换器测试波形图

表 9-1 DAC0832 的输入信号

序号	数字输入								模拟电压输出
	D7	D6	D5	D4	D3	D2	D1	D0	u_o(V)
1	0	0	0	0	0	0	0	0	
2	0	0	0	0	0	0	0	1	
3	0	0	0	0	0	0	1	1	
4	0	0	0	0	0	1	1	1	
5	0	0	0	0	1	1	1	1	
6	0	0	0	1	1	1	1	1	
7	0	0	1	1	1	1	1	1	
8	0	1	1	1	1	1	1	1	

2．A/D 转换器实验

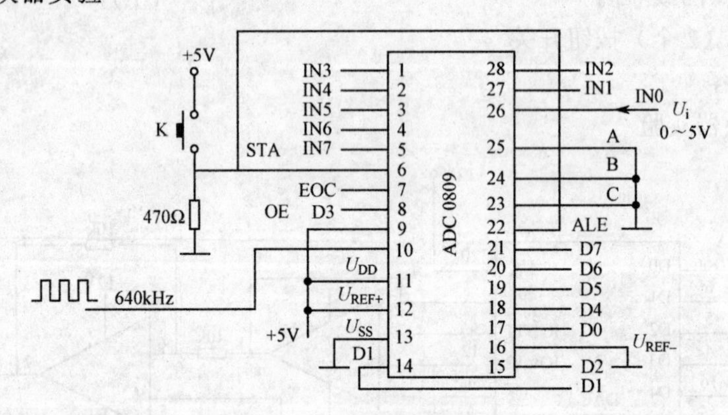

图 9-3 A/D 转换器接线图

A/D 转换器实验如图 9-3 所示。确保电路接线正确，然后接通电源。电路中，只要按动一下开关 K，相当于给 STA 一个正脉冲，就可以启动 ADC。由于实验箱不能提供 640kHz 的连续脉冲，此处提供 100 kHz 的连续脉冲取代。由于实验所需转换速度要求不高，所以实验能正常进行。

按表 9-2 输入电压 u_i 到 IN0，观察发光二极管的发光情况，将结果记录在表 9.2 中。每次转换电压应该按一下开关 K，启动 DAC 工作。另外把输入电压加至 IN1，再观察发光二极管的发光情况，说明出现这种情况的原因。

表 9-2　A/D 转换器输入输出表

数字输出								模拟电压输入
D7	D6	D5	D4	D3	D2	D1	D0	u_i(V)
								0
								0.5
								1
								2
								2.5
								3.5
								4
								4.5
								5

四、实验报告

1．画出实验有关的波形与表格。

2．说明 ADC 和 DAC 的作用。

3．在 A/D 转换实验中，按图 9-3 的接法，把待转换电压从 IN1 输入，会出现什么现象？为什么？

五、想想做做

用音乐集成电路输出的音乐信号作为 ADC0809 的输入信号，然后 ADC0809 的 8 个数据输出端接发光二极管，同时输入到 DAC0832 的数据输入端，DAC0832 加电压放大器后其输出接喇叭。其余使能端满足各自的工作条件。DAC0832 的取样脉冲可由 4060 产生，不同的分频输出不同取样频率的脉冲。观察指示灯的变化和喇叭输出声音的变化。特别注意取样脉冲改变时，音质的变化。

附录A 部分习题参考答案

第1章

一、填空题

1．2、8、10、16　　2．2、0、1　　3．除2取余、乘2取整

二、数制转换　略

第2章

1．$Y=A+B\bar{C}+C\bar{D}+\bar{B}D$

2．$L=\bar{A}B+BC$

3．

$F_1=\bar{A}\bar{B}+AC$

$F_2=C+\bar{A}B$

$F_3=A\bar{B}+BC+B\bar{D}$

$F_4=A\bar{B}\bar{D}+\bar{A}\bar{B}D+\bar{B}C$

4．$F_1=\bar{A}+C$

$F_2=\bar{A}\bar{C}+\bar{B}C+\bar{C}\bar{D}$

$F_3=\bar{A}B+AD+C$

$F_4=ABC+\bar{A}B\bar{C}+A\bar{C}\bar{D}+\bar{A}C\bar{D}+\bar{B}D$

$F_5=B\bar{D}+\bar{B}D+A\bar{B}+C\bar{D}$

5．$F_1=\bar{A}\bar{B}+C\bar{D}+\bar{B}\bar{D}$　　$F_2=A\bar{C}+\bar{B}D+BC\bar{D}$

$F_3=\bar{A}\bar{B}+B\bar{D}+A\bar{C}D$

$F_4=\bar{B}+CD+\bar{C}\bar{D}$

$F_5=BD+\bar{B}\bar{D}+\bar{A}B\bar{C}$

$F_6=\bar{A}C+CD+\bar{C}\bar{D}$

$F_7=\bar{A}\bar{C}D+B\bar{D}+C\bar{D}$

$F_8=D+\bar{B}C+\bar{B}C$

6．$L=\overline{\overline{D+\overline{\overline{BC}}}}=\overline{\bar{D}\cdot\overline{\overline{BC}}}$

7.

$\overline{F_1} = A\overline{B} + \overline{C\overline{\overline{D}}} = A\overline{B} + \overline{C} + D$

$\overline{F_2} = \left(\overline{A} + \overline{B\overline{\overline{C}}}\right)\left(A + \overline{D}\right) = A\overline{B} + AC + \overline{A}\,\overline{D}$

$\overline{F_3} = \overline{\overline{\overline{AB}}\left(\overline{C} + D\right)} + \overline{\overline{\overline{CD}}\left(\overline{A} + B\right)} = A\overline{B} + \overline{A}B + C\overline{D} + \overline{C}D$

$\overline{F_4} = \left[\left(\overline{A} + B\right)\left(A + \overline{B}\right) + \overline{C}\right]\left[\left(\overline{B} + \overline{C}\right)\left(B + C\right) + \overline{D}\right] = B\overline{C} + \overline{C}\,\overline{D} + AB\overline{D} + \overline{A}\,\overline{B}C$

8.

$\overline{F}'_1 = A\overline{B} + AC + BD$

$\overline{F}'_2 = \overline{B}\,\overline{C} + A\overline{B}D$

$\overline{F}'_3 = \overline{A}\,\overline{B} + \overline{A}D + A\overline{C}$

$\overline{F}'_4 = \overline{A}B\overline{C} + \overline{B}C + C\overline{D}$

第3章

1．（1）$U_O = 0.7\text{V}$ （2）$U_O = 5.7\text{V}$ （3）$U_B = 5\text{V},\ U_O = 5.7\text{V}$
（4）$U_B = 4.65\text{V},\ U_O = 5.35\text{V}$

2．U_O的波形如下。

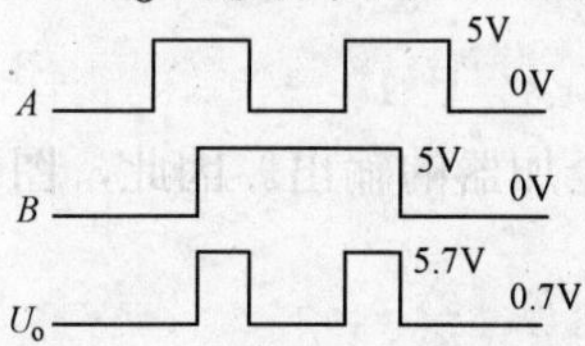

3.

（1）$Y_1 = AB + CD,\ Y_2 = \overline{\overline{A + \overline{\overline{B}}} + \overline{\overline{\overline{A}} + B}},\ \ Y_3 = \overline{AB} \oplus \overline{CD},\ \ Y_4 = \overline{A\overline{\overline{B}}} \cdot \overline{C} + \overline{\overline{A}BC},$

$Y_5 = \overline{A + B} + \overline{C + D},\ \ Y = \overline{\overline{AB}}$

4．（1）$\begin{cases} A(C=0)Y_2 = \overline{A}(B=1) \\ Y_1 = Z(C=1)A = Y_2(B=0) \end{cases}$

$\begin{cases} \overline{\overline{A}B}(C=0) \\ Y_3 = \overline{A\overline{\overline{B}}}(C=1) \end{cases}$

$\begin{cases} AB(C=0) \\ Y_4 = B(C=1) \end{cases}$

$\begin{cases} \overline{B}(C=0) \\ Y_5 = A \oplus B(C=1) \end{cases}$

5．Z_1～Z_4波形如下。

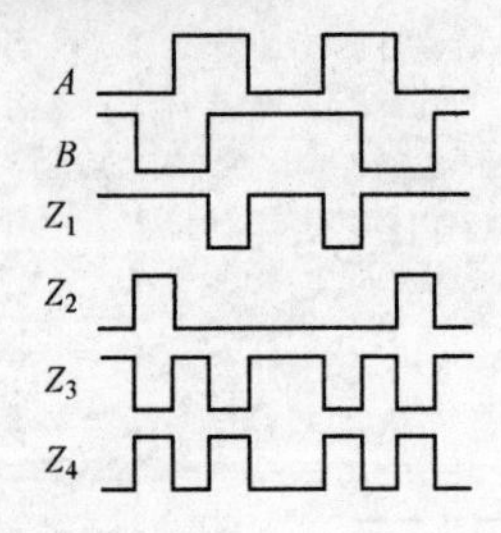

第 4 章

1. $F = \overline{A}B + A\overline{B}C + \overline{A}C$

2.

C_1	C_2	$F = f(A,B)$
0	0	AB
0	1	$\overline{AB}$
1	0	$\overline{A+B}$
1	1	$A+B$

3. 分析可得

$S_0 = A_0 \oplus B_0$

$C_0 = A_0B_0$

$S_1 = A_1 \oplus B_1 \oplus C_0$

$C_1 = A_1B_1 + (A_1 \oplus B_1)C_0$

分析可知，S_0、C_0 是一个半加器的输出，S_1、C_1 是一个全加器的输出。因此，图示电路是两个两位二进制数 A_1A_0 与 B_1B_0 做加法的运算电路。

4. $F_1 = A \oplus B \oplus C$; $Y_2 = AB + (A \oplus B)C$

这是一个同或电路，变量取值相同时 $F=1$，反之 $F=0$。

5. 电路如图所示：

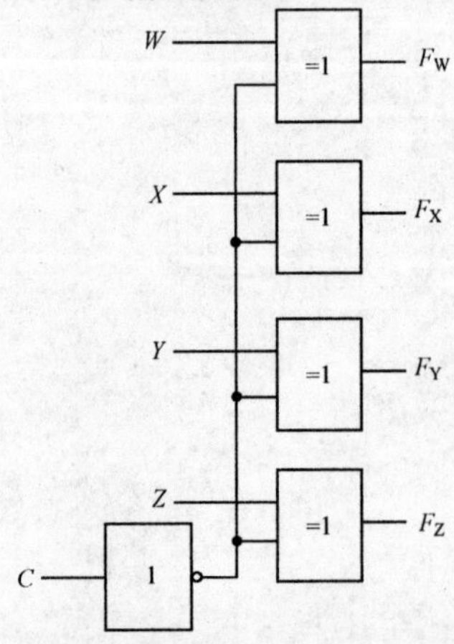

6. 列真值表，得出：

$$Y = \overline{\overline{A\overline{ABC}} \cdot \overline{B\overline{ABC}} \cdot \overline{C\overline{ABC}}}$$

逻辑图如图：

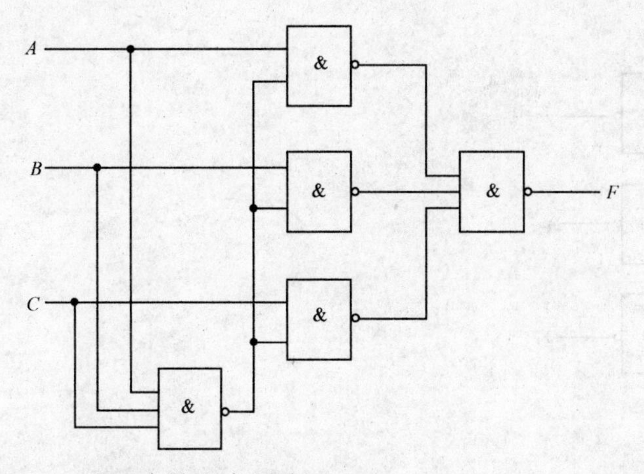

7.　设3个输出变量为F_1、F_2、F_3

$$F_1 = ABC$$

$$F_2 = \overline{A}BC + A\overline{B}C + AB\overline{C}$$

$$F_3 = \overline{AB} + \overline{AC} + \overline{BC}$$

根据函数画出逻辑电路：

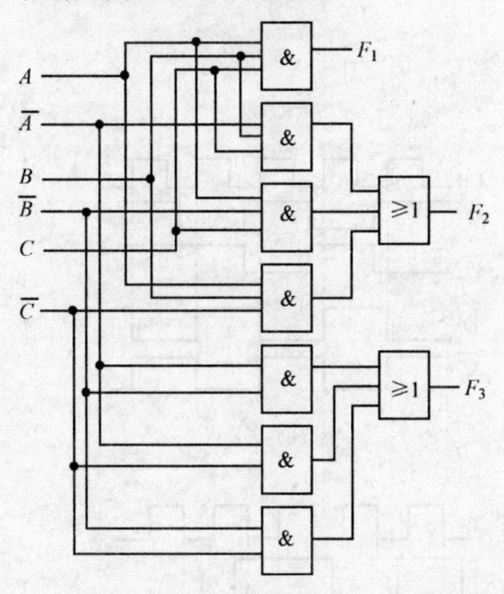

8．与非门实现的逻辑电路如图所示。

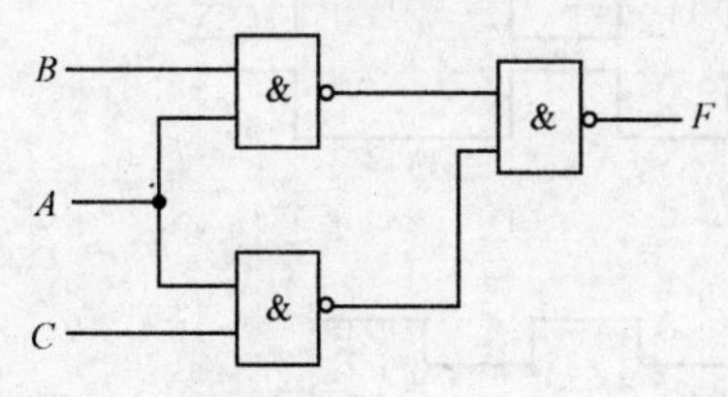

9.

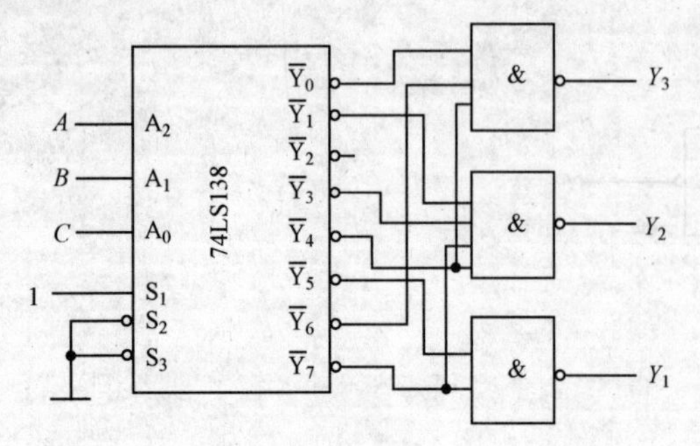

10.

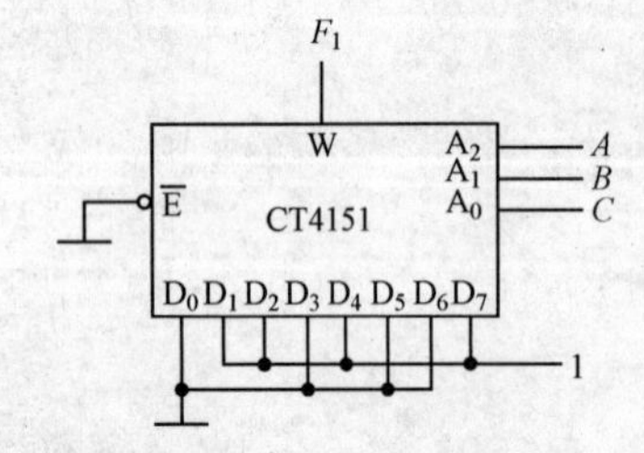

第 5 章

2．各个触发器对应的输出波形如图所示。

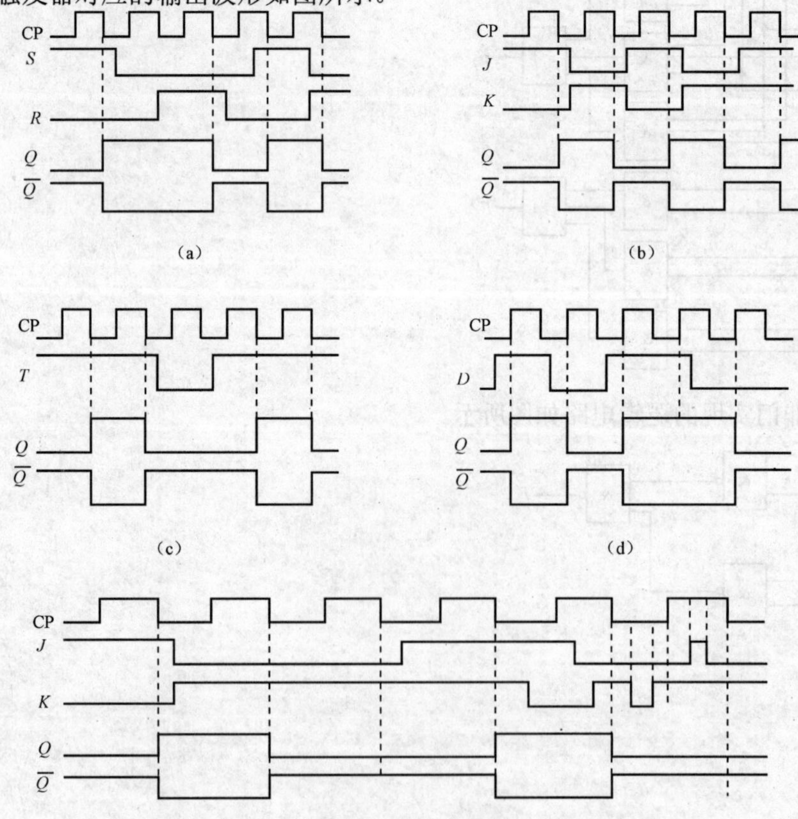

3．略

4．Q_1、Q_2波形如图所示。

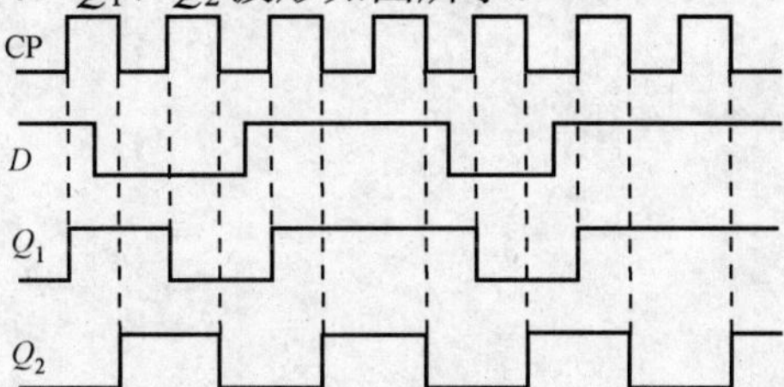

5．4种电路连接图如图所示。

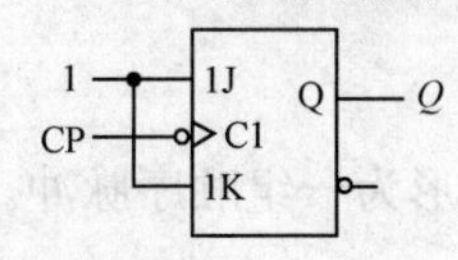

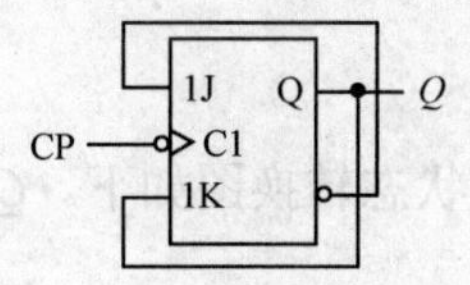

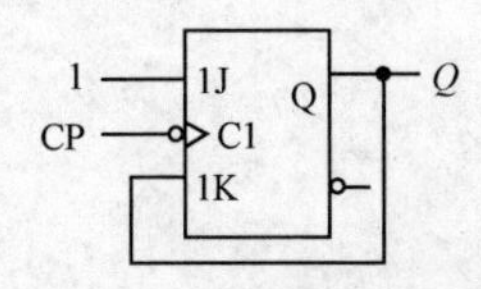

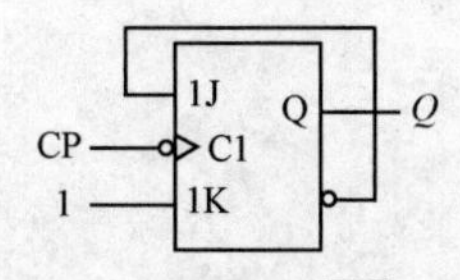

6．（1）JK触发器的特征方程是：$Q^{n+1} = J\overline{Q^n} + \overline{K}Q^n$

（2）D触发器的特征方程是：$Q^{n+1} = D$

（3）用JK触发器构成D触发器，可令二特性方程相等，得$J\overline{Q^n} + \overline{K}Q^n = D$

即$J\overline{Q^n} + \overline{K}Q^n = D = D(Q^n + \overline{Q^n}) = DQ^n + D\overline{Q^n}$

得$J = D$

$K = \overline{D}$

电路如图所示。

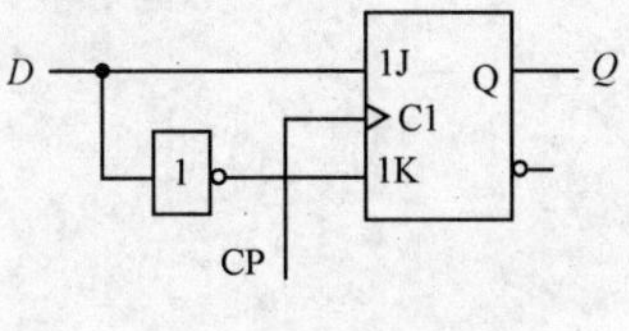

第6章

1．异步四进制减法计数器。Q_2Q_1状态转换顺序为：00→11→10→01→00

2．同步五进制计数器。

3．同步十三进制计数器。

4．异步六进制计数器。

5．异步十进制减法计数器（5211码）。状态转换图如下。

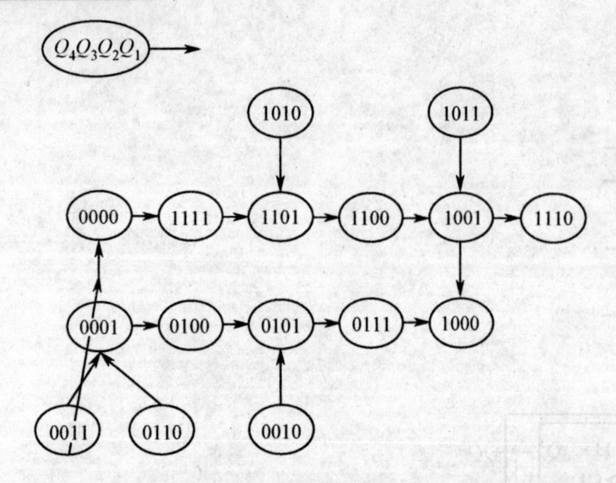

6．能自启动的 3 位环形计数器。状态转换图如下。$Q_3Q_2Q_1$ 的波形为一组顺序脉冲。

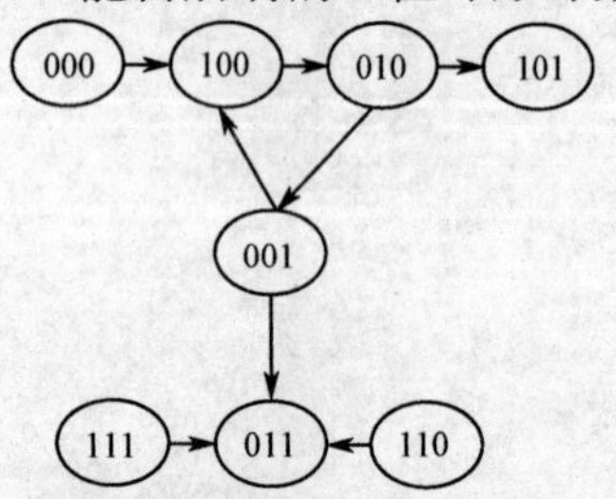

7．状态转换图如下：能自启动。

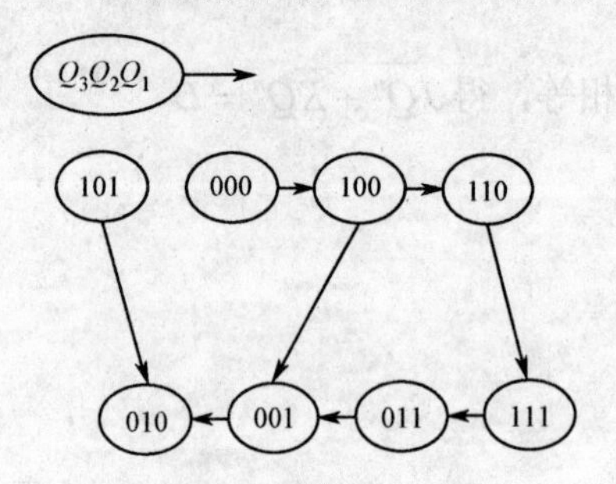

8．状态转换图如下：

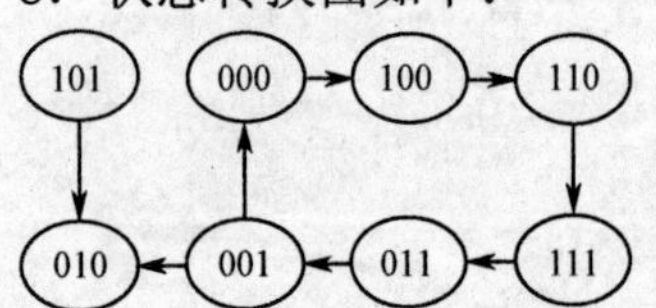

9．状态转换图如下。

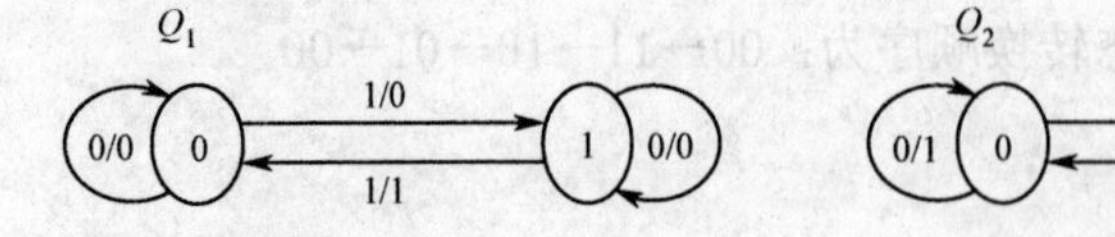

10．驱动方程：

$D_A = Q_A\overline{Q_C} + Q_B$

$D_B = \overline{Q_A Q_B}$

$D_C = Q_A\overline{Q_C}$

将驱动方程代入触发器的特性方程中，电路的状态方程：

$Q_A^{n+1} = D_A = Q_A \overline{Q_C} + Q_B$

$Q_B^{n+1} = D_B = \overline{Q_A Q_B}$

$Q_C^{n+1} = D_C = Q_A \overline{Q_C}$

根据状态方程列出状态转换真值表和状态转换图。

Q_A^n	Q_B^n	Q_C^n	Q_A^{n+1}	Q_B^{n+1}	Q_C^{n+1}
0	0	0	0	1	0
0	0	1	0	1	0
0	1	0	1	0	0
0	1	1	1	0	0
1	0	0	1	0	1
1	0	1	0	0	0
1	1	0	1	0	0
1	1	1	1	0	0

11．（1）有电路写出状态方程。

$Q_C^{n+1} = \overline{Q_A^n Q_C^n} + Q_A^n Q_C^n$

$Q_B^{n+1} = Q_B^n (CP_B)$

$Q_A^{n+1} = Q_C^n Q_B^n + Q_B^n Q_A^n$

（2）由状态方程列出状态转换表。

Q_A^n	Q_B^n	Q_C^n	Q_A^{n+1}	Q_B^{n+1}	Q_C^{n+1}
0	0	0	0	0	1
0	0	1	0	1	0
0	1	0	0	1	1
0	1	1	1	0	0
1	0	0	0	0	0
1	0	1	0	0	1
1	1	0	1	1	0
1	1	1	1	1	1

状态转换图如下。

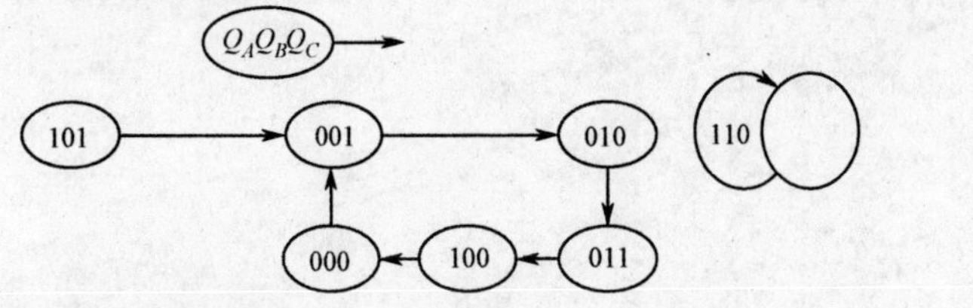

电路不能自启动。

12．同步十二进制计数器加译电路组成

$Y = \overline{Q}_3 Q_2 Q_1 + \overline{Q}_2 \overline{Q}_1 \overline{Q}_0 + \overline{Q}_2 Q_1 Q_0$

第7章

[解]

（1）$t_W \approx 1.1RC = 1.1\times1\times10^3\times0.01\times10^{-6} = 0.11\mu s$；

（2）电容 C 上电压最高可达 $\frac{2}{3}U_{DD} = 8V$；

（3）$t_{WI} < t_W$。原因是暂稳态结束，翻回到稳态要求 U_I 为高电平，否则不能回到稳态。

第8章 略

第9章

一、填空题

1. 越高；电子开关；电阻电路；求和电路 2. 2R；基准电压源 U_{REF}；1/3 U_{REF}；原来的 1/2； 3.求和电路中运放反相输入端；一分为二 4.取样；保持；量化；编码

5. 有舍有入；只舍不入；只舍不入

二、简答题

1. $1/(2^n-1)=1/1023$。

2. 基准电压 U_{REF} 选 10V。

3. $2^n \geqslant 10V/50mV=200$ 即可，故 n=8 位，DAC0832 已经够用。

4. 线形度误差应优于 25mV/10V=0.0025，即 0.25%， DAC0832 的线形度<0.2%，满足要求。

5. $T = t_{SET} + U_{OMAX}/S_R = 1+10/2 = 6\mu s$

三、计算题

1.（1）

$$u_o = -\frac{U_{REF}}{2^4}\sum_{i=0}^{3}2_i D_i (i=0,1,2,3)$$

当 $D_3D_2D_1D_0$=0111 时，$u_o = -\frac{8}{2^4}\times15 = -7.5V$。所以输出电压 u_o 范围为 0～7.5V。

（2）$u_o = -\frac{8}{2^4}\times7 = 3.5V$。

2. $t = t_1 + t_2$，转换的最长时间为 $t_{max} = 2t_1$

则 $t_{max} = 2t_1 = 2\times2^n T_C = 2\times2^8\times\frac{1}{f_{CP}} = \frac{2^9}{100\times10^3}s = \frac{512}{10^5}s = 0.00512s = 5.12ms$

参考文献

【1】黄洁. 数字电子技术应用基础. 北京：电子工业出版社，2011.
【2】康华光. 电子技术基础（数字部分）. 第 4 版. 北京：高等教育出版社，2000.
【3】阎石，王红. 数字电子技术基础（第 5 版）习题解答. 北京：高等教育出版社，2006.
【4】阎石. 数字电子技术基本教程. 北京：清华大学出版社，2007.
【5】杨志忠. 数字电子技术（第 2 版）. 北京：高等教育出版社，2002.
【6】蔡惟铮，主编. 电子技术基础（数字部分）. 北京：高等教育出版社，2005.

反侵权盗版声明

电子工业出版社依法对本作品享有专有出版权。任何未经权利人书面许可，复制、销售或通过信息网络传播本作品的行为；歪曲、篡改、剽窃本作品的行为，均违反《中华人民共和国著作权法》，其行为人应承担相应的民事责任和行政责任，构成犯罪的，将被依法追究刑事责任。

为了维护市场秩序，保护权利人的合法权益，我社将依法查处和打击侵权盗版的单位和个人。欢迎社会各界人士积极举报侵权盗版行为，本社将奖励举报有功人员，并保证举报人的信息不被泄露。

举报电话：（010）88254396；（010）88258888

传　　真：（010）88254397

E-mail:　　dbqq@phei.com.cn

通信地址：北京市万寿路173信箱

电子工业出版社总编办公室

邮　　编：100036